中国科学院发展规划局项目"2020创新发展相关战略研究"（E0X02116）
项目资助：国家社会科学基金重大项目"创新引领发展的机制与对策研究"（18ZDA101）
国家杰出青年科学基金项目"创新管理与创新政策"（72025403）

2020
国家创新发展报告

The Report on National Innovation and Development

穆荣平 陈凯华◎主编

科学出版社

北 京

内 容 简 介

本报告是监测评估国家层面创新发展绩效的年度报告。本报告不仅聚焦"全方位推进数字转型，重塑创新发展新格局"主题展开系统分析，提出了 2035 年中国创新发展数字转型愿景、总体思路和政策取向，而且从创新能力和创新发展水平两个方面构建了国家创新发展绩效分析框架。本报告遴选世界 40 个主要国家进行国际比较，特别是对中国与其他金砖国家、中国与主要发达国家的创新发展绩效进行了比较分析，揭示了中国国家整体创新发展水平和能力演化及其国际地位，旨在为国家创新发展宏观决策和公众理解创新发展政策提供支撑。

本报告是面向决策和面向公众的年度发展报告，有助于政产学研和社会公众了解国家创新驱动发展战略实施成效和世界主要国家创新发展绩效格局，可供各级政府相关部门决策和政策制定参考。

图书在版编目(CIP)数据

2020国家创新发展报告/穆荣平，陈凯华主编. —北京：科学出版社，2022.3

ISBN 978-7-03-071692-7

I. ①2… Ⅱ. ①穆… ②陈… Ⅲ. ①国家创新系统−研究报告−中国−2020 Ⅳ. ①F204 ②G322.0

中国版本图书馆 CIP 数据核字（2022）第034247号

责任编辑：牛 玲 刘巧巧 / 责任校对：韩 扬
责任印制：师艳茹 / 封面设计：有道文化

科 学 出 版 社 出版
北京东黄城根北街 16 号
邮政编码：100717
http://www.sciencep.com
中国科学院印刷厂 印刷
科学出版社发行 各地新华书店经销

*

2022年3月第 一 版 开本：720×1000 1/16
2022年3月第一次印刷 印张：20 1/2
字数：350 000

定价：**138.00元**

（如有印装质量问题，我社负责调换）

前　言

　　国家创新发展监测与评估是实施创新驱动发展战略的重要举措。为加快推进创新型国家建设，2012年中共中央、国务院颁布《关于深化科技体制改革 加快国家创新体系建设的意见》，明确提出"建立全国创新调查制度，加强国家创新体系建设监测评估"；2016年中共中央、国务院颁布《国家创新驱动发展战略纲要》，明确指出要加强监测评价，完善以创新发展为导向的考核机制，将创新驱动发展成效作为重要考核指标，引导广大干部树立正确政绩观，加强创新调查，建立定期监测评估和滚动调整机制。

　　国家层面的创新监测与评估研究现已成为国内外政府、学术组织、智库普遍关注的议题。2001年起，欧盟委员会发布"欧洲创新记分牌"（European Innovation Scoreboard，EIS）；2007年起，世界知识产权组织（World Intellectual Property Organization，WIPO）、康奈尔大学（Cornell University）和欧洲工商管理学院（INSEAD）联合发布"全球创新指数"（Global Innovation Index，GII）；2011年起，中国科技发展战略研究院发布《国家创新指数报告》，从不同角度展示了世界主要国家的创新成效与影响。2007年2月，中国科学院创新发展研究中心研究出版《中国创新发展报告》，提出了国家创新发展指数、国家创新能力指数、中国制造业创新能力指数、中国区域创新能力指数等概念和测度理论方法，并于 2009 年 10 月发布了《2009 中国创新发展报告》。经过长期研究积累，中国科学院创新发展研究中心组织研究，并于 2020 年 1 月发布了《2019 国家创新发展报告》，旨在不断深化对创新能力与创新发展水平螺旋式演进动力机制和国家创新发展规律的认识，为监测国家创新发展绩效提供借鉴，为实施国家创新驱动发展战略和制定相关政策提供证据支撑。

《2020 国家创新发展报告》（以下简称本报告）保留了《2009 中国创新发展报告》以及《2019 国家创新发展报告》对国家创新能力指数从创新实力指数和创新效力指数两个维度分析的一级指标体系，以及从创新投入、创新产出、创新条件、创新影响四个维度分析的二级指标体系，在深化对创新能力内涵外延认识的基础上调整了部分三级指标。《2019 国家创新发展报告》在《2009 中国创新发展报告》所采用的工业化发展指数、信息化发展指数、城市化发展指数、教育卫生发展指数、科学技术发展指数五个维度基础上，从"创新是一个价值创造过程"的角度抽象凝练，从科学技术发展、创新条件发展、产业创新发展、社会创新发展、环境创新发展五个维度测度创新发展。本报告在《2019 国家创新发展报告》的基础上，从"创新发展在价值的体现上"的角度进一步抽象凝练，从科学技术发展、产业创新发展、社会创新发展、环境创新发展四个维度测度创新发展，对创新发展指数表征进行了调整，不再考虑创新条件维度。本报告综合考虑创新发展水平、创新能力和国家经济规模等因素，遴选世界 40 个主要国家进行国际比较。本报告对中国与其他金砖国家、中国与主要发达国家的创新发展绩效进行比较分析，揭示了中国国家整体创新发展水平和能力演化及其国际地位。

本报告由中国科学院创新发展研究中心组织研究出版，中国科学院科技战略咨询研究院、中国科学院大学公共政策与管理学院相关研究人员研究撰写。主编穆荣平研究员负责本报告的总体设计，重要概念、指数框架、指标体系的确定，以及第一章的设计与部分撰写；主编陈凯华研究员负责指数框架、指标体系、分析方法的确定和研究结果的呈现，以及报告研究编写的组织协调工作、第一章设计与部分撰写。具体写作分工如下：穆荣平、陈凯华、康瑾、张超、冯泽、马双、杨捷负责第一章的撰写；穆荣平、陈凯华、张超、薛晓宇、沈源圆负责第二章的撰写；沈源圆、张超、康瑾、寇明桂、陈凯华负责第三章的撰写；康瑾、马双、程敏负责第四章撰写；冯泽、刘洁、张超、康瑾负责第五章的撰写；张超、寇明桂、刘洁、陈凯华负责第六章的撰写；马双、康瑾、沈源圆、程敏负责第七章的撰写；薛晓宇、康瑾、冯泽、李秋景、刘洁负责第八章的撰写。此外，张超主要负责数据搜集、整理和计算；薛晓宇负责附录一和附录二的撰写。穆荣平和陈凯华负责本报告的统稿工作。国内外相关成果对本报告中指标框架、指标体系、分析方法等主要研究工作具有重要的启发与借鉴作用，在此表示感谢。

《2020 国家创新发展报告》是中国科学院创新发展研究中心组织推出的年度发展报告。鉴于国家创新发展理论和绩效评价研究涉及学科众多以及研究团队学识的局限性，报告中一定存在许多理论方法问题值得进一步深入研究和探讨。我们衷心希望与国内外同行精诚合作，不断完善创新发展和创新能力测度理论方法研究，丰富创新发展理论，推动创新发展实践。

中国科学院创新发展研究中心主任

穆荣平

2021 年 12 月

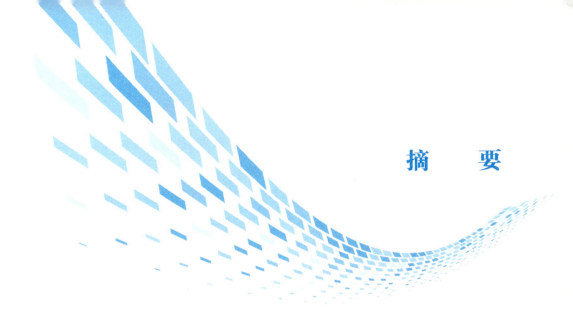

摘　要

一、系统论述创新发展数字转型的背景、趋势与战略，总结中国机遇与挑战，并面向 2035 年发展愿景和目标明确政策取向

本报告面向中国创新发展数字转型的需要，提出系统性政策思路和建议：聚焦"全方位推进数字转型，重塑创新发展新格局"，介绍全球创新发展数字转型的背景、概括创新发展数字转型的趋势、梳理主要国家创新发展数字转型的战略、总结中国创新发展数字转型的机遇与挑战、提出 2035 年中国创新发展数字转型愿景和总体思路与目标，最后明确 2035 年中国创新发展数字转型的政策取向。主要包括六个方面内容：一是深入推进科学技术发展数字转型；二是深入推进产业创新发展数字转型；三是深入推进社会创新发展数字转型；四是深入推进环境创新发展数字转型；五是深入推进创新发展数字转型的支撑能力建设；六是深入推进创新发展数字转型的治理体系建设。

二、构建国家创新发展和国家创新能力的多维指数测度框架

本报告从国家创新发展指数和国家创新能力指数两个方面监测评估国家创新发展绩效。国家创新发展指数从科学技术发展、产

业创新发展、社会创新发展和环境创新发展四个方面表征，遴选18 个国际通用指标进行度量；国家创新能力指数从投入、条件、产出和影响四个方面进行表征，遴选 25 个国际通用指标进行度量。国家创新发展指数和国家创新能力指数均基于世界 40 个主要国家 2010～2019 年的数据，对标 2025 年的期望值进行分析，采用多维指数的方法进行测度。通过对 40 个主要国家的国际比较分析，特别是对中国与其他金砖国家、中国与主要国家创新发展绩效的比较分析，揭示中国国家整体创新发展水平和能力演化及其国际地位，为国家创新发展宏观决策和公众理解创新发展政策提供支撑。

三、采用多种方法组合，全方位、多视角分析主要国家创新发展绩效

本报告在指数结果分析阶段采用趋势分析、比较分析、格局分析等方法，多方面刻画各国创新发展绩效。采用趋势分析方法，估算 2025 年的指数值，并进行了比较；采用比较分析，将主要国家各指数值和指标得分与各国家指数／指标的平均值和最大值进行比较，判断各国创新发展的阶段；研究提出格局分析方法，刻画主要国家之间在不同指数值上的差异，分析主要国家两个指数构成的格局，研究指数之间以及指数与主要外部变量［国内生产总值（GDP）或人均 GDP］之间的关系。

四、中国创新能力指数排名稳步提升，但创新发展指数排名显著落后且增长缓慢，中国创新能力和发展水平的协同提升面临巨大挑战

得益于中国不断扩大的创新投资规模和不断完善的创新条件，中国创新能力指数值在世界 40 个主要国家中的排名从 2010 年的第

21 位提升至 2019 年的第 9 位，有了显著提升。中国创新实力指数值在 2012 年超过日本，成为仅次于美国的创新实力大国，但与美国相比还存在较大差距。值得指出的是，中国创新效力的指数排名虽然在 2010～2019 年上升了 5 位，但 2019 年的排名仍仅为第 28 位，成为制约中国创新能力提升的瓶颈。中国创新发展指数十年间排名从第 38 位上升至第 35 位，在金砖国家中仅高于印度和南非，部分时间高于俄罗斯。创新发展指数总体格局呈现出中小型规模的发达国家领先，发达型大国相对领先，发展中国家相对落后的局面。

五、世界主要科技强国创新能力仍处于领先地位，中小型规模的发达国家创新发展水平较高

在创新能力指数方面，美国处于绝对优势地位，其他主要科技强国（如日本、德国）的创新能力指数值也处于相对领先的地位。美国、日本和德国创新能力指数的排名优势得益于其创新实力指数的良好表现。纵观报告十年观测期（2010～2019 年），美国一直稳居创新能力指数排名榜首，日本、韩国排名有小幅上升，法国、英国和德国排名有小幅下降。在创新发展指数方面，美国和德国在十年间均处于第 15 位左右，英国和法国则徘徊在第 8 位左右，创新发展指数排名较好的国家多为瑞士、瑞典等中小型规模的发达国家。

六、金砖国家创新能力指数及创新发展指数整体表现不理想，中国在金砖国家中表现相对突出

以金砖国家为代表的新兴国家，创新能力指数和创新发展指数总体而言均远逊于传统科技强国。在创新能力指数方面，巴西、印度和南非的排名在十年间一直处于第 30 位之后，总体上是由各国创新效力指数表现不佳所造成的。大部分金砖国家的创新实力指数

表现相对较好，十年间排名处于前20位以内，主要得益于经济和人口规模优势。在创新发展指数方面，金砖五国排名在十年间均未进入前30位。

目　录

第一章

全方位推进数字转型
重塑创新发展新格局

　　创新发展内涵不断扩展，社会属性愈加突出。当前全球性挑战应对难度日益增加，对创新发展提出了新的要求[①]。联合国于2015年通过的《2030年可持续发展议程》提出了促进可持续经济增长、消除贫困、确保优质教育、应对气候变化等可持续发展目标，表明创新发展需要兼顾科技、产业、社会、环境等不同维度。穆荣平等[②]较早认识到这一趋势，提出并界定了创新发展的概念，认为创新发展是指创新驱动的发展，涉及科学技术发展、产业发展、社会发展、环境发展等方面。

　　随着数字化的加速推进，科技、产业、社会、环境等领域创新发展的环境、动力和方向发生了显著变化，迫切需要重新思考创新发展理论和实践。数字转型不但促进创新发展体系内原有生产要素的优化重组，同时也带来新的生产要素，增加新的生产要素组合，产生新的生产函数，能够促进创新的发生与发展[③]，为创新发展理论突破和创新发展方式变革带来新的机遇。美国、法国、欧盟、经济合作与发展组织（Organisation for Economic Co-operation and Development，OECD）等世界主要国家和组织都在加紧研制创新发展数字化政策，创新发展数字转型正在成为全球创新发展竞争格局重塑的决定性因素。数字转型不仅强化了创新发展的经济属性，而且进一步突出

① OECD. The Digitalisation of Science, Technology and Innovation: Key Developments and Policies[R]. Paris: OECD Publishing, 2020.

② Mu R, Ren Z, Song H, et al. Innovative development and innovation capacity-building in China[J]. International Journal of Technology Management, 2010, 51(2-4): 427-452.

③ 陈凯华. 加快推进创新发展数字化转型[J]. 瞭望, 2020, 52: 24-26.

了创新发展的社会属性。迫切需要深化创新发展数字转型的理论研究,加快制定中国创新发展数字转型战略和政策,推动高质量可持续发展。

第一节　创新发展数字转型已成为世界潮流

数字转型涉及科技、产业、社会和环境发展各个领域,将拓展创新驱动发展内涵,塑造创新发展新模式,催生创新发展新理论新方法。创新发展数字转型已成为世界发展新潮流,受到国内外学界、业界、政界乃至社会公众的普遍关注。

一、创新发展数字转型已成为国内外学术界研究热点问题

"创新驱动发展、数字赋能创新"已经成为社会普遍共识。如何推动以数字技术为核心的新科技革命和产业变革加速演进,引领科技、产业、社会、环境高质量发展,正在成为创新发展数字转型研究的热点问题。谷歌指数和百度指数(图 1-1)统计表明,自 2014 年起,"数字化"主题正逐步成为全球搜索的热点话题,成为公众关注的焦点。中国公众对这一主题的关注始于 2015 年,此后关注度呈不断上升态势。

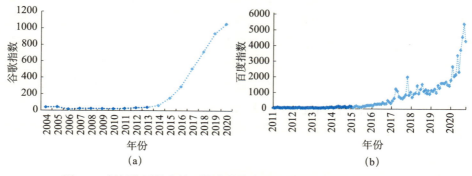

图 1-1　创新发展数字转型搜索热度全球趋势(a)和中国趋势(b)

1. 创新发展数字转型研究近期呈爆发式增长趋势

近年来，越来越多的学者开始探索创新发展数字转型。通过在 CNKI 和 Web of Science 数据库中检索相关关键词绘制的创新发展数字转型研究的趋势图（图 1-2）①，可以看到，国内外创新发展数字转型研究大致可以分成四个阶段：起步期（2008 年以前）、萌芽期（2009～2013 年）、上升期（2014～2017 年）和爆发期（2018 年至今）。在起步期，只有少数文献讨论人工智能等数字技术在科学技术发展方面的影响②。2006 年 8 月，Google 公司在搜索引擎大会首次提出"云计算"的概念。2008 年，微软公司发布其

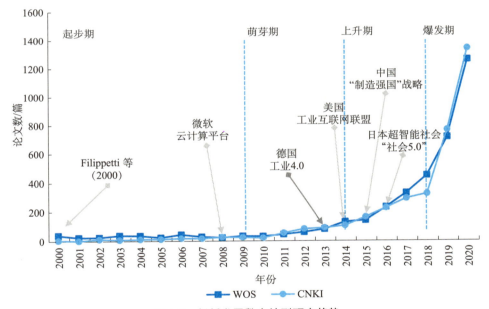

图 1-2　创新发展数字转型研究趋势

数据来源：CNKI 数据库和 Web of Science 数据库

---

① CNKI 检索词：(((主题 %= 数字化转型 + 数字技术 or 题名 %= 数字化转型 + 数字技术) AND (旧版主题% 创新 + 创新发展 + 发展转型)) NOT (全文 = 出版 + 期刊))，检索日期为 2021 年 2 月 9 日，检索文献总数 3708 篇。
Web of Science 检索词：((TI=(digital* AND transform*) OR TS=("AI" OR "IoT*" OR "big data" OR "digital platform*" OR "cloud computing")) AND TI=(innovat* OR tech* OR transformat*)) AND 语种：(English) AND 文献类型：(Article)，检索日期为 2021 年 2 月 9 日，检索文献总数 4104 篇。
② Filippetti F, Franceschini G, Tassoni C, et al. Recent developments of induction motor drives fault diagnosis using AI techniques[J]. IEEE Transactions on Industrial Electronics, 2000, 47(5): 994-1004.

云计算平台 Windows Azure，由此拉开了微软的云计算大幕。云计算、大数据等技术的兴起，推动创新发展数字转型研究进入了萌芽期。2013 年，德国联邦政府推出"工业 4.0"项目，旨在推动生产、制造向智能化转变。世界主要国家纷纷提出类似战略，例如美国的"工业互联网联盟"（Industrial Internet Consortium，IIC）、日本的"工业 4.1 J"（Japan Industry 4.1 J）计划、中国的"制造强国"战略。相关战略引起了国内外学者对创新发展数字转型研究的更多关注，相关成果在 2014 年进入上升期。2018 年至今，随着数字技术的系统性突破，创新发展数字转型更加深入，相关研究呈爆发式增长。

2. 科技、产业、社会和环境创新发展数字转型逐渐成为研究焦点

近年来，不断有学者基于具体的领域研究创新发展数字转型的过程及深层次影响。对已有发表文献进行关键词共现分析发现，国内外创新发展数字转型研究主要集中在科技、产业、社会和环境四个方面（图 1-3、图 1-4）。

（1）科学技术发展的数字转型研究，以"大数据""人工智能""物联网""云计算"等关键词为主要关注点，重点探究大数据、人工智能、云计算等数字技术如何发展及如何与其他技术融合，以促进新场景、新技术、新产品或新科研范式的形成，推动科技发展进程、提升科技发展效率。

（2）产业创新发展的数字转型研究，以"工业 4.0""数字制造业""金融业""新媒体行业"等关键词为主要研究关注点，重点探究数字技术如何改变传统商业模式或价值创造方式，以促进新产业、新业态、新模式的形成；同时，探究如何建设新型数字基础设施及培育新一代基于信息技术的战略性新兴产业集群。

（3）社会创新发展的数字转型研究，以"数字治理""智慧城市""疫情防控"等关键词为主要关注点，重点探究数字技术、产品、服务、解决方案等在社会创新发展中的应用，尤其探究其在交通、医疗、公共治理等场景下如何与传统技术深度融合，及其在形成数字化智能社区、推动智能抗疫中的作用途径。

（4）环境创新发展的数字转型研究，以"生态""环境""气候变化""可持续发展"等关键词为主要关注点，重点探究如何利用数字技术改善生态环境及应对气候变化，以实现可持续发展。新型冠状病毒肺炎（简称新冠肺炎）疫情期间，还强调推动"绿色复苏"。近年来，环境创新发展的数字转

型研究数量有逐渐增长的趋势。

综上所述，创新发展数字转型是指运用数字要素（包括数字技术、数字平台、数字基础设施等）推动科技、产业、社会、环境等领域的创新发展。其中，科学技术发展的数字转型既包括数字技术自身的研发突破，也包括利用数字技术改进传统的科研组织模式，提高科研效率、打造新型科研范式、推动学科交叉融合；产业创新发展的数字转型包括围绕数字技术、数字基础设施等数字要素形成数字产业，以及运用数字要素推动传统产业智能化和服务化发展，构建产业创新发展生态；社会创新发展的数字转型是指将数字要素引入医疗、教育、社会保障、公共安全等社会公共服务领域，在社会资源分配、社会组织管理等方面促进公平和提高效率，形成高质量、低成本、广覆盖的社会公共服务体系；环境创新发展的数字转型是指运用数字要素促进环境创新，例如提高环境监测的灵敏度和环境治理效率、促进低碳生产等。

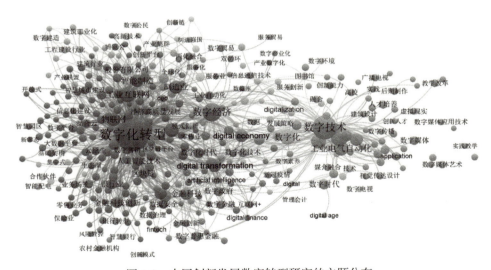

图 1-3　中国创新发展数字转型研究的主题分布

数据来源：CNKI 数据库

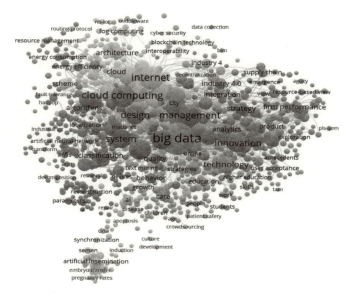

图 1-4　国外创新发展数字转型研究的主题分布

数据来源：Web of Science 数据库

二、创新发展数字转型已成为世界主要智库战略研究焦点

随着数字转型在世界范围内不断加速发展，数字技术已经成为科技创新过程中的关键要素。新冠肺炎疫情肆虐、新一轮科技革命加速演进、中美科技竞争等事件叠加，加剧了全球科技竞争格局调整，百年未有之大变局呈现更加错综复杂的形势。如何抓住新一轮科技革命发展窗口，推动科技、产业、社会、环境创新发展的数字转型，已经成为世界主要智库战略研究的焦点。

1. 科学技术发展数字转型研究

科学技术发展数字转型已经成为国家科技竞争战略的核心，尤其受到全球顶级智库的广泛关注，产生了很多具有影响力的研究报告。例如，OECD 发布《科学、技术与创新数字化：关键进展和政策》（*The Digitalisation of Science*, *Technology and Innovation*：*Key Developments and Policies*）[①]、《促进

---

① OECD. The digitalisation of science, technology and innovation: Key developments and policies[R]. Paris: OECD Publishing, 2020.

数字时代的科学与创新》（*Fostering Science and Innovation in the Digital Age*）①
等报告，新美国安全中心（Center for a New American Security，CNAS）于 2020
年发布《设计美国的数字发展战略》（*Designing a U. S. Digital Development
Strategy*）报告②，美国战略与国际问题研究中心（Center for Strategic and
International Studies，CSIS）于 2021 年发布《绘制新的"数字大西洋"》
（*Charting a New "Digital Atlantic"*）③，德国弗劳恩霍夫协会系统与创新研究所
（Fraunhofer ISI）于 2021 年发布《从创新角度看数字化》（*Die Digitalisierung
aus Innovationsperspektive*）报告④，均对科技发展数字转型进行了较为系统的
思考。

2. 产业创新发展数字转型研究

在数字产业基础不断夯实的同时，物联网、大数据、人工智能等数字
技术正在加速融入传统产业发展过程，引发了世界主要智库对产业创新发展
数字转型的关注。例如，德国国家科学与工程院于 2017 年发布《工业 4.0
成熟度指数：管理公司数字化转型》（*Industrie 4.0 Maturity Index: Managing
the Digital Transformation of Companies*）⑤ 报告，旨在支撑企业数字战略制
定。OECD 于 2020 年发布《2020 年数字经济展望》（*OECD Digital Economy
Outlook 2020*）⑥，强调了新冠肺炎疫情对全球经济的巨大冲击，并提出通过数
字转型促进包容性增长的政策框架。美国信息技术与创新基金会（ITIF）于
2021 年发布《美国的全球数字经济大战略》（*Grand Strategy for the Global
Digital Economy*）报告⑦，提出为了确保美国在 IT 领域保持全球领先地位，必

① OECD. Fostering Science and Innovation in the Digital Age[R]. Paris: OECD Publishing, 2019.

② Center for a New American Security. Designing a U.S. Digital Development Strategy [EB/OL.https://
www.cnas.org/publications/commentary/designing-a-u-s-digital-development-strategy[2020-09-10].

③ Center for Strategic and International Studies. Charting a New "Digital Atlantic" [EB/OL].https://www.
csis.org/analysis/charting-new-digital-atlantic [2021-08-14].

④ Fraunhofer Institute for Systems and Innovation Research ISI. Die Digitalisierung aus Innovationsperspektive
[EB/OL]. https://www.isi.fraunhofer.de/en/presse/2021/presseinfo-16-welches-innovationspotenzial-bietet-
die-digitalisierung.html [2021-08-14].

⑤ Schuh G, Anderl R, Gausemeier J, et al. Industrie 4.0 Maturity Index: Managing the Digital
Transformation of Companies [EB/OL].https://en.acatech.de/wp-content/uploads/sites/6/2018/03/acatech_
STUDIE_Maturity_Index_eng_WEB.pdf[2021-08-14].

⑥ OECD. OECD Digital Economy Outlook 2020[R]. Paris: OECD Publishing, 2020.

⑦ Atkinson R. A U.S. Grand Strategy for the Global Digital Economy[EB/OL].https://itif.org/publica-
tions/2021/01/19/us-grand-strategy-global-digital-economy[2021-08-14].

须建设美国的数字创新政策体系。法国国家数字化委员会于 2020 年发布《促使数字技术成为多样性加速器》报告[①]，指出以数字技术创新与应用为核心要素的发展模式已成为国家经济产业结构转型升级的重要推动力。

3. 社会创新发展数字转型研究

数字技术有助于提升医疗、教育、交通、公共安全保障等社会服务的质量和效率，社会创新发展的数字转型逐渐成为主要智库研究的新议题。例如，世界卫生组织于 2021 年发布《数字健康全球战略 2020—2025》（*Global Strategy on Digital Health 2020-2025*）[②]，旨在开发和利用数字技术改善健康相关的知识和实践领域，实现全民健康的愿景。OECD 于 2020 年发布《走向数字化的综合政策框架》报告（*Going Digital Integrated Policy Framework*）[③]，旨在帮助政府和利益相关者制定数字政策促进社会繁荣，其中包括就业、税收、福祉、环境、卫生医疗、数字政府等多个领域。新美国安全中心（CNAS）于 2020 年发布《数字政府测绘计划》（*The Digital Government Mapping Project*）[④]，总结了建设数字政府平台应遵循的十大原则。美国兰德公司（RAND）于 2021 年发布《数字世界中的社区监督：挑战与机遇》[⑤]，强调通过提升数字管理能力来提供有效的社区监督服务，防范社会风险，加强公共安全保障。

4. 环境创新发展数字转型研究

数字化手段和工具为环境创新发展提供了契机，各国智库呼吁利用数字转型推动环境监测和治理技术变革，改善环境质量。OECD 于 2019 年发布《衡量数字转型：未来路线图》（*Measuring the Digital Transformation：A*

---

① Conseil national du numerique. Publication de l'avis « Faire du numérique un accélérateur de diversité »[EB/OL].https://cnnumerique.fr/publication-de-lavis-faire-du-numerique-un-accelerateur-de-diversite[2020-08-09].

② World Health Organization. Global Strategy on Digital Health 2020-2025[EB/OL].https://www.who.int/docs/default-source/documents/gs4dhdaa2a9f352b0445bafbc79ca799dce4d.pdf[2021-08-14].

③ 4 OECD. Going Digital Integrated Policy Framework [R]. Paris: OECD Publishing, 2020.

④ Center for a New American Security. The Digital Government Mapping Project [EB/OL].https://www.newamerica.org/digital-impact-governance-initiative/reports/digital-government-mapping-project/[2020-09-16].

⑤ Russo J, Vermeer M, Woods D, et al. Community Supervision in a Digital World：Challenges and Opportunities[EB/OL][https://www.rand.org/pubs/research_reports/RRA108-10.html[2021-08-14].

Roadmap for the Future）报告①，提出系列指标衡量数字转型情况，包括数字转型带来的碳排放增加。欧盟于 2020 年 5 月发布《2020 年欧盟科学、研究与创新绩效》（*Science, Research and Innovation Performance of the EU 2020*）报告②，指出应通过研究与创新来应对在面临绿色和数字转型时的双重挑战。美国信息技术与创新基金会（Information Technology and Innovation Foundation，ITIF）于 2021 年发布《"更好地重建"需要数字化建设》（*"Building Back Better" Requires Building in Digital*）③，强调加强数字基础设施建设，并推动水、废物处理系统等基础设施的数字转型，提高环境效益。

三、创新发展数字转型已成为主要国家创新发展政策重点

创新发展数字转型是顺应全球发展趋势的必然要求，是世界各国应对国际竞争、争夺发展制高点的必然选择。每一次技术革命和产业变革的发生都会极大地推动创新发展转型，为占据未来经济和社会发展制高点提供重要机遇。从历史的角度讲，创新发展经历了从电子化、信息化到数字化转型的演进过程。与以往的技术革命相比，数字技术革命的渗透性使得其能够覆盖到市场中的大多数主体和人群，影响将会更加广泛，可以为世界各国提供更强的发展动力。也正因如此，创新发展数字转型已成为世界主要国家战略和政策重点。

20 世纪 90 年代以来，美国制定了一系列战略计划以加强关键信息技术的研发，促进信息技术产业的发展：1996 年，提出"新一代互联网计划"，积极扶持下一代互联网及应用技术的开发，美国在互联网方面的优势得以保持；2002 年及 2003 年，公布电子政务战略，旨在促进社会的创新发展。不仅如此，美国还非常重视信息技术在推动产业创新发展方面的作用，2011 年发布的《确保美国在高端制造业的领先地位》（*Ensuring*

---

① OECD. Measuring the Digital Transformation：A Roadmap for the Future [R]. Paris: OECD Publishing, 2019.

② European Commission. Science, Research and Innovation Performance of the EU 2020: A Fair, Green and Digital Europe [R]. Luxembourg: Publications Office of the European Union, 2020.

③ Atkinson R. "Building Back Better" Requires Building in Digital[EB/OL].https://itif.org/publications/2021/05/10/building-back-better-requires-building-digital [2021-08-14].

American Leadership in Advanced Manufacturing）①、2013 年发布的《国家制造业创新网络：初步设想》（*National Network of Manufacturing Innovation: A Preliminary Design*）②，均是基于这一背景出发制定的。随着数字技术的发展，美国为确保在数字经济时代仍可保持领先地位，开始发展新一代信息技术并推动其在科技、产业等领域的应用。《美国先进制造业领导力战略》（*Strategy for American Leadership in Advanced Manufacturing*）③（2018 年）、《美国在人工智能领域的领导地位：联邦政府参与制定技术标准和相关工具的计划》（*U.S. Leadership in AI: A Plan for Federal Engagement in Developing Technical Standards and Related Tools*）④（2019 年）、《引领未来先进计算生态系统：战略计划》（*Pioneering the Future Advanced Computing Ecosystem: A Strategic Plan*）⑤（2020 年）等系列战略显示了美国创新发展全面向数字化转型的过程。

　　欧盟于 1999 年提出"电子欧洲"的概念，并推出一系列"电子欧洲"计划，奠定了欧洲创新发展的数字转型基础。2020 年 3 月，欧盟委员会发布《欧洲新工业战略》（*A New Industrial Strategy for Europe*）⑥，将塑造欧洲的数字未来作为欧洲发展的关键优先任务。在欧盟国家中，德国在数字转型方面居于领先地位。早在 1999 年，德国就制定了"21 世纪信息社会的创新与工作机遇"纲要，2006 年，德国制定"2006 年德国信息社会行动纲领"，重视信息技术创新及信息产业发展。2013 年，德国率先提出"工业 4.0"的

① President's Council of Advisors on Science and Technology. Ensuring American Leadership in Advanced Manufacturing[EB/OL]. https://obamawhitehouse.archives.gov/the-press-office/2015/11/30/ensuring-american-leadership-advanced-manufacturing[2020-10-09].

② Executive Office of the President, National Science and Technology Council, Advanced Manufacturing National Program Office. National Network of Manufacturing Innovation：A Preliminary Design[EB/OL]. https://obamawhitehouse.archives.gov/sites/default/files/microsites/ostp/nstc_nnmi_prelim_design_final.pdf[2020-10-09].

③ National Science & Technology Council. Strategy for American Leadership in Advanced Manufacturing [EB/OL]. https://trumpwhitehouse.archives.gov/wp-content/uploads/2018/10/Advanced-Manufacturing-Strategic-Plan-2018.pdf[2020-10-09].

④ National Institute of Standards and Technology. U.S. Leadership in AI: A Plan for Federal Engagement in Developing Technical Standards and Related Tools [EB/OL]. https://www.nist.gov/system/files/documents/2019/08/10/ai_standards_fedengagement_plan_9aug2019.pdf[2020-10-09].

⑤ National Science & Technology Council. Pioneering the Future Advanced Computing Ecosystem: A Strategic Plan[EB/OL]. https://www.nitrd.gov/pubs/Future-Advanced-Computing-Ecosystem-Strategic-Plan-Nov-2020.pdf[2020-10-09].

⑥ European Commission. A New Industrial Strategy for Europe[EB/OL]. https://eur-lex.europa.eu/legal-content/EN/TXT/?qid=1593086905382&uri=CELEX:52020DC0102[2020-10-09].

概念，旨在利用信息化技术促进产业变革，提升德国工业竞争力。"工业4.0"是德国政府《高技术战略2020》①确定的十大未来项目之一，已上升为国家战略，并带动了云计算、人工智能等数字技术在产业发展中的应用。2016年德国联邦教研部发布的《数字战略2025》②将数字转型视为政治和经济行动的高度优先领域。此外，2018年7月发布的《联邦政府人工智能战略要点》③、2019年9月发布的《德国国家区块链战略》④、2020年12月更新的《联邦政府人工智能战略》⑤，均体现了德国政府对创新发展数字转型的重视。

　　日本在2000年制定了"E-Japan"战略计划，提出全面推进高速和超高速网络建设、发展电子政务、改善社会公共服务、振兴经济等目标，促进了日本IT产业的发展及应用。2004年提出了"U-Japan"战略计划，旨在推动泛在网络的基础设施建设，这一计划使日本的通信基础设施居于世界领先地位。为了保持其数字竞争力，日本于2009年推出了"I-Japan"战略计划，旨在发展新支柱产业。在德国提出工业4.0和美国成立工业互联网联盟后，日本于2015年提出"工业4.1J"计划，加速推进产业创新发展数字转型。2016年，日本发布《第五期科学技术基本计划（2016—2020年）》⑥提出"超智能社会（社会5.0）"概念，2020年发布的《统合创新战略2020》⑦强调持续推进社会5.0建设，运用人工智能、超算等新技术，适应新形势并加快推进数字转型。

①　Bundesministerium für Bildung und Forschung. The High-tech Strategy for Germany [EB/OL]. https://www.bmbf.de/pub/hts_2020.pdf [2020-10-09].

②　Federal Ministry for Economic Affairs and Energy. Digital Strategy 2025 [EB/OL]. https://www.de.digital/DIGITAL/Redaktion/EN/Publikation/digital-strategy-2025.pdf?__blob=publicationFile&v=9[2020-12-09].

③　Bundesministerium für Bildung und Forschung. Eckpunkte der Bundesregierung für eine Strategie künstliche Intelligenz [EB/OL]. https://www.bmbf.de/files/180718%20Eckpunkte_KI-Strategie%20final%20Layout.pdf[2020-12-09].

④　Für das Bundesministerium für Wirtschaft und Klimaschutz. Blockchain-Strategie der Bundesregierung [EB/OL]. https://www.bmwi.de/Redaktion/DE/Publikationen/Digitale-Welt/blockchain-strategie.pdf?__blob=publicationFile&v=8[2020-12-09].

⑤　李山. 德国将投50亿欧元强化《人工智能战略》[EB/OL]. http://www.xinhuanet.com/tech/2020-12/09/c_1126838477.htm[2020-12-09].

⑥　王玲. 日本发布《第五期科学技术基本计划》欲打造"超智能社会"[EB/OL]. https://epaper.gmw.cn/gmrb/html/2016-05/08/nw.D110000gmrb_20160508_1-08.htm[2016-05-08].

⑦　内閣府. 統合イノベーション戦略2020[EB/OL]. https://www8.cao.go.jp/cstp/tougosenryaku/index.html.

中国 2006 年颁布《2006—2020 年国家信息化发展战略》[①] 以保障综合信息基础设施的普及、提升信息技术自主创新能力、促进国民经济和社会信息化。随后，2015 年颁布《国务院关于积极推进"互联网+"行动的指导意见》[②]，围绕"互联网+"将互联网的创新成果与经济社会各领域深度融合。2016 年发布了《国家信息化发展战略纲要》[③]，旨在以信息化促进创新发展，建设数字国家。2021 年，《中华人民共和国国民经济和社会发展第十四个五年规划和 2035 年远景目标纲要》（简称国家"十四五"规划）颁布，明确提出要加快数字化发展、建设数字中国。

第二节　创新发展数字转型呈现全方位赋能趋势

数字技术的应用与大数据思维的融合，为创新发展注入新的活力。数据与数字技术蕴含的海量、智能、互联、共享等特性深度融入了科技、产业、社会、环境创新发展中，为创新发展提供了新的动力，引领了新的创新发展方向。

一、数字赋能科研范式向交叉融合智慧方向转变

数字技术已经成为科学技术发展过程中不可或缺的条件，给科研范式带来了极大改变，数字科技与各领域的交叉融合成为潮流。数字转型在组织规模、创新要素、研发过程、协同网络等方面深刻影响科研组织模式的创新和变革，加速了"数据密集型科学"研究范式的实现。在数字技术的支撑下，产生了半自主式的科研组织模式，促进知识生产与科技进步。数字科技与其他科技领域交叉融合，能够扩展传统研究边界，催生新的科技前沿。

---

① 新华社. 2006—2020 年国家信息化发展战略 [EB/OL]. http://www.gov.cn/test/2009-09/24/content_1425447.htm[2020-12-09].
② 国务院. 国务院关于积极推进"互联网+"行动的指导意见[EB/OL].http://www.gov.cn/zhengce/content/2015-07/04/content_10002.htm[2020-12-09].
③ 新华社. 中共中央办公厅、国务院办公厅印发《国家信息化发展战略纲要》[EB/OL]. http://www.gov.cn/xinwen/2016-07/27/content_5095297.htm[2020-12-09].

1. 数字赋能科研范式交叉融合化转变

　　数字技术融入各领域科技研究，科技交叉融合发展迎来新机遇。高性能计算、大数据、云计算、人工智能、5G、区块链、物联网等数字技术不断发展[①]，为各领域创新发展数字转型提供了坚实的技术基础。与传统技术相比，数字技术具有融合性特征[②]，能够与其他领域技术广泛互融，交叉汇聚催生新的科技领域，推动新兴科技发展。例如，在脑科学领域，脑科学与数理、信息等学科领域的结合，正在催生脑-机交互技术，将极大带动人工智能、复杂网络技术发展[③]，同时促进脑疾病、精神疾病等一系列疾病防治；在生物医学领域，人工智能、大数据技术推动实现精准医疗[④]；在地理学领域，大数据等数字技术与传统遥感技术紧密结合，能够更加便捷、有效地监测地理环境的变化，也使得对社会环境的监测成为可能。此外，数字转型带来的共享趋势要求进一步推动开放科学，数字技术的发展也大力推动了开放科学进程，为开放科研数据、工具、方法、思想提供有力支撑，促进科学在跨越技术、学科和国界的可信环境中开放共享，进一步助力各学科交叉融合。

2. 数字赋能科研范式智能智慧化转变

　　人工智能逐渐渗入科技发展全过程，形成人机协同的智能智慧科研范式。数据空间蕴含大量的可以在瞬间、大规模和低成本情况下流通、复制、共享或操纵的数据信息，使得科学家能够反复利用信息从而进行空前规模的计算机化实验。计算机等设备汇聚经验，融入人工智能，形成自主学习、自主设计、自主实验的智能式科研范式，辅助科学家判断，提升科研效率。随着人工智能技术的进一步发展，在部分科研活动中计算机将会代替人类进行高效工作与最优决策，通过高效的人机交互，充分利用人类过往的经验和知识，突破语言、空间、种群障碍，形成智慧科学辅助系统。由此，人类和机器相互协同，利用数字技术广泛捕捉微观、宏观、自然、社会等多层面的信息，进行智能分析与智慧决策，促使传统以人为主的知识生产方式向人机协同的智能智慧化方向发展。

① OECD. Going Digital: Shaping Policies, Improving Lives[R]. Paris: OECD Publishing, 2019.
② 柳卸林，董彩婷，丁雪辰. 数字创新时代：中国的机遇与挑战[J]. 科学学与科学技术管理，2020，41(06): 3-15.
③ 李伟. 数字经济是高质量发展的重要推动力[N]. 北京日报，2019-06-03(014).
④ 陈润生. 大数据与精准医学[N]. 中国信息化周报，2017-11-06(007).

二、数字赋能产业创新服务化、智能化、生态化

数据作为一种核心生产要素在产业创新发展中的重要性日益凸显，使企业从主要通过劳动力、设备、资金等资源投入的竞争逐渐转变为以知识、信息和创新能力为焦点的竞争。在经济社会需求驱动下，通过发挥数据要素可复制、可共享和无限增长等天然优势，新型数字技术在生产制造活动中渗透融合，使得传统产业不断升级、新兴产业快速发展，产业发展的技术延展性不断增强、边界不断扩展。

1. 数字赋能产业发展服务化

数字转型推动产业发展从提供产品向提供"产品＋服务"的方向升级，形成以消费者个性化需求为中心的"用户－企业"互动式产品创新逻辑。数字化连接实现了用户与企业之间在任何时间、任何地点进行互动，大幅降低个性化定制成本，帮助用户获得个性化体验[1]。用户实时反馈的数据信息也有助于企业不断改进产品和服务质量，从而在持续动态多变、不可预测的全球性市场竞争环境中生存发展并不断地扩大其竞争优势。数字化连接的互动模式使产业价值链重构成为包含制造业与服务业价值链增值环节的融合型产业价值链。特别在中国当前发展阶段，对于高端装备制造业这一引领产业经济发展但处于全球价值链低端的产业而言，数字转型也可推动工业大数据的充分利用，通过与用户的互动式价值共创，形成服务型制造的新增长点，推动制造业向全球价值链高端移动。

2. 数字赋能产业发展智能化

创新主体利用数字技术对传统产品生产流程进行全方位、全角度、全链条改造，能够优化生产方式，提高生产效率。在生产过程中，信息、计算、沟通和连接技术的组合改变了创新流程和组织形式，人、智能传感器、机器设备深度融合，产生了人人协同、人机协同、机机协同等不同生产方式，有助于优化生产流程，促进智能化生产。智能化生产还体现在生产成本的降低上，例如，数字仿真与数字孪生技术、物联网技术等数字技术会大幅降低流程创新成本[2]。与传统生产要素不同，数据要素的价值与数据的规模和丰富程

---

① 肖旭, 戚聿东. 产业数字化转型的价值维度与理论逻辑[J]. 改革, 2019(08): 61-70.

② Lyytinen K, Yoo Y, Boland Jr. R. Digital product innovation within four classes of innovation networks[J]. Information Systems Journal, 2016,26(1): 47-75.

度显著正相关，数据量越庞大，数据的价值也就越高。由于数据在流转和扩散过程中将会产生新的数据，使得数据要素表现出不断迭代、自我增殖的特性，对其进行充分有效利用，可以显著节省人力、资本等其他要素的使用成本，还可以降低要素供给和要素需求方之间的信息不对称，实现要素供求双方的精确匹配，提高要素配置效率[①]。

3. 数字赋能产业发展生态化

通过形成数字赋能、数据驱动、平台支撑、网络协同的新型创新模式，数字转型推动产业体系内不同主体形成利益共同体，打造产业生态系统。生态系统内的主体彼此相互影响、相互制约，形成了价值共享的、动态的、有目的的网络，并在其中进行共同的价值创造、实现共同演进，从而共同达到新状态[②]。数字赋能的产业生态系统的核心是数字生态平台，能有效整合产品设计、生产制造、设备管理、运营服务等全流程所需的资源，尤其是数据资源，从而实现技术、数据、金融和基础设施等多维度的赋能，开展面向不同场景的应用创新[③]，加速传统行业数字转型整体进度，同时催生产业发展新业态。例如，以工业互联网为代表的开放式创新平台能够充分整合产业链内外部创新要素，灵活运用市场资源，帮助多个创新主体开展协同创新[④]，形成创新共同体。

三、数字赋能社会服务创新优质化、普惠化、精细化

在数字转型中提供更好的社会服务用以保障和改善民生，是社会创新发展数字转型的最终目的。社会发展中普遍存在的公平、效率、质量等问题可通过数字转型寻求解决方案。目前，大数据、人工智能、区块链等数字技术正在被广泛应用于智慧城市、公共事务管理等领域中，推动社会服务质量进一步提升、服务范围进一步扩大、服务供给进一步精细。

1. 数字赋能社会服务优质化

社会服务优质化体现在高效率、高智能化、高便捷性等方面。人类与互

① 江小涓. "十四五" 时期数字经济发展趋势与治理重点 [J]. 上海企业 , 2020(11): 56-57.

② 张超、陈凯华、穆荣平 . 数字创新生态系统：理论构建与未来研究 [J]. 科研管理, 2021, 42(03): 1-11.

③ 吕铁 . 传统产业数字化转型的趋向与路径 [J]. 人民论坛·学术前沿, 2019(18): 13-19.

④ 李春发、李冬冬，周驰 . 数字经济驱动制造业转型升级的作用机理——基于产业链视角的分析 [J].
商业研究, 2020, (02): 73-82.

联网、智能传感器、智能终端等网络基础设施深度连接，推动物理世界与虚拟网络空间加速融合，形成了"信息－物理－社会"高度耦合的复杂社会系统[①]。与传统以人为主的社会系统不同，数字化时代下的社会系统是一个万物互联的系统，智能机器具有强大的感知、计算、推理和预测的能力，能够推动社会服务向高水平、高智能化、高便捷性方向发展。例如，智能终端与传统汽车结合形成无人驾驶汽车，从根本上改变了汽车的控制方式，能够大大提高交通系统的效率和安全性；数字技术与卫生系统结合形成智慧卫生体系，能够随时感知居民健康及其生活卫生条件的变化，并远程提供智慧预警及解决方案，推动公共卫生体系从疾病治疗为主向预防和保健为主转型。

2. 数字赋能社会服务普惠化

社会服务普惠化旨在更为广泛地让民众享受公共资源。数字技术的不断推广与普及一方面可以提升公共服务的技术水平，另一方面也能够降低资源共享的成本，扩大普惠范围、丰富普惠内涵，使得公共服务的深度普惠成为可能。中国地区发展水平差异显著，稀缺优质资源多向一线城市聚集，使得偏远地区与农村地区难以有机会接触优质资源、享受普惠服务。数字技术的推广应用能有效打破高质量资源空间配置的不均衡，通过线下资源的线上转移，有效缩小地区间与城乡间的差距。例如在教育与医疗领域，数字化能为教育与医疗发展不平衡不充分问题提供有效的解决方案，偏远地区民众可以便捷地通过智能终端快速获取优质课程、进行网络问诊，使其有机会享受到发达地区的教育和医疗服务。

3. 数字赋能社会服务精细化

数字技术为提高社会服务精细化水平提供了新方法、新途径。十九届四中全会通过的《中共中央关于坚持和完善中国特色社会主义制度 推进国家治理体系和治理能力现代化若干重大问题的决定》[②]明确指出要"推动社会治理和服务重心向基层下移，把更多资源下沉到基层，更好提供精准化、精细化服务"。进入"十四五"，人工智能、区块链、城市大脑等数字技术有望进一步助力以"精细化"思维指导的社会服务。数字技术通过对复杂繁多的数

① 王芳, 郭雷. 人机融合社会中的系统调控 [J]. 系统工程理论与实践, 2020, 40(08): 1935-1944.
② 中华人民共和国中央人民政府. 中共中央关于坚持和完善中国特色社会主义制度 推进国家治理体系和治理能力现代化若干重大问题的决定 [EB/OL]. http://www.gov.cn/zhengce/2019-11/05/content_5449023.htm[2019-11-05].

据进行分析处理，并汲取有用信息辅以科学决策，使得社会服务精细化成为可能。通过大数据蕴含的海量信息，可以刻画每个服务对象的特征与需求，有助于精细划分服务人群、精细服务需求，进一步改变传统社会服务中的粗放低效能服务模式，满足民众全方位、多角度、差异化的服务诉求，并通过搭建公共服务数字平台，即时识别、受理、反馈、解决民众诉求。在健康、医疗、养老、就业、文化、社会保障等公共服务中形成服务品质更优、细节关注度更高、服务体验满意度更大和人本关怀更充分的服务模式。

四、数字赋能环境创新低碳化、实时化、高效化

改善生态环境是建设美丽中国、满足人民日益增长的美好生活需要的必然要求。国家"十四五"规划中提出"推动绿色发展，促进人与自然和谐共生"，习近平总书记也多次强调："良好生态环境是最公平的公共产品，是最普惠的民生福祉"[①]。环境创新发展数字转型有助于从源头上减少能源损耗，在治理上有助于优化传统环境治理技术和手段，扩大环境监测范围，同时推动协同治理模式形成，提高环境治理体系效能，全方位助推环境创新发展。

1. 数字赋能环境发展低碳化

数字技术的不断突破及低成本应用有助于形成资源系统的可持续发展模式。十四五规划明确提出要全面提高资源利用效率、构建资源循环利用体系、加快发展方式绿色转型。数字转型能有效赋能绿色可持续发展，例如，在工业生产过程中，自动化控制、高精度计算等技术的实现使得能源的最优利用成为可能，还能与周围环境互联，促进副产物、废弃物等的再利用与再循环，从根本上降低对资源的浪费与对环境的破坏。在生活中，用能产品（如照明、交通等）的智能互联大幅降低了不必要的能源浪费。此外，尽管数字技术同样可能带来一定的能源消耗，但能源效率的持续增长可以在很大程度上控制其整体能耗增幅[②]。

2. 数字赋能环境监测实时化

环境监测是环境治理的"生命线"，数字技术的应用有助于形成覆盖面

---

① 人民网. 学习习总书记重要论述：良好生态环境是最普惠的民生福祉 [EB/OL]. http://politics. people. com.cn/n1/2018/0921/C/001-30307963.html[2020-10-10].

② 国际能源署. 数字化与能源 [M]. 北京：科学出版社，2019.

更广、更为精准的实时监测网络。依托卫星遥感、无人机巡查、地面监测等科技手段，建设环境监测数字基础设施，可以构建"天地一体化"实时监测网络，实现对生态环境全天候、全覆盖、无死角的监测巡查管理，及时发现问题并全程智能化跟踪解决。云计算、大数据、物联网、人工智能等数字技术的应用，也推动实时监测数据的互联、共享、管理、决策，通过对实时信息的分析，形成智能化治理方案，对重点区域进行重点部署，使监测更加精准，提升监测效率。此外，环境监测基础设施的全覆盖以及数字技术推动的信息互联共享，可以大幅降低人力成本与经济成本，推动形成高经济适用型监测网络。

3. 数字赋能环境治理高效化

数字转型推动建设协同高效的环境治理体系。提高环境治理能力是改善生态环境的必然要求，"十四五"规划提出"引导社会组织和公众共同参与环境治理""健全现代环境治理体系"，数字转型为实现这一目标提供了有效途径。一方面，传统的环境治理技术与数字技术相结合，推动形成更为精细、更为高效的环境治理体系；另一方面，人工智能、大数据等技术的应用，能够改变过去政府部门间、政府与民众间的信息不对称，充分推动跨层级、跨部门、跨区域的高效协同治理，云计算等技术可以直接应用于民众反馈的收集、整理与分析，充分挖掘和发挥"社会协同、民主协商、市场补充、公众参与、科技支撑"的系统整合作用，形成环境治理共同体，提高环境治理效能。此外，人工智能的应用有助于构建智能决策系统，通过复杂系统模拟和预测，辅助环境监测者对环境影响因素及其影响进程进行定量分析，动态感知环境系统的变化，及时做出环境治理政策响应，并通过更加精准的环境政策效果评估与预测，反馈辅助政策制定与调整过程，从而为环境政策的制定提供更加客观、充分、及时的解决方案。

第三节　主要国家纷纷制定创新发展数字转型战略

主要国家均意识到数字竞争在未来国际竞争的重要性，近年来美国、欧盟、英国和日本等主要国家（地区）为推动创新发展数字转型，纷纷调整战略和政策，把加快数字转型作为抢占创新发展制高点、赢得战略主动权的优先事项。

一、明确以数字技术为核心的优先发展技术领域

主要国家将数字技术发展纳入国家战略。美国将数字技术相关领域作为联邦研发预算优先事项，旨在维持和强化其全球科技领导地位。欧盟持续加大数字转型领域的技术支持，提高科技竞争力，支持经济复苏。英国和日本也将数字技术创新作为科技创新战略的核心，以应对数字时代的新需求和挑战，打造世界级的科技创新中心。

美国白宫于 2020 年 8 月发布《2022 财年研发预算优先事项和跨领域行动》[①]。与2018年6月发布的《2020 财年政府研发预算优先事项》[②]、2019 年 8 月发布的《2021 财年政府研发预算优先事项》[③] 相比，《2022 财年研发预算优先事项和跨领域行动》强调维持美国在人工智能、量子信息科学、先进制造和先进通信等数字领域的领导地位，将数字技术作为保障公共卫生安全的关键。

欧盟委员会于 2018 年 6 月提议创建"数字欧洲计划"（Digital Europe Programme），以保证欧洲在全球数字竞争中实现技术主权[④]。"数字欧洲计划"于 2021 年 1 月开始实施，总预算达 75 亿欧元，支持超级计算、人工智能、量子通信等关键技术的发展[⑤]。欧洲议会和欧盟理事会于 2020 年 12 月正式批准了"地平线欧洲"（Horizon Europe）计划（即第九框架计划，2021 ~ 2027

① Office of Managment and Budget, Office of Science and Technology Policy. Fiscal Year (FY) 2022 Administration Research and Development Budget Priorities and Cross-cutting Actions[EB/OL]. https://www.whitehouse.gov/wp-content/uploads/2020/08/M-20-29.pdf[2020-09-20].

② Office of Managment and Budget. FY 2020 Administration Research and Development Budget Priorities[EB/OL]. https://www.whitehouse.gov/wp-content/uploads/2018/07/M-18-22.pdf[2020-09-20].

③ Office of Managment and Budget, Office of Science and Technology Policy. Fiscal Year 2021 Administration Research and Development Budget Priorities[EB/OL]. https://www.whitehouse.gov/wp-content/uploads/2019/08/FY-21-RD-Budget-Priorities.pdf[2020-09-20].

④ European Commission. EU Budget: Commission Proposes € 9.2 Billion Investment in First Ever Digital Programme[EB/OL]. https://ec.europa.eu/commission/presscorner/detail/en/IP_18_4043[2020-09-20].

⑤ European Commission. Digital Europe Programme: A Proposed €7.5 Billion of Funding for 2021-2027[EB/OL]. https://digital-strategy.ec.europa.eu/en/library/digital-europe-programme-proposed-eu75-billion-funding-2021-2027[2021-01-10].

年），与"地平线 2020"（Horizon 2020）计划[①]相比，新一轮计划将大幅增加数字研究与创新活动的支出，确保欧洲在数字领域的全球研究与创新领域保持领先地位，涉及领域包括人工智能和机器人技术、量子技术、下一代互联网、先进计算和大数据等[②]。

英国政府于 2017 年 3 月发布《英国数字战略》[③]，将向工程和物理科学研究委员会（EPSRC）拨款 1730 万英镑，以支持英国大学开发新的机器人技术和人工智能技术；通过政府战略干预来支持自动驾驶、物联网、人工智能、虚拟现实（VR）等新兴科技的发展，如允许自动驾驶汽车上路测试和提供专项资金支持促进自动驾驶汽车领域的研发；设立 3000 万英镑的 IoT UK 项目支持物联网领域的研究与创新；通过 Digital Catapult 项目促进虚拟现实和增强现实技术（AR）领域的发展。英国政府于 2020 年 7 月发布《英国研发路线图》，强调在高级研发、数据和数字技能方面协调英国政府部门之间的管理活动，支持数字科技人才发展[④]。

日本内阁会议于 2016 年 1 月通过《第五期科学技术基本计划（2016—2020 年）》[⑤]，提出了研发投入占 GDP 比重的 4% 以上（其中政府研发投入占 GDP 比重达 1%）的目标，强调了信息与通信技术（ICT）研发的重要性。2020 年 1 月，日本推出新的"登月研发计划"，强调要提升日本的基础研究能力，建立一个世界领先的研发框架，并将疾病超早预测和预防、人工智能和机器人、量子计算机等技术领域作为长期研发目标[⑥]。2020 年 7 月，日本政府发布《统合创新战略 2020》，强调开展人工智能、生物技术、量子技术等

①　European Commission. A New, Modern Multiannual Financial Framework for a European Union that Delivers Efficiently on its Priorities Post-2020[EB/OL]. https://eur-lex.europa.eu/legal-content/en/ALL/?uri=CELEX%3A52018DC0098[2021-01-10].

②　European Union. Horizon Europe—the Framework Programme for Research and Innovation, Laying down its Rules for Participation and Dissemination [EB/OL]. https://data.consilium.europa.eu/doc/document/ST-14239-2020-INIT/en/pdf [2021-01-10].

③　Department for Digital, Culture, Media & Sport. The Rt Hon Karen Bradley MP, UK Digital Strategy 2017[EB/OL]. https://www.gov.uk/government/publications/uk-digital-strategy/uk-digital-strategy[2020-10-01].

④　Department for Business, Energy & Industrial Strategy. UK Research and Development Roadmap [EB/OL]. https://assets.publishing.service.gov.uk/government/uploads/system/uploads/attachment_data/file/896799/UK_Research_and_Development_Roadmap.pdf[2020-10-01].

⑤　王玲. 日本发布《第五期科学技术基本计划》[EB/OL]. http://law.cssn.cn/dzyx/dzyx_xyzs/201605/t20160508_2999991.shtml[2020-09-20].

⑥　内閣府. ムーンショット型研究開発制度 [EB/OL]. https://www8.cao.go.jp/cstp/moonshot/index.html [2021-01-10].

领域的研发活动以及建设研发基地[①]。

二、强化数字经济在全球经济发展中的引领地位

在数字时代，数据成为新的关键生产要素，有助于推动产业创新发展，形成新的经济增长点，并且为科技、社会、环境等其他领域创新发展的数字转型提供动力。世界主要国家均强调制定数字时代的产业发展战略，加速数字技术在产业中的应用，壮大数字经济，抢占全球未来经济发展高地。

美国国家科学技术委员会于 2018 年 10 月发布《美国先进制造业领导力战略》[②]，提出"抓住智能制造系统的未来"的战略目标，强调联邦、州和地方政府必须共同努力，利用大数据分析、先进的传感和控制技术促进制造业的数字转型。2020 年 8 月，美国政府提出将提供超过 10 亿美元组建 12 个新的人工智能和量子信息科学的研发机构[③]，并通过联邦政府、工业界和学术界的合作促进新兴技术的产业化。美国总统科技顾问委员会先后发布的《关于加强美国未来产业领导地位的建议》（2020 年 6 月发布）[④] 和《未来产业研究院：美国科学与技术领导力的新模式》（2021 年 1 月发布）[⑤] 强调围绕数字科技领域布局未来产业。

欧盟委员会于 2016 年 5 月公布"欧洲工业数字化战略"计划，强化数字创新中心建设，为各个行业创新提供基础支持，加快推进工业数字转型[⑥]。

---

① 内阁府. 统合イノベーション戦略 [EB/OL]. https://www8.cao.go.jp/cstp/tougosenryaku/index.html[2021-01-10].

② Subcommittee on Advanced Manufacturing Committee on Technology of the National Science and Technology Council. Strategy for American Leadership in Advanced Manufacturing[EB/OL]. https://www.whitehouse.gov/wp-content/uploads/2018/10/Advanced-Manufacturing-Strategic-Plan-2018.pdf [2020-10-01].

③ Office of Science and Technology Policy. The Trump Administration Is Investing \$1 Billion in Research Institutes to Advance Industries of the Future[EB/OL]. https://www.whitehouse.gov/articles/trump-administration-investing-1-billion-research-institutes-advance-industries-future/[2020-10-01].

④ The President's Council of Advisors on Science and Technology. Recommendations for Strengthening American Leadership in Industries of the Future[EB/OL]. https://science.osti.gov/-/media/_/pdf/about/pcast/202006/PCAST_June_2020_Report.pdf[2020-07-10].

⑤ The President's Council of Advisors on Science and Technology. Industries of the Future Institutes: A New Model for American Science and Technology Leadership[EB/OL]. https://science.osti.gov/-/media/_/pdf/about/pcast/202012/PCAST---IOTFI-FINAL-Report.pdf?la=en&hash=0196EF02F8D3D49E1ACF221DA8E6B41F0D193F17[2021-01-10].

⑥ 中华人民共和国科学技术部. 欧盟正式出台欧洲工业数字化战略[EB/OL]. http://www.most.gov.cn/gnwkjdt/201605/t20160527_125814.htm[2020-10-01].

2019 年 6 月，欧盟理事会达成了《2019—2024 年新战略议程》①，将发展强大而充满活力的经济作为指导欧盟理事会工作的优先事项之一，并致力于人工智能等数字技术在产业中的应用。2020 年 2 月，欧盟委员会发布《塑造欧洲的数字未来》，提出将寻求通过一揽子工业战略以促进欧盟产业数字转型，特别是为中小企业数字转型提供支撑②。2020 年 3 月，欧盟委员会发布《新欧洲工业战略》，提出了欧洲保持其技术和数字主权并成为全球数字领导者的愿景，强调可扩展性是数字经济的关键，并鼓励和支持产业部门制定自己的数字领导路线图③。

英国商业、能源和产业战略部于 2017 年 11 月发布《产业战略：塑造英国未来》，提出在世界一流研究的基础上与工业界合作，开发人工智能和先进分析技术的创新应用，通过英国历史上最大的公共研发投资来推动变革④。2018 年 4 月，英国商业、能源和产业战略部联合数字、文化、媒体和体育部出台了《产业战略：人工智能领域行动》，再次强调支持人工智能创新以提升生产力，使英国成为全球创立数字化企业的最佳之地⑤。2018 年以来，英国政府将人工智能与数字经济作为产业战略挑战基金的重要内容，量子商业化项目投资 1.53 亿英镑，同时产业界投资 2.05 亿英镑，支持研究人员将量子科学转变为新产品和服务，以推动汽车、医疗保健、基础设施、电信、网络安全等一系列领域创新⑥。2020 年 6 月，包括量子传感器、量子计算机等技术应用的 38 个新项目获得资金支持⑦。

① European Council. A New Strategic Agenda for the EU 2019-2024[EB/OL]. https://www.consilium.europa.eu/en/eu-strategic-agenda-2019-2024/[2020-10-01].

② European Commission. Shaping Europe's Digital Future[EB/OL]. https://ec.europa.eu/info/sites/info/files/communication-shaping-europes-digital-future-feb2020_en_4.pdf[2020-10-01].

③ European Commission. A New Industrial Strategy for Europe[EB/OL]. https://eur-lex.europa.eu/legal-content/EN/TXT/PDF/?uri=CELEX:52020DC0102&from=EN[2020-10-01].

④ Department for Business, Energy & Industrial Strategy. Industrial Strategy: Building a Britain Fit for the Future[EB/OL]. https://assets.publishing.service.gov.uk/government/uploads/system/uploads/attachment_data/file/664563/industrial-strategy-white-paper-web-ready-version.pdf[2020-10-01].

⑤ Department for Business, Energy & Industrial Strategy, Department for Digital, Culture, Media and Sport. Industrial Strategy: Artificial Intelligence Sector Deal[EB/OL]. https://assets.publishing.service.gov.uk/government/uploads/system/uploads/attachment_data/file/702810/180425_BEIS_AI_Sector_Deal__4_.pdf [2020-10-01].

⑥ UK Research and Innovation. Artificial Intelligence and Data Economy[EB/OL]. https://www.ukri.org/our-work/our-main-funds/industrial-strategy-challenge-fund/artificial-intelligence-and-data-economy/[2020-10-01].

⑦ UK Research and Innovation. Commercialising Quantum Technologies Challenge[EB/OL]. https://www.ukri.org/our-work/our-main-funds/industrial-strategy-challenge-fund/artificial-intelligence-and-data-economy/commercialising-quantum-technologies-challenge/[2020-10-01].

日本政府于 2016 年 1 月出台的《第五期科学技术基本计划（2016—2020
年）》提出"超智能社会"（"社会 5.0"）的概念，立足数字经济发展，将新型
制造系统、智能生产系统、综合材料开发系统等 11 个系统作为关键领域进行
重点推进①。2020 年 7 月，日本经济贸易和工业部发布《国际经济和贸易白皮
书 2020》，强调在新冠肺炎疫情背景下，必须促进数字技术在产业中的应用，
并指出日本应战略性地在亚洲新兴国家部署金融、人力和技术资源及专有技
术，通过与新兴经济体公司的合作来创建新业务，推动亚洲数字转型计划②。
2020 年 12 月，日本经济产业省发布《绿色增长战略》，提出到 2030 年数据
中心服务的市场规模提升到 3.3 万亿日元、半导体市场规模扩大到 1.7 万亿日
元的目标③。

三、优化数字技术在社会服务与治理中的作用

1. 将提升全民数字素养和加强数字技能培训上升到国家发展的战略高度

创新发展数字转型需要壮大具有数字素养和技能的劳动力队伍，加强面
向社会全民的基本数字技能以及面向专业人才和 STEM 毕业生的高级技能培
训。2018 年 4 月，英国《产业战略：人工智能领域行动》④提出建立一个世
界顶尖的技术教育体系，在技能发展方面投资 4.06 亿英镑，强化数学、数
字和技术教育；同时，创建一个新的国家再培训计划，将数字培训作为首先
投资的内容。2018 年 6 月，日本政府出台了《面向社会 5.0 的人才培养》⑤报

① 内阁府. 科学技術基本計画 [EB/OL]. https://www8.cao.go.jp/cstp/kihonkeikaku/5honbun.pdf [2020-
10-01].
② Ministry of Economy, Trade and Industry. Summary of the White Paper on International Economy and
Trade 2020[EB/OL]. https://www.meti.go.jp/english/press/2020/pdf/0707_001c.pdf [2020-09-15].
③ Ministry of Economy, Trade and Industry. "Green Growth Strategy Through Achieving Carbon
Neutrality in 2050" Formulated [EB/OL]. https://www.meti.go.jp/english/press/2020/1225_001.html [2021-
01-10].
④ Department for Business, Energy & Industrial Strategy, Department for Digital, Culture, Media &
Sport. Industrial Strategy: Artificial Intelligence Sector Deal[EB/OL]. https://assets.publishing.service.gov.
uk/government/uploads/system/uploads/attachment_data/file/702810/180425_BEIS_AI_Sector_Deal_4_.pdf
[2020-10-01].
⑤ 文部科学省. Society 5.0 に向けた人材育成 ～ 社会が変わる、学びが変わる ～[EB/OL]. https://
www.mext.go.jp/component/a_menu/other/detail/__icsFiles/afieldfile/2018/06/06/1405844_002.pdf[2020-
10-01].

告，提出了人工智能驱动下"社会 5.0"中日本学校教育应当采取的变革措施。2018 年 12 月，美国政府发布《制定成功路线：美国 STEM 教育战略》[①]，提出未来五年全民掌握基本的 STEM 概念，推进信息素养和计算机思维教育。2019 年日本 G20 峰会上，部长会议通过了《贸易和数字经济宣言》，指出要弥合数字鸿沟，鼓励 G20 成员方推广数字素养提升战略，特别关注弱势群体和劳动力市场转型。G20 成员方纷纷将数字经济视为经济转型和创新发展的主要途径，同时将"公众数字素养教育不足，影响创新的可持续发展"列为需要共同面对的问题之一。2020 年 3 月，欧盟委员会通过了经修订的《欧洲连接设施（CEF）电信工作计划 2019—2020 年》[②]，提供 1150 万欧元的额外投入以支撑数字技能培养和就业。

2. 推动政府治理向开放、包容和互联转变

数字政府战略，特别是政府数据的开放共享，促使相关国家（地区）的政府治理逐渐向开放、包容和互联的治理方向转变。2018 年 1 月，欧盟委员会发布其数字转型策略，提出到 2022 年发展成为"以用户为中心、以数据为导向"的委员会[③]。英国通过"政府转型战略（2017—2020）"（*Government Transformation Strategy 2017 to 2020*）[④]、"数字政府即平台"[⑤]等政府数字转型战略计划，提出建设全世界领先的数字政府。自 2019 年 3 月成立以来，美国的科技现代化基金董事会已拨款约 9000 万美元支持加速政府现代化进程的计划。2019 年 12 月，美国白宫发布《联邦数据战略与 2020 年行动计划》

---

① Committee on STEM Education (CoSTEM) of the National Science and Technology Council. Charting a Course for Success: America's Strategy for STEM Education[EB/OL]. https://www.whitehouse.gov/wp-content/uploads/2018/12/STEM-Education-Strategic-Plan-2018.pdf [2020-10-01].

② European Commission. Additional € 11.5 Million for Digital Skills and Jobs in the Amended Connecting Europe Facility Telecom Work Programme[EB/OL]. https://ec.europa.eu/digital-single-market/en/news/additional-eu115-million-digital-skills-and-jobs-amended-connecting-europe-facility-telecom[2020-10-01].

③ European Commission. European Commission Digital Strategy: A Digitally Transformed, User-Focused and Data-Driven Commission[EB/OL]. https://ec.europa.eu/info/sites/info/files/strategy/decision-making_process/documents/ec_digitalstrategy_en.pdf[2020-10-01].

④ Government Digital Service, Cabinet Office, The Rt Hon Ben Gummer. Government Transformation Strategy 2017 to 2020[EB/OL]. https://www.gov.uk/government/publications/government-transformation-strategy-2017-to-2020[2020-10-01].

⑤ Cabinet Office, Government Digital Service. Government Transformation Strategy: Platforms, Components and Business Capabilities[EB/OL]. https://www.gov.uk/government/publications/government-transformation-strategy-2017-to-2020/government-transformation-strategy-platforms-components-and-business-capabilities[2020-10-01].

（*Federal Data Strategy 2020 Action Plan*）[①]，初步确定了政府机构需采取的关键行动，包括促进不同机构间数据流通、提高员工数据技能、构建数据伦理框架、成立联邦首席数据官委员会等。2020 年 9 月，日本首相菅义伟继续前任首相的数字化发展路线，提出设置"数字厅"，加速推进日本的数字化改革[②]。

3. 重视网络和数据安全，健全本国数字市场监管体系

经济社会数字化发展将进一步带来个人隐私泄露、政府和企业信息安全和数据跨境流动等数字治理问题，世界主要国家和地区相继加强数字转型的治理体系建设。2018 年 1 月，英国数字、文化、媒体和体育部发布《数字宪章》[③]，制定了网络空间的规范和准则，以应对新技术带来的挑战，使英国拥有全球最安全的网络环境以及孵化和发展高科技公司的生态系统，为英国数字经济的发展壮大创造最佳条件。2018 年 5 月，欧盟开始实施《通用数据保护条例》[④]，10 月通过《非个人数据自由流动条例》[⑤]，分别明确了对个人数据和非个人数据的保护和监管。2018 年 11 月，美国政府颁布《2018 年网络安全和基础设施管理局法案》[⑥]，将网络安全事务管理提高到联邦管理层级。2019 年 5 月，日本进一步细化其《网络安全战略》[⑦]的内容，提出将网络空间打造为多主体有机协作的可持续发展网络生态系统，在管控风险的同时创造价值，将安全治理与经济治理集约于同一生态系统内。2020 年 5 月，欧盟宣布将投入 4100 万欧元资助 9 个新的网络安全项目，为公民、中小微企业提供网

---

① Office of Management and Budget. Federal Data Strategy 2020 Action Plan [EB/OL]. https://strategy. data.gov/assets/docs/2020-federal-data-strategy-action-plan.pdf[2020-10-01].

② 姚瑶．日本新首相菅义伟上任：继承安倍路线 提出数字化改革 [EB/OL]. http://www.21jingji. com/2020/9-17/wNMDEzNzlfMTU5MTQwNg.html[2020-09-20].

③ Department for Digital, Culture, Media & Sport. Digital Charter[EB/OL]. https://www.gov.uk/ government/publications/digital-charter/digital-charter[2020-10-01].

④ European Commission. Stronger Protection, New Opportunities—Commission Guidance on the Direct Application of the General Data Protection Regulation as of 25 May 2018[EB/OL]. https://eur-lex.europa.eu/ legal-content/EN/TXT/PDF/?uri=CELEX:52018DC0043&from=EN[2020-10-01].

⑤ The European Parliament, The Council of the European Union. Regulation (EU) 2018/1807 of the European Parliament and of the Council of 14 November 2018 on a Framework for the Free Flow of Non-personal Data in the European Union (Text with EEA relevance.)[EB/OL]. https://eur-lex.europa.eu/legal-content/EN/TXT/?uri=CELEX:32018R1807[2018-11-14].

⑥ United States Government Printing Office. Cybersecurity and Infrastructure Security Agency Act of 2018[EB/OL]. https://uscode.house.gov/statutes/pl/115/278.pdf [2018-11-16].

⑦ The Government of Japan. The Basic Act on Cybersecurity [EB/OL]. http://www.japaneselawtranslation. go.jp/law/detail/?id=3677&vm=04&re=01[2019-08-26].

络安全和隐私解决方案。

4. 积极参与全球数据治理和合作，推动数据资源规范、便捷、流通和应用

全球数字合作对实现 2030 年可持续发展议程、充分发挥数字技术的社会和经济潜力、减轻数字技术带来的风险和避免意外后果均具有重大意义。2018 年 11 月，美国副总统彭斯宣布美国在印太地区的新举措，包括构建新的美国－东盟智慧城市伙伴关系，以推进城市系统的数字转型。2019 年 6 月，联合国秘书长数字合作高级别小组发布《相互依存的数字时代》报告，强调维护数字信任、安全和稳定以及加强全球数字合作的重要意义。欧盟委员会为人工智能原则提供支持，委员会的高级别专家组为值得信赖的人工智能制定了道德准则。2019 年 7 月，在日本召开的 G20 峰会，美国、日本、德国、英国、欧盟、中国等主要国家和组织一致同意并签署了《大阪数字经济宣言》①，鼓励不同框架之间的互操作性，建立信任和促进数据自由流动，以充分利用数据和数字经济的潜力。

四、推动数字化与绿色化生态化发展深度融合

1. 促进能源技术与信息技术深度融合，实现能源系统的智能互联

在《能源联盟战略》和《全欧洲清洁能源一揽子计划》的原则指导下，2018 年 3 月，欧盟发布《成员国电力（和天然气）数据存取和交换的总体安排和程序》②，强调规范成员国内部客户操作的数据访问和交换程序，从而改进客户操作流程降低成本，促进能源市场的灵活性和能源服务，提高能源零售市场的竞争力。2020 年 7 月，欧盟发布《欧盟能源系统整合策略》③，旨在构建以能效为核心的更易于循环的能源系统，使不同的能源生产载体、基础

---

① WTO. Osaka Declaration on Digital Economy[EB/OL]. https://www.wto.org/english/news_e/news19_e/osaka_declration_on_digital_economy_e.pdf[2020-10-01].

② Küpper G, Cavarretta C, Ehrenmann A,et al. Format and Procedures for Electricity (and Gas) Data Access and Exchange in Member States [EB/OL]. https://asset-ec.eu/wp-content/uploads/2018/11/20180405-Data-Format-and-Procedures.Final-report.Tractebel.vf_corrected-format.pdf [2020-10-01].

③ Directorate-General for Energy (European Commission), European Commission. Powering a Climate-Neutral Economy: An EU Strategy for Energy System Integration[EB/OL]. https://op.europa.eu/en/publication-detail/-/publication/5ba29377-c135-11ea-b3a4-01aa75ed71a1/language-en/format-PDF/source-189126177 [2020-10-01].

设施及消费行业彼此关联，以提高效率并降低成本。2019 年 4 月，英国政府组织实施智能能源系统项目①，提出支持工业、学术界、公共机构和当地社区共同合作以提供更廉价、更绿色、更灵活的能源获取工具，并在英国发展世界领先的智能能源系统行业。2019 年 9 月，德国联邦政府发布《德国国家区块链战略》②，资助以实践为导向的能源区块链技术研究、开发和示范，探索区块链在光伏发电网络、智能电表网关、数字网络智能协作等场景的应用。2018 年 7 月，日本经济产业省发布第五期《能源基本计划》，旨在利用人工智能、物联网、大数据等新兴技术，推进分布式、自产自销能源系统构建，提高国内能源供应网络的弹性③。

2. 加大数字基建顶层规划和标准设定，降低数字转型带来的能耗

为了实现节能减排、提高数据中心效率、减少不必要的数据中心对能源的消耗，美国管理和预算办公室（OMB）发布《数据中心优化计划》，规定2018 财年结束前关闭数据中心和提高效率的优先事项④（后延长至 2020 年 10 月 1 日结束⑤）。为了应对数据中心能源消耗的增加，欧盟委员会于 2016 年 7 月制定《数据中心能效行为准则》，目的是在不妨碍数据中心任务关键功能的情况下，激励数据中心运营商和所有者减少能源消耗⑥。2021 年，欧盟委员会的联合研究中心发布技术报告《2021 年欧盟数据中心能效行为准则最佳实践指南》⑦，以指导数据中心运营商降低能耗。2020 年 12 月，日本经济产业

① Innovate UK, UK Research and Innovation, and The Rt Hon Claire Perry. Smart Energy Systems: Apply for Funding[EB/OL]. https://www.gov.uk/government/news/smart-energy-systems-apply-for-funding [2020-10-01].

② Bundesministerium für Wirtschaft und Energie, Bundesministerium der Finanzen. Blockchain-Strategie der Bundesregierung[EB/OL]. https://www.bmwi.de/Redaktion/DE/Publikationen/Digitale-Welt/blockchain-strategie.pdf?__blob=publicationFile&v=8[2020-10-01].

③ Ministry of Economy, Trade and Industry Agency for Natural Resources and Energy. Strategic Energy Plan[EB/OL]. https://www.enecho.meti.go.jp/en/category/others/basic_plan/5th/pdf/strategic_energy_plan.pdf [2020-10-01].

④ Scott T. Data Center Optimization Initiative[EB/OL]. https://obamawhitehouse.archives.gov/sites/default/files/omb/memoranda/2016/m_16_19_1.pdf[2020-10-01].

⑤ Kent S. Update to Data Center Optimization Initiative[EB/OL]. https://www.whitehouse.gov/wp-content/uploads/2019/06/M-19-19-Data-Centers.pdf[2020-10-01].

⑥ European Commission. Code of Conduct for Energy Efficiency in Data Centres [EB/OL]. https://ec.europa.eu/jrc/en/energy-efficiency/code-conduct/datacentres[2020-10-01].

⑦ Acton M, Bertoldi P, Booth J. 2021 Best Practice Guidelines for the EU Code of Conduct on Data Centre Energy Efficiency [EB/OL]. https://e3p.jrc.ec.europa.eu/sites/default/files/documents/publications/jrc123653_jrc119571_2021_best_practice_guidelines_final_v1_1.pdf [2021-02-10].

省发布《绿色增长战略》，提出到2030年将数据中心的能耗降低30%的目标，扩大可再生能源电力在数据中心的应用，打造绿色数据中心；开发下一代云软件、云平台以替代现有的基于半导体的实体软件和平台；开展下一代先进的低功耗半导体器件（如 GaN、SiC 等）及其封装技术研发，并开展生产线示范活动[①]。

第四节　中国创新发展数字转型的需求与挑战

以大数据、人工智能等为代表的新一代信息技术蓬勃发展，为各领域的创新发展问题提供更多解决方案。数字技术能够与其他技术深度交叉融合推动关键核心技术突破，提供产业创新发展新动力和新模式、加速产业转型升级，降低社会服务成本、扩大社会服务范围，推动绿色生产、优化传统环境治理。创新发展数字转型能够进一步提高中国科技、产业、社会、环境创新发展能力。但是，当前中国创新发展数字转型面临数字技术研发能力不强、数字鸿沟、数字安全风险突出、数字科技伦理规范缺乏有效应对、节能降耗形势严峻等挑战。

一、科学技术发展数字转型的需求与挑战

人类知识边界拓展和全球化挑战增多使得科学研究问题越来越复杂，破解前沿科学问题和解决关键核心技术迫切需要促进学科交叉融合、推动开放科学；同时，大国科技竞争日益加剧，科技突破速度是国家获得科技竞争优势的关键，科技创新迫切需要采用新的科研模式和科研工具，加速科研产出，提高科研效率。数字技术能够与其他技术深度交叉融合，不断催生新学科、新技术领域，不断拓展科技前沿、推动关键核心技术突破，并降低不同学科研究人员交流与合作的成本。数字技术可实现科研数据、工具、方法、

---

① Ministry of Economy, Trade and Industry. "Green Growth Strategy Through Achieving Carbon Neutrality in 2050" Formulated[EB/OL]. https://www.meti.go.jp/english/press/2020/1225_001.html[2021-01-10].

思想的开放，提供了公众参与前沿科学的机会，推动了开放科学和开源创新，进一步助力各学科交叉融合；同时大数据、人工智能等数字技术的发展为科研组织方式智能智慧奠定了平台基础、资源基础和技术基础，能够加速"数据密集型科学"研究范式的实现，推动形成人机协同智能智慧科研范式，加快知识产出速度，辅助科学家判断，提高科研效率。

中国科学技术发展数字转型所需要的关键核心技术与国外仍有较大差距。人工智能、量子计算等领域依然缺乏基础架构算法与机理模型，物联网、大数据、区块链等关键共性技术体系仍然不完善，很多基础科研软件和高端科研仪器严重依赖进口，无法满足科研人员对大数据算法、算力的需求，阻碍了不同学科研究人员的合作，限制了科研范式的智能智慧化发展和学科交叉融合。此外，新一代信息技术领域高精尖人才匮乏，供需比严重失衡。《中国人工智能发展报告 2020》[①] 指出，全球范围内美国人工智能专家数量最多，是中国专家数量的 6 倍以上。2020 年，工业和信息化部发布的《2019—2020 年人工智能产业人才发展报告》[②] 指出，中国人工智能产业人才供需比严重不平衡，算法研究岗、应用开发岗等技术岗位人才缺失，机器学习等技术研究人才供给不足。

二、产业创新发展数字转型的需求与挑战

中国产业创新发展服务化、智能化、生态化不足，迫切需要新的发展动力和发展模式，加速产业转型升级。物联网、云计算和人工智能等新一代信息技术的系统性突破为产业创新发展的数字转型奠定了重要的技术基础。数字技术的集成应用能够帮助产业创新主体推动技术融合、优化业务流程、降低运营成本、提高生产效率，推动产业创新服务化、智能化、生态化发展，促使中国产业发展向全球价值链高端迈进。新一轮科技革命增强了产业创新发展数字转型动力，加快了传统产业创新发展的数字转型。新冠肺炎疫情防控工作为产业创新发展数字化转型提供了更多的应用场景，数字技术为疫情防控提供了众多解决方案，促进了数字工具和服务的应用和扩散，同时也促进了在线娱乐、在线教育、远程办公等众多新产业、新业态、新模式的形成

---

① 清华-中国工程院知识智能联合研究中心, 清华大学人工智能研究院知识智能研究中心, 中国人工智能学会. 中国人工智能发展报告 2020[EB/OL]. https://m.thepaper.cn/baijiahao_12252266 [2021-08-14].
② 工业和信息化部. 2019—2020 年人工智能产业人才发展报告[EB/OL]. https://www.sohu.com/a/436530347_120868898[2021-08-14].

和发展，进一步推动了产业创新发展数字转型。

当前中国产业创新发展数字转型仍然处于初级阶段。一方面，数字产业生态薄弱。大量数字企业依靠规模优势获取利润，在产业共性技术研发、工业软件设计、高端芯片制造等领域存在明显短板，尚未形成数据采集、数据存储、数据传输、数据加工等全产业链，数字产业发展存在"断链"风险。例如，美国运用其在芯片制造和软件生态上的优势打压华为、中兴、字节跳动等高科技企业，凸显了中国数字产业生态薄弱的问题。另一方面，传统产业数字转型步履维艰，应用场景还不够丰富，数字技术的应用标准不健全，导致传统产业数字转型的成本较高，不愿意推动数字转型。

此外，中国数字治理体系建设滞后于产业创新发展数字转型的步伐。数据要素有别于传统生产要素，具有非竞争性、低复制成本、外部性等特征，能够在流通和使用过程中不断衍化增值[①]，使得传统生产要素的定价方法、交易机制、确权机制不再适用，迫切需要建立新的要素市场运行规则。同时，产业创新发展数字转型中仍受平台垄断、虚假信息，特别是数据安全等问题的制约。2021年6月发布的《数据安全治理白皮书》指出[②]，数据安全已成为数字经济时代最紧迫和最基础的安全问题，加强数据安全治理已成为维护国家安全和国家竞争力的战略需要。因此，如何提高数字治理能力，促进企业积极推进创新发展数字化转型是中国产业创新发展数字转型的当务之急。

三、社会创新发展数字转型的需求与挑战

中国社会创新发展存在社会服务范围有限、社会资源分配不均衡、社会治理手段不完善等问题，急需提高社会创新发展水平，为更多人群提供高质量、低成本、广覆盖的社会公共服务。大数据、人工智能、区块链等数字技术能够改善社会组织的运作效率、扩大社会公共服务的覆盖范围、降低社会公共服务的成本，让更广泛的民众享受公共资源，推动社会服务创新优质化、普惠化、精细化发展。《中华人民共和国国民经济和社会发展第十四个五年规划和2035年远景目标纲要》提出"加快数字化发展，建设数字中国"，上海等地区已经将社会创新发展数字转型作为改善社会公共服务的重要抓

---

① 蔡跃洲，马文君. 数据要素对高质量发展影响与数据流动制约 [J]. 数量经济技术经济研究，2021，38(03): 64-83.

② 中国电子信息产业发展研究院赛迪智库网络安全研究所. 数据安全治理白皮书 [EB/OL]. https://docs.qq.com/pdf/DUGZTeUxtWE9lRWtw[2021-08-14].

手。《关于全面推进上海城市数字化转型的意见》①（2021年1月发布）指出，要依托数字转型推动公共卫生、健康、教育、养老、就业、社保等基本民生保障更均衡、更精准、更充分。新冠肺炎疫情防控中，健康码、行程卡等数字工具丰富了政府治理手段，推动了政府治理体系和治理能力现代化，保障了社会有序运转，加速了社会创新发展的数字转型。

在推动社会创新发展数字转型的同时，需要注意不同人群、不同企业、不同地区在获取数字资源、处理数字资源、创造数字资源等方面的极大差异所造成的"数据鸿沟"。数字技术被广泛应用到社会创新发展各领域，智能机器成为社会创新发展主体，产生了人人关系、人机关系、机机关系等不同社会关系，数字技术、智能机器的应用将与传统的道德和伦理体系产生较多冲突。2019年欧盟发布《可信赖人工智能道德准则》②，提出"可信赖的人工智能"，强调以人为中心的人工智能发展方向，提出人工智能系统在推动社会民主、繁荣、公平的同时，要能够促进人类基本权利的行使。

四、环境创新发展数字转型的需求与挑战

建设美丽中国，推动绿色发展，实现"碳达峰"和"碳中和"发展目标形势严峻，迫切需要推进以"节能、降耗、减污"为目标的绿色生产过程，形成广覆盖、更精准的实时环境监测网络。数字技术与企业生产技术融合，提高了生产流程的精细化和工业设备的数控化，提高产品和工艺流程中的原材料利用效率，减少了污染物排放；大数据、物联网、云计算等数字技术与现有的环境治理技术融合，有助于提高环境监测和治理的精准度、灵敏度，提升环境治理的效果和效率。《关于构建现代环境治理体系的指导意见》（2020年发布）③也指出，要加快构建实现陆海统筹、天地一体、上下协同、信息共享的生态环境监测网络，实现环境质量、污染源和生态状况监测全覆盖。

① 上海市人民政府. 关于全面推进上海城市数字化转型的意见公布 [EB/OL]. https://www.shanghai. gov.cn/nw15343/20210108/c5ee6069f29a4a089f709708441bad31.html[2021-08-14].
② European Commission. Ethics Guidelines for Trustworthy AI[EB/OL]. https://www.ai.bsa.org/wp-content/uploads/2019/09/AIHLEG_EthicsGuidelinesforTrustworthyAI-ENpdf.pdf#:～:text=Trustworthy%20 AI%20has%20three%20components%2C%20which%20should%20be,good%20intentions%2C%20AI%20 systems%20can%20cause%20unintentional%20harm[2019-05-08].
③ 中华人民共和国中央人民政府. 中共中央办公厅 国务院办公厅印发《关于构建现代环境治理体系的指导意见》[EB/OL]. http://www.gov.cn/zhengce/2020-03/03/content_5486380.htm[2020-03-03].

在推动环境创新发展数字转型的进程中，需要注意中国当前绿色低碳循环发展经济体系建设不完善，健全绿色低碳循环发展的生产体系、流通体系、消费体系任务重、难度大，基础设施绿色升级成本高、技术有瓶颈。主要国产气、水、土环境监测仪器和设备自动化程度相对国外还处于较低水平，短时间内不能适应中国环境监测治理的需要，主要设备仍然依赖进口[①]。特别值得注意的是，数字技术的应用还存在能耗增加的可能性。一方面，创新发展数字转型依赖于数据中心、智能传感器、高性能计算机、高速宽带等数字基础设施和数字设备，会带来能耗的大量增加；另一方面，数字转型极大地便利了人类的生活，将进一步刺激人类的多样化消费需求，能源消耗可能会增加。

第五节　中国创新发展数字转型愿景与总体思路

　　未来 15 年，世界将面临新技术革命和产业变革以及数字转型带来的重大发展机遇，中国将进入创新型国家前列和中等发达国家行列，综合考虑 2021 ～ 2035 年中国中长期经济社会高质量发展需要、新一轮科技革命和产业变革趋势，以及中国创新发展现状和问题，本报告认为面向 2035 年，中国需要全方位推进科技、产业、社会和环境创新发展的数字转型，助推中国创新发展水平大幅跃升。

一、2035 年中国创新发展数字转型愿景

　　本报告认为 2035 年中国创新发展数字转型将重塑科学技术发展、产业创新发展、社会创新发展和环境创新发展格局，率先实现科学技术发展高度融合汇聚、产业创新发展高度智能共创、社会创新发展高度智慧普惠、环境创新发展高度绿色低碳。

---

① 刘文清, 杨靖文, 桂华侨, 等. "互联网 +" 智慧环保生态环境多元感知体系发展研究 [J]. 中国工程科学, 2018, 20(2): 111-119.

1. 科学技术发展高度融合汇聚

借助数字科技，科技人员彻底从繁琐的机械化操作和人工计算中解放出来，专注于思想和创意的产生，科技突破和迭代速度显著加快。数据科学与其他学科深度结合，天文信息学、地理信息学、生物信息学、信息社会学等交叉学科成为科技突破的重要领域。

2. 产业创新发展高度智能共创

借助数字科技，产业创新发展利益相关者构成智能化产业创新生态系统，形成韧性更强、补链速度更快的智能化产业链。创新主体价值创造理念从追求自身价值最大化转变为追求产业创新生态共同价值最大化，大幅提升中国产业发展的经济价值创造能力，产业位于全球价值链上游。

3. 社会创新发展高度智慧普惠

数字科技赋能教育、医疗、交通、文化、公共安全、社会保障等各个社会公共服务，推动社会公共服务模式从人提供服务向人与机器共同提供服务的方向转变，从线下服务为主向线上线下深度融合服务的方向转变，形成高质量、低成本、广覆盖的社会公共服务体系，社会更加和谐稳定，人民生活幸福感极大提升。

4. 环境创新发展高度绿色低碳

数字科技赋能产业绿色发展以及环境治理，形成人与自然和谐共生的生态环境，产业数字平台自动选择低能耗生产方式，实时调整要素配置，合理控制碳排放，形成绿色低碳生产方式。监管主体能够基于数字工具全时、全域监测环境变化，准确识别环境发展变化的原因和来源，选择更加有效的治理手段，环境破坏现象得到全方位遏制。

二、2035年中国创新发展数字转型的总体思路和目标

1. 2035年中国创新发展数字转型的总体思路

面向世界科技前沿、面向经济主战场、面向国家重大需求、面向人民生命健康，聚焦"科学技术发展高度融合汇聚""产业创新发展高度智能共创""社会创新发展高度智慧普惠""环境创新发展高度绿色低碳"四个方面的愿

景，以"全球视野、以人为本、系统布局、创新发展"为原则，系统布局创新发展数字转型的支撑体系，完善国家创新体系，加快建设科技强国。打造智能、交叉、开源科研范式。推动数字技术产业化发展，加快传统产业数字转型，促进产业向全球价值链高端攀升。推动公共卫生、教育、交通、公共安全等社会服务创新发展数字转型，提高社会服务的供给质量、覆盖范围和服务效率。推进数字技术在环境监测和治理中的应用，打造绿色生产生活方式。推动数字技术研发突破，全方位提升创新发展数字转型的支撑能力。设立统一的政府协调管理机构，在数据要素市场构建、数字风险监管等方面加强治理，为各领域创新发展数字转型营造良好环境。

2. 2035 年中国创新发展数字转型的目标

2035 年中国创新发展数字转型的目标体现在科学技术发展、产业创新发展、社会创新发展、环境创新发展四个方面。

（1）科学技术发展数字转型方面，中国成为全球科技发展数字转型的典范，引领科研范式智能化转变，成为全球科学数据交叉汇聚研究中心，科研效率显著提升，突破性创新不断涌现。

（2）产业创新发展数字转型方面，中国数字产业规模和盈利能力位居世界第一，成为全球数字技术应用、数字治理理念的重要策源地。数字技术在研发、设计、生产、服务、营销等环节全面赋能传统产业，形成数字产业与传统产业深度融合的产业创新发展模式。

（3）社会创新发展数字转型方面，数字技术深度融入教育、医疗、公共卫生、社会保障、公共安全等领域，实现基本公共服务智能化、均等化和广覆盖，服务质量和服务能力显著提升。

（4）环境创新发展数字转型方面，中国成为全球绿色低碳创新发展引领者。数字技术与传统环境监测与治理手段相结合，形成全时全域智能环境监测网络，环境治理效率更高。绿色低碳生产生活方式成为社会潮流，单位生产总值产生的能耗和碳排放量显著减少。

第六节　2035 年创新发展数字转型的政策取向

一、深入推进科学技术发展数字转型

1. 打造自主智能科研范式

实施科研条件和科研平台数字改造行动，支持科研人员将智能设备引入研发活动中，辅助科研人员进行实验、计算和分析，促使科研人员专注于思想创新。建设一批自主智能科研范式实验室，在新兴前沿交叉领域开展人机协同研究，提高科技突破和迭代速度。

2. 打造协同交叉科研范式

建立国家科技资源开放共享平台，推动科技数据、科技基础设施、科技设备等资源开放共享，推动不同创新主体开展科技互利合作，打造协同高效的开放科学体系。推动数字科技与天文学、生命科学、地理科学等领域交叉融合，支持不同学科科技人员运用数字平台加强合作，建设一批基于数字科技的交叉学科研究中心。

3. 打造开源汇聚科研范式

支持开源基金会、开源代码托管平台和数字技术开源社区发展，完善开源知识产权、开源标准等制度环境，打造具有国际吸引力的开源技术生态服务体系，吸引全球投资者、开发者和用户加入。建立国家开源技术生态监测平台，防范软件漏洞风险、知识产权风险等开源供应链风险。

二、深入推进产业创新发展数字转型

1. 推动数字技术产业化发展

在大力发展电子信息制造业、软件产业等产业发展的同时，拓展大数据、人工智能、区块链、云计算、虚拟现实等新一代信息技术在传统产业创新发展中的应用场景。支持数据采集、数据挖掘、数据清洗、数据标注、数据分析等数据服务产业发展，壮大"虚拟"产业园和产业集群规模。

2. 加快重点产业数字转型步伐

研究制定国家产业数字化行动计划，支持重点产业运用数字技术优化生产要素组合、打造新组织模式、创造新产品、提供新服务、开辟新市场。推动工业互联网在制造业中的应用，大力发展智能制造，建设一批智能生产线、智能车间、智能工厂示范基地，提高生产设备数字化率和生产工序数控化率。在重点行业设立创新发展数字转型促进中心，帮助企业整合产业链内发展资源，实现研发、设计、采购、生产、服务、物流等业务在线协同，提高产业链智能化水平。大力发展个性化定制、检验检测认证、全生命周期管理等服务型制造模式，不断延伸价值链，打造产业竞争新优势。

三、深入推进社会创新发展数字转型

1. 打造以人民为中心的数字化医疗卫生体系

发展在线医疗、智慧医院等新业态，支持医院运用人工智能等数字技术辅助医生临床诊断，推动手术机器人、智能健康监测设备、家庭看护机器人等智能医疗设备的研发应用，为患者提供全流程、个性化、智能化医疗服务。推广远程医疗、在线健康咨询等数字医疗模式，将符合条件的数字医疗服务费用纳入医保支付体系，降低数字医疗成本。

2. 打造以学习者为中心的数字化教育体系

加快推进智慧校园建设，推动 5G、AR/VR 等技术与传统教学活动融合，打造沉浸式教学模式。拓展在线教室、在线实验室等虚拟学习空间，在教育资源匮乏地区开展数字教育试点工程，将符合条件的网络教育纳入学校课程体系与学分体系，扩大优质教育覆盖范围。

3. 打造以出行者为中心的数字化交通体系

推动 5G、卫星通信、高分遥感卫星、人工智能等数字技术与交通基础设施、运载工具结合，在铁路、公路、航道、港口、机场等重点区域布局全天候、多要素状态感知设备，打造"陆海空天"一体化智能交通感知体系。发展自动驾驶、即时出行、智慧航运、智慧公交等数字交通服务新业态，为出行者提供智慧互联、便捷高效、安全可靠的高质量交通服务。

4. 打造监测预警数字化公共安全服务体系

建设具有深度学习能力的数字城市和数字乡村，推进城市和乡村公共安全服务模式从以应急救援为中心向以预防预警为中心转变，加强地质灾害、生态环境灾害、公共卫生事件、公共安全和网络公共安全等公共安全服务的智能化监测预警能力建设，形成面向自然灾害、重大传染病等重大突发事件风险的功能齐全、反应灵敏、运转高效的实时监测预警系统。

四、深入推进环境创新发展数字转型

1. 布局数字化环境监测系统

构建覆盖能源、水源、土地、空气、濒危物种等主要生态因素的智能多源感知系统，全面、精准、实时监测环境变化，为人民生产生活提供高质量环境监测服务。推动不同环境监测设备互联和数据共享，整合生产、生活与环境变化信息，建立跨区域、跨部门的数字化环境信息管理系统，精准识别污染源。

2. 建立数字化环境治理体系

整合环境监测信息并依法向社会公开，发挥社会主体对环境创新发展成效的监督作用，打造环境创新发展协同治理机制。建立环保部门、中国人民银行、国家发展和改革委员会、财政部等部门的信息共享和联合奖惩机制，增强创新主体环境保护的激励，提高环境污染的成本。

3. 打造数字化绿色生产生活方式

在国有部门实施生产设备升级行动，推动智能设备根据环境变化自主调整要素投入和生产流程，合理控制污染物排放，实现智能化绿色化生产。培育一批绿色社区、绿色学校、绿色企业示范主体，倡导绿色低碳生活方式。

五、深入推进创新发展数字转型的支撑能力建设

1. 推进数字技术体系建设

强化基础研究投入，支持国家实验室、国家科研机构、高水平研究型大学、科技领军企业等国家战略科技力量加大数字关键核心技术攻关。聚焦核

心电子器件、高端通用芯片、操作系统、工业软件、人工智能、区块链、高性能计算、量子计算等重点领域，推进前沿基础理论、关键算法突破，促进关键核心技术自主化。在科研项目分配、场地供给、金融支持等方面为数字技术研发提供全方位支持。推动计算科学、软件、信息通信、自动化控制等学科建设及其与生命科学、材料科学、地理科学等学科的交叉融合。

2. 超前布局基础设施体系

加快推进绿色数据中心、高速宽带设施的普及，探索布局新一代通信、卫星互联网、量子互联网等未来网络设施。形成高速、泛在、融合的数字基础设施网络。超前布局重大科技基础设施、科教基础设施、产业技术创新基础设施等创新基础设施，为科学技术研发、科学知识传播、科技成果转化和科普宣传创造条件。推动新一代信息技术与交通系统、能源系统、水利系统、医疗系统等传统基础设施融合，拓展和提高传统基础设施的服务范围和服务能力，促进数据、资本、人才、技术等各类生产要素的流通。

3. 建立区域创新发展数字转型体系

在加快建设国家数字经济创新发展试验区的同时，依托北京、浙江、广东等地区在创新要素供给方面的优势，在京津冀、长三角、粤港澳等地区建立数字创新发展示范区，实现科技、产业、社会、环境创新发展数字转型的有机结合。联合地区重点高校、科研机构和领军企业建设一批区域数字科技、数字产业、数字社会、数字环境创新发展实验室，支撑创新发展数字转型理论与实践。

六、深入推进创新发展数字转型的治理体系建设

1. 强化创新发展数字转型治理协调

明确国家创新发展数字转型政策协调机构，统筹科学技术部、国家发展和改革委员会、教育部、生态环境部、人力资源和社会保障部等部门资源，根据国家发展需求研判创新发展数字转型的战略优先事项，推动创新发展数字转型政策的前瞻研究和有效实施，健全支持创新发展数字转型的治理体系，加快构建协调统一的数字治理框架和规划体系，解决创新主体"不敢转""不会转""不能转"问题。支持专业化研究机构对全国各地区、各领域

创新发展数字转型成效进行系统评估，定期发布国家创新发展数字转型白皮书，总结可复制、可推广的创新发展数字转型改革经验。

2. 完善数据要素市场管理体制机制

建设国家公共数据开放平台，推动公共部门数据有序向私人部门开放，充分释放数据价值，全面支撑创新发展数字转型。综合考虑地区科技、产业、社会和环境创新发展禀赋和需求，优化布局全国大数据交易平台，提升数据交易市场专业化水平。建立基于数据要素使用目的、使用对象和使用条件的数据要素动态定价机制，拉动数据要素资源化、资产化、资本化。确定政府数据、商业数据、个人数据、科研数据等不同类型数据要素的归属权、使用权和收益权，明确数据要素交易中各利益相关者的权责利关系。根据科技、产业、社会、环境创新发展设立数据分类分级标准体系，健全跨部门、跨地区、跨境数据要素流通机制，推动数据要素配置市场化。

3. 推进数字风险监管体系建设

建立健全多层次创新发展数字转型安全与风险防范治理体系，推进制度优化与改革。推动区块链等数字技术在科技、产业、社会、环境创新发展治理中的应用，构建面向多维度、多尺度数据的风险感知平台，提高对数据要素流动的安全预警和溯源能力，打造适应数字时代人机融合系统的风险监管体系。制定重点领域的数据保护目录，支持数据服务机构开展数据安全检测、评估和认证工作，实现数据安全保障与创新发展数字转型的良性互动。支持重点地区试点"监管沙箱"等创新支持机制，消除创新发展数字转型面临的体制机制障碍。

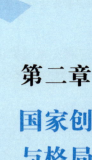

第二章
国家创新发展绩效评估与格局分析方法

第一节　国家创新发展绩效的内涵和外延

　　2012 年 11 月，党的十八大将"创新驱动发展"确立为国家战略，标志着创新发展已成为国家发展政策议程的重大问题。2020 年，《中共中央关于制定国民经济和社会发展第十四个五年规划和二〇三五年远景目标的建议》进一步明确了"坚持创新驱动发展，全面塑造发展新优势"，指出坚持创新在中国现代化建设全局中的核心地位。2003 年 12 月，中国科学院向中央提交了《创新促进发展 科技引领未来——关于我国科技发展的战略思考》[①] 报告，厘清了创新与发展的关系。2009 年，中国科学院创新发展研究中心发布了《2009 中国创新发展报告》，提出创新发展的定义[②]：创新发展是指创新驱动的发展，既体现了创新促进经济、社会发展的结果，也体现了科技创新能力自身的演进。

　　创新发展绩效内涵通常是指创新驱动发展的绩效，主要包括创新作为发展动力驱动经济、社会、环境发展以及科学技术自身发展所取得的绩效。本报告认为，创新发展绩效还应该从创新驱动发展的"动力机制"角度思考，将创新发展绩效内涵从注重创新驱动发展的结果拓展到兼顾创新驱动发展动力提升，将创新能力建设绩效纳入创新发展绩效，体现了对创新发展动力源

① 　报告题目由本报告主编穆荣平提出，该报告后被收录至《2005 科学发展报告》中。

② 　该定义是由《2009 中国创新发展报告》的主要执笔人穆荣平提出。

的可持续性的关注。因此，国家创新发展绩效既体现在国家创新驱动经济、社会和环境发展水平以及科学技术发展水平的提升上，也体现在国家创新能力建设的绩效上。

创新发展内涵外延。一方面，创新发展的内涵随着我们对"创新"的内涵认识的深化而不断丰富，从创新是一个经济发展过程拓展到一个价值（包括科学价值、技术价值、经济价值、社会价值和环境价值）创造过程，体现了创新增值循环的系统观的形成。另一方面，创新发展的内涵随着我们对"发展"内涵认识的深化而不断拓展，从创新驱动经济发展拓展到创新驱动社会发展和创新驱动环境发展以及科学技术自身的发展，体现了对创新在解决社会发展和环境发展问题中的重要作用的关注。

创新能力内涵外延。国家创新能力是指一个国家在一定发展环境和条件下，从事科学价值、技术价值、经济价值、社会价值和环境价值创造的能力，涉及科学发现、技术发明、科技成果商业化和产业化以及在社会服务和环境建设中的影响。一方面，从创新能力结构看，创新能力可以从创新实力和创新效力两个方面予以表征：创新实力主要体现创新活动规模的影响，创新效力主要体现创新活动效率的影响。另一方面，从创新能力形成过程看，创新能力可以从创新投入、创新条件、创新产出和创新影响等四个方面予以表征：创新投入能力、创新条件能力表征了包括人财物等创新资源的动员能力，是创新能力形成的必要基础；创新产出能力表征了科学价值和技术价值创造的能力；创新影响能力表征了创新驱动经济价值和社会价值创造的能力，涉及产业创新、社会服务创新和环境创新活动。值得指出的是，区分国家创新实力和效力有利于判断创新发展政策取向，区分创新投入、创新条件、创新产出和创新影响四个方面的能力演进有利于把握创新政策问题。

本报告认为，创新型国家是指国家创新发展水平高和国家创新能力强的国家。创新发展绩效是判断创新型国家发展阶段的重要依据，即：创新型国家的发展阶段不仅取决于国家创新能力建设水平，也取决于国家创新发展水平的高低。历史经验表明，一个国家的创新能力可以通过高强度增加创新投入在相对短的时间内得到显著提升，一个国家创新发展水平的提升则是一个渐进积累的过程，需要长期不懈的努力。后发国家向创新型国家成功转型的过程，通常是"创新能力快速提升，创新发展水平逐步提高"的历史过程，常常表现为创新能力绩效好于创新发展绩效，或者说创新能力提升快于创新发展水平提升。

第二节　国家创新发展绩效评估思路

（一）国家创新发展绩效评估程序

本报告延续《2019 国家创新发展报告》的设计，在测度国家创新发展水平和国家创新能力时，依次采用了评估问题界定、评估框架构建、指标体系构建、基础数据收集与样本选择、缺失数据处理、指标度量、数据标准化、权重确定、指数集成、结果分析等十步骤来评估，如图 2-1 所示。每一个步骤都经过反复交流、精心设计，最后确定每一步骤重点工作以及解决方法（具体介绍详见附录一和附录二）。

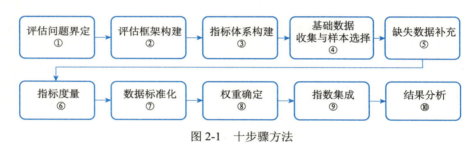

图 2-1　十步骤方法

（二）国家创新发展绩效评估框架

加强国家创新发展绩效的监测评估对支撑创新驱动发展战略的实施具有重要的实践价值。由于国家创新发展绩效是一个综合性的概念，认清一国的创新发展绩效有利于综合把握国家创新发展水平和创新能力，具有很强的现实意义和政策参考价值。

想要科学、全面地测度国家创新发展绩效，必须综合评估国家创新发展水平和国家创新能力，与时俱进地建立一套科学的国家创新发展绩效评价指标体系与评价方法。根据创新发展的内涵，本报告采用多维创新指数的方法进行分析。本报告在《2019 国家创新发展报告》的基础上，在创新发展水平方面，对创新发展在价值层面的体现进一步抽象凝练，从科学技术的发展、产业创新的发展、社会创新的发展、环境创新的发展这四个方面，构建科学技术发展指数、产业创新发展指数、社会创新发展指数、环境创新发展指数；在创新能力方面，从创新实力和创新效力两个方面进行考量，并分别从投入－条件－产出－影响四个角度构建创新投入实力、创新条件实力、创新产出实力、创新影响实力，以及创新投入效力、创新条件效力、创新产出效力、创新影响效力共 8 个三级指数，从不同维度评价创新能力，评估框架见图 2-2。

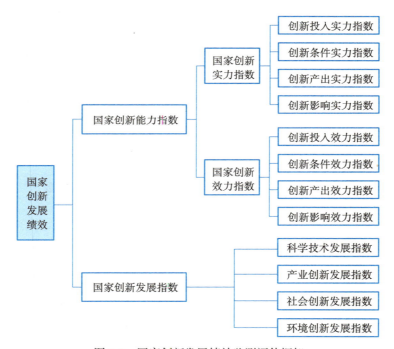

图 2-2　国家创新发展绩效监测评估框架

（三）国家创新能力评价指标体系

国家创新能力评价指标体系由国家创新实力评价指标体系和国家创新效力评价指标体系两部分构成。指标体系中各三级指标的含义、度量方式和数据来源详见附录二。

1. 国家创新实力评价指标体系

本报告选取规模和总量指标度量国家创新实力。从经费投入和人员投入两方面进行考虑，选取 R&D 经费支出额和研究人员数度量创新投入实力指数；根据可应用的政府教育支出总额、专利总数、通信发展水平，选取教育公共开支总额、有效专利拥有量和互联网用户数度量创新条件实力指数；从科学研究和技术应用研究两个产出方面进行考虑，选取被引次数排名前 10% 的论文数、本国居民专利授权量和 PCT 专利申请量度量创新产出实力指数；从知识成果转化等方面选取知识产权使用费收入和高技术产品出口额度量创新影响实力指数，如表 2-1 所示。

表 2-1　国家创新实力评价指标体系

一级指数	二级指数	三级指标	单位
国家创新实力指数	创新投入实力指数	R&D 经费支出额	百万美元
		研究人员数	人·年
	创新条件实力指数	教育公共开支总额	百万美元
		有效专利拥有量	项
		互联网用户数	百万人
	创新产出实力指数	被引次数排名前 10% 的论文数	篇
		本国居民专利授权量	项
		PCT 专利申请量	项
	创新影响实力指数	知识产权使用费收入	百万美元
		高技术产品出口额	百万美元

数据来源：世界银行、世界知识产权组织、科睿唯安 InCites 数据库

2. 国家创新效力评价指标体系

本报告选取比值型指标来度量国家创新效力，选取 R&D 经费投入强度、每百万人口中研究人员数、研究人员人均 R&D 经费度量创新投入效力指数；选取教育公共开支总额占 GDP 的比重、每百万人有效专利拥有量、每百人互联网用户数度量创新条件效力指数；选取每百万研究人员被引次数排名前 10% 的论文数、每百万美元 R&D 经费被引次数排名前 10% 的论文数、每百万研究人员本国居民专利授权量、每百万美元 R&D 经费本国居民专利授权量、每百万研究人员 PCT 专利申请量、每百万美元 R&D 经费 PCT 专利申请量对创新产出效力指数进行度量；选取知识产权使用费收支比、单位能耗对应的 GDP 产出、高技术产品出口额占制成品出口额的比重对创新影响效力指数进行度量，如表 2-2 所示。

表 2-2　国家创新效力评价指标体系

一级指数	二级指数	三级指标	单位
国家创新效力指数	创新投入效力指数	R&D 经费投入强度	%
		每百万人口中研究人员数	人·年 / 百万人
		研究人员人均 R&D 经费	百万美元 / (人·年)
	创新条件效力指数	教育公共开支总额占 GDP 的比重	%
		每百万人有效专利拥有量	项 / 百万人
		每百人互联网用户数	户 / 百人
	创新产出效力指数	每百万研究人员被引次数排名前 10% 的论文数	次 / (百万人·年)
		每百万美元 R&D 经费被引次数排名前 10% 的论文数	次 / 百万美元
		每百万研究人员本国居民专利授权量	项 / (百万人·年)
		每百万美元 R&D 经费本国居民专利授权量	项 / 百万美元
		每百万研究人员 PCT 专利申请量	项 / (百万人·年)
		每百万美元 R&D 经费 PCT 专利申请量	项 / 百万美元
	创新影响效力指数	知识产权使用费收支比	%
		单位能耗对应的 GDP 产出	美元 / 千克石油当量
		高技术产品出口额占制成品出口额的比重	%

数据来源：世界银行、世界知识产权组织、科睿唯安 InCites 数据库

（四）国家创新发展评价指标体系

本报告选取均量和强度指标用于度量国家创新发展水平，同时为了从质量上更好地体现创新的价值创造过程，对国家创新发展指数的三级指标进行了适当调整，调整后的指标体系如下：选取每百万人 R&D 经费支出额、每百万人口中研究人员数、被引次数排名前 10% 的论文百分比、每百万研究人员本国居民专利授权量、每百万研究人员 PCT 专利申请量和知识产权使用费收入占 GDP 的比重共计 6 项指标度量科学技术发展指数；选取能反映产业发展情况的高技术产品出口额占制成品出口额的比重、服务业附加值占 GDP 的

比重、服务业从业人员占就业总数的比重和就业人口人均 GDP 共计 4 项指标度量产业创新发展指数；选取城镇人口占总人口的比重、医疗卫生总支出占 GDP 的比重、公共医疗卫生支出占医疗总支出的比重、出生人口预期寿命和高等教育毛入学率共计 5 项指标度量社会创新发展指数；选取单位能耗对应的 GDP 产出、单位 CO_2 排放量对应的 GDP 产出和人均 CO_2 排放量共计 3 项指标度量环境创新发展指数，如表 2-3 所示。

表 2-3　国家创新发展指数评价指标体系

一级指数	二级指数	三级指标	单位
国家创新发展指数	科学技术发展指数	每百万人 R&D 经费支出额	百万美元／百万人
		每百万人口中研究人员数	人·年／百万人
		被引次数排名前 10% 的论文百分比	%
		每百万研究人员本国居民专利授权量	项／（百万人·年）
		每百万研究人员 PCT 专利申请量	项／（百万人·年）
		知识产权使用费收入占 GDP 的比重	%
	产业创新发展指数	高技术产品出口额占制成品出口额的比重	%
		服务业附加值占 GDP 的比重	%
		服务业从业人员占就业总数的比重	%
		就业人口人均 GDP	美元
	社会创新发展指数	城镇人口占总人口的比重	%
		医疗卫生总支出占 GDP 的比重	%
		公共医疗卫生支出占医疗总支出的比重	%
		出生人口预期寿命	岁
		高等教育毛入学率	%
	环境创新发展指数	单位能耗对应的 GDP 产出	美元／千克石油当量
		单位 CO_2 排放量对应的 GDP 产出	美元／吨
		人均 CO_2 排放量	吨／人

数据来源：世界银行、世界知识产权组织、科睿唯安 InCites 数据库

第三节　国家创新发展绩效格局分析方法

国家创新能力是国家创新发展水平提升的推动力，国家创新发展水平提升是国家创新能力作用的结果。因此，国家创新发展绩效主要体现在国家创新发展水平和国家创新能力两个方面的变化。本报告从国家格局内涵外延及分析方法分类研究出发，结合国家创新发展指数和国家创新能力指数的相关研究，提出国家创新发展绩效格局的分析方法。

一、国家格局内涵外延及分析方法分类

按照《辞海》的解释，"格局"意为"结构和样式"，"结构"意为"各组织成分的搭配、排列或构造"。全球格局是指全球范围内主体之间某些特征量所表征的结构及相互之间的关系。本报告所讨论的"国家格局"是指一个国家某些特征量在一定空间范围或者系统内所表征的系统结构中的位置，"国家格局分析方法"是将国家作为分析主体，对某些特征量在一定范围（如全球、亚洲、经济合作组织等）内所形成的结构及国家之间关系进行分析的方法，包括选择不同时间点数据对国家格局进行分析，有助于识别国家格局的演化方向。国家格局分析方法可以归纳概括为国家格局一维分析方法和国家格局二维分析方法两类。

国家格局一维分析方法是指只基于一个特征量（复合指数或者单项指标）对国家进行分类的方法，呈现形式可以是柱状图、条形图。例如，"EIS2018"采用柱状图分析国家创新格局，所有欧盟成员国基于2017年创新总指数值与欧盟国家2017年创新总指数平均值比值的大小被分为四类。其中，总指数高出欧盟创新总指数平均值120%以上的国家，称为创新领先者，总指数在欧盟创新总指数平均值90%～120%的国家，称为强创新者，总指数在欧盟创新总指数平均值50%～90%的国家，称为中等创新者，总指数低于欧盟创新总指数平均值50%的国家，称为一般创新者。

国家格局二维分析方法是指基于两个特征量（两个复合指数或者两个单项指标等）对国家进行分类的方法，呈现形式可以是散点图、气泡图，气泡图中气泡大小作为辅助特征量有助于格局的深度分析。如，"GII2018"采用气泡图分析经济体创新格局，所有经济体落在以GII得分为纵坐标、人

均 GDP 为横坐标的坐标系中，报告基于所有经济体 GII 得分和人均 GDP 拟合了一条有五个节点的三次样条插值分段曲线，并以该拟合线为基准将所有经济体分为四类。一是创新领先经济体，包括总指数排名前 25 位的经济体；二是创新表现与预期一致的经济体，包括落在该拟合曲线上及其周围的经济体；三是创新成功经济体，包括落在拟合曲线上方与预期表现相比至少高出 10% 的经济体；四是创新表现低于预期的经济体，包括落在拟合曲线下方与预期表现相比至少低于 10% 的经济体。值得一提的是，报告将人口规模作为辅助特征量用于创新格局与人口规模关系的分析。

国家格局分析方法与国家格局分析选取的特征量数量密切相关，国家格局特征量数量直接决定国家格局可视化形式。因此，国家格局一维分析的呈现形式通常是一维图，如柱状图（条形图），国家格局二维分析的呈现形式通常是二维图，如散点图。为了丰富分析内容，还可以增加其他辅助特征量，国家格局一维分析的呈现形式也可以采用二维的散点图和三维的气泡图，国家格局二维分析的呈现形式也可以采用三维气泡图。国家格局一维分析方法的本质是要将所有国家在某个方面表现的区间根据一种标准划分为 N 段（$N \geq 2$），并据此将国家分为 N 类。国家格局二维分析方法的本质是要综合考虑所有国家在某两个方面的表现，并据此将国家分为 M 类（$M \geq 2$）。

二、国家创新发展绩效格局二维分析方法

国家创新发展绩效格局二维分析方法是基于创新发展两个特征量对国家进行分析并在一定范围内对国家进行分类的方法，包括基于创新发展指数和创新能力指数的创新发展绩效格局二维分析方法、基于创新能力指数的分指数创新实力和创新效力的创新能力格局二维分析方法等。从政策分析的角度，可以增加辅助特征量如人均 GDP 或者 GDP 进行分析，采用气泡图呈现，有利于分析各类国家创新发展的本质特征。下面以基于国家创新发展指数和创新能力指数的国家创新发展绩效格局为例进行说明。

本报告采用的聚类法是指根据一定的聚类算法，对所有国家基于两个特征量表现进行分类的方法。K- 均值聚类算法是最经典的聚类算法。用户给定所有国家相应的两个特征量，以及想要分成的类别数 K，就可以直接获得分类结果，如图 2-3 所示。K 值一般根据直观上的类别数和分析需求确定，可稍作调整。在实际使用过程中，存在有的样本（个体）虽然根据聚类算法

被归为某一类，但是根据实际情况被归为另一类更合适的情形，这需要人为调整。

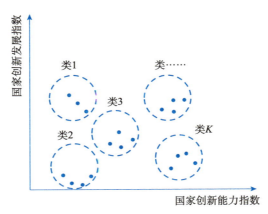

图 2-3　聚类法示意图

第三章

主要国家创新发展格局与绩效评估

第一节　中国与典型国家创新能力概况

一、中国与典型国家创新能力指数排名变化

2010～2019年，中国创新能力指数排名有较大提升，由2010年的第21位稳步上升至2019年的第9位，并分别于2017年和2019年超过了法国和英国。中国一直是金砖国家中创新能力指数排名表现最好的国家。其他金砖国家中，俄罗斯和巴西的创新能力指数排名在十年间出现了一定程度的下降，南非和印度的排名基本不变，远低于中国。发达国家的创新能力普遍相对较好，美国、日本、韩国、德国等创新型国家的创新能力排名总体稳定在前10位，且十年间未出现明显的下降趋势。如图3-1所示。

中国创新能力指数排名的提升在很大程度上得益于中国创新实力指数名列前茅且稳中有升。

在创新实力方面，2010～2019年，中国创新实力指数排名始终保持在前三位，且指数值稳步上升。2019年，中国创新实力指数值为43.42，与2010年的19.53相比提升了122.32%。2010～2019年，中国创新实力指数年均增长率达到9.28%。其中，创新投入实力指数、创新条件实力指数和创新产出实力指数在十年间快速提升。以创新投入实力指数为例，2019年中国创新投入实力指数排在第1位，指数值为63.60，相较于2010年的32.92有

显著提升。

在创新效力方面，2010～2019年，中国的创新效力指数排名从第33位上升至第28位。2019年中国创新效力指数值为18.26，与2010年的12.31相比，有显著提升。2010～2019年，中国创新效力指数年均增长率达到4.48%。其中，创新投入效力指数、创新条件效力指数和创新产出效力指数进步相对较大。例如，2019年中国创新投入效力指数值为28.08，排在第16位，相较于2010年的18.92有显著提升，排名上升了10位。

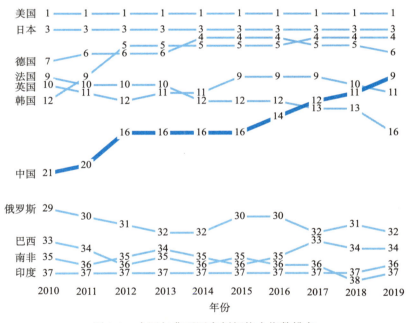

图 3-1　中国与典型国家创新能力指数排名

中国创新能力显著增强，主要贡献来自创新实力名列前茅且稳中有升。2010～2019年，中国创新能力显著提升，创新能力指数排名上升12位。同期，中国创新实力指数值从19.53上升至43.42，使得中国创新能力排名稳步上升；中国创新效力指数排名虽然有所进步（上升5位），但与美国、日本等国家相比仍然有很大差距。数据表明，中国创新能力快速提升主要依靠中国创新活动规模快速扩大，特别是创新经费和创新人员投入的快速扩张，创新效力提升的推动作用不明显。2010～2019年，中国创新投入实力指数、创新条件实力指数、创新产出实力指数和创新影响实力指数全面改善。创新投入实力指数值从32.92上升至63.60，从名列第2位上升至第1位；创新条件实力指数值从 24.58 增加到 57.61，从名列第 2 位上升至第 1 位；创新产出实力指数值从 18.15 提升至 52.42，排名从第 3 位上升至第 2 位；创新影响实力指数值从 8.64 上升至 11.50，但指数排名从第 6 位波动下降至第 7 位。

二、主要国家创新能力指数排名比较

2019 年创新能力指数排名前 10 的国家是美国、瑞士、日本、韩国、丹麦、德国、荷兰、瑞典、中国、芬兰；中国排第 9 位，俄罗斯、南非、印度和巴西等其他金砖国家分别排第 32、第 34、第 36 和第 37 位。如图 3-2 所示。

2010～2019 年，创新能力指数排名前 10 的国家序列变化不大，美国、瑞士、日本在十年间分别稳居第 1、第 2、第 3 位。丹麦、德国排名小幅上升，瑞典、芬兰、荷兰排名小幅下降，法国、英国均跌出前 10。韩国从 2010 年的第 12 位上升至 2019 年的第 4 位。同期，得益于规模优势，中国创新能力指数排名从 2010 年的第 21 位上升至 2019 年的第 9 位，成为金砖国家中排名上升最快的国家。其他金砖国家中，印度仅从 2010 年的第 37 位上升至 2019 年的第 36 位，南非从 2010 年的第 35 位上升至 2019 年的第 34 位，俄罗斯、巴西的排名均下降。如图 3-2 所示。

2010～2015 年，创新能力指数排名前 10 的国家排名波动相对较小，仍然以美国、瑞士、日本、德国、韩国、荷兰、丹麦、瑞典、英国、芬兰等发达国家为主，如图 3-3 所示。中国同期创新能力指数排名从 2010 年的第 21 位上升至 2015 年的第 16 位，进步了 5 位。其他金砖国家中，俄罗斯从 2010 年的第 29 位跌落至 2015 年的第 30 位；巴西从 2010 年的第 33 位跌落至 2015 年的第 35 位；南非从 2010 年的第 35 位跌落至 2015 年的第 36 位；印度在 2010 年和 2015 年均处于第 37 位。

2016～2019 年，创新能力指数排名前 10 的国家中，英国从 2016 年的第 9 位下降至 2019 年的第 11 位，跌出前 10。同期，中国创新能力指数排名进步较为明显，从 2016 年的第 14 位上升至 2019 年的第 9 位，进步了 5 位。其他金砖国家中，南非和印度排名均有小幅上升，分别从 2016 年的第 35 名和第 37 名上升至 2019 年的第 34 名和第 36 名；俄罗斯从 2016 年的第 30 名跌落至 2019 年的第 32 名；巴西从 2016 年的第 36 名跌落至 2019 年的第 37 名。如图 3-4 所示。

排名	2010年	2019年	排名	2010年	2015年	排名	2016年	2019年
1	美国	美国	1	美国	美国	1	美国	美国
2	瑞士	瑞士	2	瑞士	瑞士	2	瑞士	瑞士
3	日本	日本	3	日本	日本	3	日本	日本
4	瑞典	韩国	4	瑞典	德国	4	德国	韩国
5	荷兰	丹麦	5	荷兰	韩国	5	韩国	丹麦
6	芬兰	德国	6	芬兰	荷兰	6	荷兰	德国
7	德国	荷兰	7	德国	丹麦	7	丹麦	荷兰
8	丹麦	瑞典	8	丹麦	瑞典	8	瑞典	瑞典
9	法国	中国	9	法国	英国	9	英国	中国
10	英国	芬兰	10	英国	芬兰	10	芬兰	芬兰
11	奥地利	英国	11	奥地利	奥地利	11	奥地利	英国
12	韩国	奥地利	12	韩国	法国	12	法国	奥地利
13	比利时	新加坡	13	比利时	新加坡	13	比利时	新加坡
14	以色列	比利时	14	以色列	比利时	14	中国	比利时
15	新加坡	以色列	15	新加坡	以色列	15	新加坡	以色列
16	新西兰	法国	16	新西兰	中国	16	以色列	法国
17	爱尔兰	挪威	17	爱尔兰	挪威	17	挪威	挪威
18	澳大利亚	澳大利亚	18	澳大利亚	加拿大	18	澳大利亚	澳大利亚
19	加拿大	加拿大	19	加拿大	澳大利亚	19	加拿大	加拿大
20	挪威	爱尔兰	20	挪威	新西兰	20	爱尔兰	爱尔兰
21	中国	新西兰	21	中国	爱尔兰	21	新西兰	新西兰
22	意大利	意大利	22	意大利	西班牙	22	西班牙	意大利
23	西班牙	智利	23	西班牙	意大利	23	意大利	智利
24	匈牙利	西班牙	24	匈牙利	智利	24	智利	西班牙
25	希腊	希腊	25	希腊	葡萄牙	25	希腊	希腊
26	智利	葡萄牙	26	智利	希腊	26	葡萄牙	葡萄牙
27	葡萄牙	匈牙利	27	葡萄牙	匈牙利	27	匈牙利	匈牙利
28	罗马尼亚	罗马尼亚	28	罗马尼亚	罗马尼亚	28	罗马尼亚	罗马尼亚
29	俄罗斯	捷克	29	俄罗斯	捷克	29	捷克	捷克
30	斯洛伐克	马来西亚	30	斯洛伐克	俄罗斯	30	俄罗斯	马来西亚
31	马来西亚	斯洛伐克	31	马来西亚	斯洛伐克	31	斯洛伐克	斯洛伐克
32	墨西哥	俄罗斯	32	墨西哥	墨西哥	32	马来西亚	俄罗斯
33	巴西	波兰	33	巴西	马来西亚	33	波兰	波兰
34	捷克	南非	34	捷克	波兰	34	墨西哥	南非
35	南非	土耳其	35	南非	巴西	35	南非	土耳其
36	波兰	印度	36	波兰	南非	36	巴西	印度
37	印度	巴西	37	印度	印度	37	印度	巴西
38	土耳其	墨西哥	38	土耳其	土耳其	38	土耳其	墨西哥
39	阿根廷	阿根廷	39	阿根廷	阿根廷	39	阿根廷	阿根廷
40	泰国	泰国	40	泰国	泰国	40	泰国	泰国

图 3-2　2010 年和 2019 年主要国家创新能力指数排名　　图 3-3　2010 年和 2015 年主要国家创新能力指数排名　　图 3-4　2016 年和 2019 年主要国家创新能力指数排名

三、主要国家创新能力指数结构分析

国家创新能力指数由国家创新实力指数和国家创新效力指数表征。不同国家两个分指数呈现不同的发展趋势，如表3-1所示。部分发达国家的国家创新能力二级指数之间存在一定的不均衡，例如美国，创新实力指数在2019年排在第1位，但创新效力指数在2019年排在第7位；美国得益于其较强的创新实力，创新实力和创新效力构成的创新能力指数2010年和2019年仍排在第1位。部分发达国家创新能力的两个分指数表现较为均衡，创新实力指数和创新效力指数均表现较好。例如日本，2019年日本的创新能力指数、创新实力指数和创新效力指数均排在第3位。部分新兴国家创新能力分指数之间存在一定的不均衡。中国是典型的高实力、低效力国家，创新实力指数和创新效力指数排名差距较大，较低的创新效力影响了创新能力总体表现。金砖国家中，中国、巴西、印度和俄罗斯均为高实力、低效力国家，而南非在实力和效力方面均表现较差。

表 3-1　国家创新能力指数、国家创新实力指数和国家创新效力指数的值与排名

国家	国家创新能力指数		国家创新实力指数				国家创新效力指数			
	2010 年	2019 年	2010 年		2019 年		2010 年		2019 年	
	排名	排名	值	排名	值	排名	值	排名	值	排名
阿根廷	39	39	0.60	30	0.83	33	9.89	39	11.44	39
澳大利亚	18	18	2.02	17	3.15	17	19.92	18	22.72	17
奥地利	11	12	1.05	22	1.58	25	25.79	8	28.45	10
比利时	13	14	1.50	18	2.26	20	24.15	11	27.37	12
巴西	33	37	2.29	14	3.90	14	11.95	35	13.46	36
加拿大	19	19	3.31	12	4.56	12	19.33	19	22.16	20
智利	26	23	0.16	40	0.39	39	16.99	25	21.39	21
中国	21	9	19.53	3	43.42	2	12.31	33	18.26	28
捷克	34	29	0.51	32	0.97	31	12.42	32	17.26	29
丹麦	8	5	1.04	23	1.68	24	27.90	6	33.70	2
芬兰	6	10	1.19	20	1.43	28	28.04	5	29.72	6
法国	9	16	7.82	6	9.54	8	24.62	10	25.07	16
德国	7	6	10.06	4	17.72	4	24.81	9	29.24	8

续表

国家	国家创新能力指数		国家创新实力指数				国家创新效力指数			
	2010 年	2019 年	2010 年		2019 年		2010 年		2019 年	
	排名	排名	值	排名	值	排名	值	排名	值	排名
希腊	25	25	0.37	36	0.57	37	17.27	21	19.43	24
匈牙利	24	27	0.98	25	0.99	30	17.26	22	18.70	26
印度	37	36	2.14	16	5.95	9	11.13	37	13.35	38
爱尔兰	17	20	0.91	27	2.65	18	21.03	17	22.23	19
以色列	14	15	1.00	24	1.53	26	24.08	12	27.38	11
意大利	22	22	3.67	9	4.93	11	17.25	23	20.83	22
日本	3	3	22.04	2	28.19	3	28.65	3	31.65	3
马来西亚	31	30	0.87	28	1.69	23	13.49	29	15.79	30
墨西哥	32	38	1.25	19	1.88	22	12.96	31	13.36	37
荷兰	5	7	6.38	8	9.98	7	28.50	4	29.21	9
新西兰	16	21	0.34	38	0.53	38	21.52	16	22.35	18
挪威	20	17	0.52	31	0.84	32	19.17	20	25.27	15
波兰	36	33	0.93	26	1.95	21	11.73	36	15.03	33
葡萄牙	27	26	0.45	33	0.67	36	16.74	26	19.26	25
罗马尼亚	28	28	0.43	34	0.69	35	14.80	27	18.34	27
俄罗斯	29	32	3.56	10	4.00	13	13.36	30	14.58	35
新加坡	15	13	1.19	21	2.26	19	23.55	14	27.37	13
斯洛伐克	30	31	0.16	39	0.22	40	14.10	28	15.63	31
南非	35	34	0.42	35	0.80	34	12.01	34	15.24	32
韩国	12	4	7.42	7	12.81	5	23.50	15	31.00	4
西班牙	23	24	2.45	13	3.54	15	17.24	24	19.78	23
瑞典	4	8	2.27	15	3.23	16	32.87	2	30.80	5
瑞士	2	2	3.46	11	5.63	10	40.80	1	42.09	1
泰国	40	40	0.36	37	1.04	29	8.12	40	9.00	40
土耳其	38	35	0.77	29	1.49	27	10.27	38	14.64	34
英国	10	11	7.97	5	12.02	6	23.71	13	26.75	14
美国	1	1	49.84	1	65.60	1	26.69	7	29.38	7

第二节　中国与典型国家创新发展概况

一、中国与典型国家创新发展指数排名变化

　　创新发展指数总体格局呈现出中小型规模的发达国家领先，发达型大国相对领先，发展中国家相对落后的局面。2010 ~ 2019 年，中国创新发展指数排名稳中有升，由 2010 年的第 38 位稳步上升至 2019 年的第 35 位，在 2014 年排名超过了俄罗斯，但中国在 40 个国家中创新发展指数排名依然偏后。金砖国家的创新发展指数排名普遍靠后，中国是唯一排名上升的金砖国家，俄罗斯和巴西的创新发展指数排名在十年间出现了一定程度的下降，南非和印度的排名保持在最后两位。发达国家的创新发展指数排名相对靠前，法国、英国、德国、韩国等创新型国家的创新发展排名十年间未出现明显下降趋势，法国、英国排名总体稳定在前 10 位，日本、美国排名有一定幅度的下降，但整体排名依然较为靠前。如图 3-5 所示。

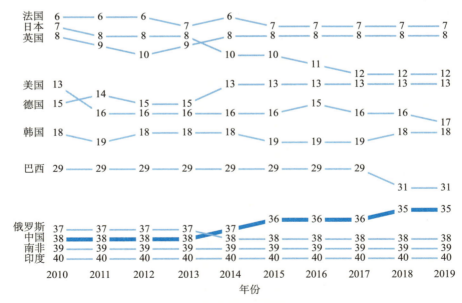

图 3-5　中国与典型国家创新发展指数排名

　　中国创新发展水平持续提升，但依旧低于世界平均水平。2010 ~ 2019 年，中国创新发展指数值从 18.65 上升至 25.59，与 40 个国家的平均值 33.65

仍然有差距；中国创新发展指数排名从第 38 位上升至第 35 位，且创新发展指数值增速（37.20%）名列 40 个国家之首，未来创新发展水平提升潜力巨大。2010 ～ 2019 年，中国科学技术发展指数值从 8.75 上升至 16.22，名列第 26 位，显著低于 40 个国家的平均值（21.54）。2019 年，中国产业创新发展指数增长至 22.85，名列第 24 位，比 2010 年（17.96）提升 4 位，但是仍然低于 40 个国家的平均值（25.56）。2010 ～ 2019 年，中国社会创新发展指数值从 25.47 上升至 37.74，名列第 37 位，显著低于 40 个国家的平均值（52.65）。2010 ～ 2019 年，中国环境创新发展指数值从 22.42 上升至 25.53，名列第 34 位，显著低于 40 个国家的平均值（34.85），比 2010 年下降 2 位。

二、主要国家创新发展指数排名比较

2019 年创新发展指数排名前 10 的国家是瑞士、新加坡、丹麦、荷兰、瑞典、爱尔兰、法国、英国、挪威、以色列；中国排第 35 位，巴西、俄罗斯、南非和印度等其他金砖国家分别排第 31、第 38、第 39 和第 40 位。如图 3-6 所示。

2010 ～ 2019 年，创新发展指数排名前 10 的国家序列变化不大，瑞士在十年间稳居第 1 位，新加坡、丹麦、荷兰、爱尔兰排名均有不同幅度的上升。其中，爱尔兰从 2010 年的第 9 位上升至 2019 年的第 6 位；英国、以色列十年间排名较为稳定，分别为第 8 位、第 10 位；瑞典、法国排名小幅度下降，瑞典从 2010 年的第 2 位下降至 2019 年的第 5 位，法国从 2010 年的第 6 位下降至 2019 年的第 7 位；仅日本跌出前 10 位。同期，中国创新发展指数排名从 2010 年的第 38 位上升至 2019 年的第 35 位，成为金砖国家中排名唯一上升的国家。其他金砖国家中，巴西、俄罗斯排名均小幅度下降，巴西从 2010 年的第 29 位下降至 2019 年的第 31 位，俄罗斯从 2010 年的第 37 位下降至 2019 年的第 38 位，南非和印度十年间排名未发生变化，分别为第 39 位、第 40 位。如图 3-6 所示。

2010 ～ 2015 年，创新发展指数排名前 10 的国家排名波动相对较小，仍然以瑞士、新加坡、丹麦、瑞典、荷兰、爱尔兰、法国、英国、比利时、日本等发达国家为主，如图 3-7 所示。同期，中国创新发展指数排名从 2010 年的第 38 位上升至 2015 年的第 36 位，进步了 2 位。其他金砖国家中，俄罗斯从 2010 年的第 37 位跌落至 2015 年的第 38 位，巴西、南非、印度在 2010 年

排名	2010年	2019年	排名	2010年	2015年	排名	2016年	2019年
1	瑞士	瑞士	1	瑞士	瑞士	1	瑞士	瑞士
2	瑞典	新加坡	2	瑞典	新加坡	2	新加坡	新加坡
3	新加坡	丹麦	3	新加坡	丹麦	3	丹麦	丹麦
4	丹麦	荷兰	4	丹麦	瑞典	4	瑞典	荷兰
5	荷兰	瑞典	5	荷兰	荷兰	5	荷兰	瑞典
6	法国	爱尔兰	6	法国	爱尔兰	6	爱尔兰	爱尔兰
7	日本	法国	7	日本	法国	7	法国	法国
8	英国	英国	8	英国	英国	8	英国	英国
9	爱尔兰	挪威	9	爱尔兰	比利时	9	比利时	挪威
10	以色列	以色列	10	以色列	日本	10	挪威	以色列
11	芬兰	比利时	11	芬兰	以色列	11	日本	比利时
12	比利时	日本	12	比利时	挪威	12	以色列	日本
13	美国	德国	13	美国	德国	13	德国	德国
14	挪威	意大利	14	挪威	芬兰	14	奥地利	意大利
15	德国	芬兰	15	德国	奥地利	15	美国	芬兰
16	奥地利	奥地利	16	奥地利	美国	16	芬兰	奥地利
17	西班牙	美国	17	西班牙	西班牙	17	西班牙	美国
18	韩国	韩国	18	韩国	意大利	18	意大利	韩国
19	意大利	西班牙	19	意大利	韩国	19	韩国	西班牙
20	新西兰	希腊	20	新西兰	新西兰	20	新西兰	希腊
21	希腊	新西兰	21	希腊	希腊	21	希腊	新西兰
22	匈牙利	澳大利亚	22	匈牙利	澳大利亚	22	澳大利亚	澳大利亚
23	葡萄牙	智利	23	葡萄牙	阿根廷	23	葡萄牙	智利
24	加拿大	葡萄牙	24	加拿大	葡萄牙	24	阿根廷	葡萄牙
25	阿根廷	加拿大	25	阿根廷	加拿大	25	加拿大	加拿大
26	澳大利亚	阿根廷	26	澳大利亚	匈牙利	26	智利	阿根廷
27	智利	匈牙利	27	智利	智利	27	匈牙利	匈牙利
28	捷克	捷克	28	捷克	捷克	28	捷克	捷克
29	巴西	马来西亚	29	巴西	巴西	29	巴西	马来西亚
30	墨西哥	土耳其	30	墨西哥	马来西亚	30	马来西亚	土耳其
31	马来西亚	巴西	31	马来西亚	土耳其	31	土耳其	巴西
32	罗马尼亚	罗马尼亚	32	罗马尼亚	墨西哥	32	墨西哥	罗马尼亚
33	土耳其	墨西哥	33	土耳其	罗马尼亚	33	罗马尼亚	墨西哥
34	波兰	波兰	34	波兰	波兰	34	波兰	波兰
35	斯洛伐克	中国	35	斯洛伐克	斯洛伐克	35	斯洛伐克	中国
36	泰国	斯洛伐克	36	泰国	中国	36	中国	斯洛伐克
37	俄罗斯	泰国	37	俄罗斯	泰国	37	泰国	泰国
38	中国	俄罗斯	38	中国	俄罗斯	38	俄罗斯	俄罗斯
39	南非	南非	39	南非	南非	39	南非	南非
40	印度	印度	40	印度	印度	40	印度	印度

图 3-6 2010 年和 2019 年主要国家创新发展指数排名

图 3-7 2010 年和 2015 年主要国家创新发展指数排名

图 3-8 2016 年和 2019 年主要国家创新发展指数排名

和 2015 年排名均未发生变化，分别处于第 29、第 39、第 40 位。

2016 ～ 2019 年，创新发展指数排名前 10 的国家中，仅有比利时跌出前 10 位，从 2016 年的第 9 位下降至 2019 年的第 11 位。同期，中国创新发展指数排名进步稳中有升，从 2016 年的第 36 位上升至 2019 年的第 35 位，进步了 1 位。其他金砖国家中，巴西排名有小幅降低，从 2016 年的第 29 位下降至 2019 年的第 31 位，俄罗斯、南非、印度在 2016 年和 2019 年排名均未发生变化，分别处于第 38、第 39、第 40 位。如图 3-8 所示。

三、主要国家创新发展指数结构分析

国家创新发展指数由科学技术发展指数、产业创新发展指数、社会创新发展指数、环境创新发展指数表征。不同国家的分指数会呈现不同的发展趋势，如表 3-2 所示。部分发达国家的分指数之间存在一定的不均衡，例如美国，创新发展指数在 2019 年排在第 17 位，科学技术发展指数、产业创新发展指数、社会创新发展指数在 2019 年分别排在第 7、第 5、第 10 位，但环境创新发展指数在 2019 年排在第 38 位，较低的环境创新发展影响了创新发展总体表现，创新发展指数十年间发生了一定幅度的下降。部分发达国家创新发展的分指数表现较为均衡，各分指数均表现较好。例如法国，2019 年法国的创新发展指数排在第 7 位，科学技术发展指数、产业创新发展指数、社会创新发展指数、环境创新发展指数分别排第 17、第 6、第 13、第 6 位。部分新兴国家创新发展分指数之间存在一定的不均衡。金砖国家中，中国、俄罗斯、南非在科学技术发展、产业创新发展、社会创新发展、环境创新发展方面均表现较差。巴西和印度环境创新发展方面相对其他分指数表现较好。

表 3-2　国家科学技术发展指数、科学技术发展指数、产业创新发展指数、社会创新发展指数、环境创新发展指数的值与排名

国家	国家创新发展指数				科学技术发展指数		产业创新发展指数		社会创新发展指数		环境创新发展指数	
	2010年		2019年		2010年	2019年	2010年	2019年	2010年	2019年	2010年	2019年
	值	排名	值	排名	排名	排名	排名	排名	排名	排名	排名	排名
阿根廷	28.97	25	29.94	26	33	36	30	33	15	8	7	23
澳大利亚	28.46	26	33.24	22	19	18	19	13	9	5	40	37

续表

国家	国家创新发展指数				科学技术发展指数		产业创新发展指数		社会创新发展指数		环境创新发展指数	
	2010年		2019年		2010年	2019年	2010年	2019年	2010年	2019年	2010年	2019年
	值	排名	值	排名	排名	排名	排名	排名	排名	排名	排名	排名
奥地利	33.99	16	36.25	16	8	13	20	19	25	23	16	20
比利时	34.67	12	38.96	11	13	14	16	14	1	1	31	28
巴西	26.11	29	28.28	31	38	37	31	31	31	29	2	14
加拿大	29.01	24	30.89	25	18	19	15	12	14	18	38	40
智利	27.09	27	30.99	23	30	30	37	36	23	15	10	18
中国	18.65	38	25.59	35	27	26	28	24	38	37	32	34
捷克	26.19	28	29.59	28	25	27	27	21	22	26	33	32
丹麦	39.04	4	45.55	3	5	4	13	15	3	4	14	2
芬兰	34.91	11	36.76	15	3	8	22	25	2	9	34	31
法国	37.21	6	41.46	7	16	17	6	6	18	13	11	6
德国	34.06	15	37.71	13	9	12	17	17	20	16	22	22
希腊	31.68	21	35.04	20	26	25	21	20	10	21	17	8
匈牙利	29.92	22	29.75	27	23	24	18	28	28	31	18	19
印度	12.26	40	15.07	40	40	39	40	40	40	40	15	21
爱尔兰	35.73	9	41.61	6	15	10	7	3	24	25	13	7
以色列	34.97	10	40.02	10	10	11	11	9	16	20	24	15
意大利	32.58	19	36.94	14	21	21	23	22	21	24	6	3
日本	36.12	7	38.74	12	6	9	14	18	5	3	26	24
马来西亚	24.65	31	29.08	29	35	28	5	2	36	36	29	33
墨西哥	25.31	30	27.31	33	36	40	24	26	35	33	9	12
荷兰	38.37	5	42.76	4	2	2	3	7	13	7	30	26
新西兰	32.12	20	34.09	21	20	20	26	27	6	11	21	25
挪威	34.27	14	40.50	9	14	15	12	11	8	2	28	17
波兰	22.99	34	25.87	34	32	29	36	34	27	32	27	27
葡萄牙	29.91	23	30.95	24	24	23	32	30	26	28	3	16

续表

国家	国家创新发展指数				科学技术发展指数		产业创新发展指数		社会创新发展指数		环境创新发展指数	
	2010年		2019年		2010年	2019年	2010年	2019年	2010年	2019年	2010年	2019年
	值	排名	值	排名	排名	排名	排名	排名	排名	排名	排名	排名
罗马尼亚	23.48	32	28.05	32	39	33	38	37	33	34	5	5
俄罗斯	19.92	37	21.35	38	34	35	35	35	30	30	37	39
新加坡	39.57	3	47.39	2	11	5	1	1	19	14	23	13
斯洛伐克	22.77	35	24.35	36	29	31	34	32	34	35	25	29
南非	16.84	39	18.80	39	28	32	33	38	39	39	36	35
韩国	32.76	18	35.92	18	12	6	9	10	11	17	35	36
西班牙	33.09	17	35.92	19	22	22	25	23	12	12	4	9
瑞典	39.81	2	42.72	5	4	3	10	16	7	6	12	11
瑞士	44.01	1	49.40	1	3	1	4	4	29	27	1	1
泰国	21.47	36	23.02	37	31	34	29	29	37	38	20	30
土耳其	23.41	33	28.88	30	37	38	39	39	32	22	8	10
英国	36.00	8	41.08	8	17	16	8	8	17	19	19	4
美国	34.31	13	36.22	17	7	7	2	5	4	10	39	38

第三节　世界主要国家创新发展呈现新格局

　　本报告提出从国家创新发展指数和国家创新能力指数两个维度监测评估创新发展绩效。静态地看，创新发展指数反映的是创新驱动经济、社会、环境发展和科学技术自身发展的结果；动态地看，创新能力指数反映的是创新驱动经济、社会和环境发展的动力强弱。创新发展绩效主要体现在国家创新发展指数和国家创新能力指数两个方面的变化。国家创新发展体现在科学技术、产业创新、社会创新、环境创新等4个方面；国家创新能力指数包括创新实力指数和创新效力指数。

一、世界主要国家创新发展格局稳中有变

本报告从国家创新发展指数和国家创新能力指数两个维度监测创新发展绩效，选择 40 个国家（GDP 占世界各国 GDP 总量的比例为 87%，人口共占世界总人口的比例为 61%）分析世界主要国家创新发展格局演进。

（一）2019 年世界主要国家创新发展格局

综合考虑国家创新发展指数和创新能力指数的排名，如表 3-3 所示，世界创新发展总体格局可以分为创新引领型国家、创新先进型国家、创新追赶型国家、非常规创新追赶型国家等四类。2010 年和 2019 年世界主要国家创新发展基本格局如图 3-9 和图 3-10 所示。

表 3-3 主要国家创新能力指数和创新发展指数的值与排名及变化

国家	国家创新能力指数				排名变化	国家	国家创新发展指数				排名变化
	2019 年		2010 年				2019 年		2010 年		
	值	排名	值	排名			值	排名	值	排名	
美国	63.79	1	61.76	1	0	瑞士	49.40	1	44.01	1	0
瑞士	57.51	2	58.05	2	0	新加坡	47.39	2	39.57	3	↑ 1
日本	50.47	3	48.39	3	0	丹麦	45.55	3	39.04	4	↑ 1
韩国	42.35	4	30.77	12	↑ 8	荷兰	42.76	4	38.37	5	↑ 1
丹麦	41.76	5	34.47	8	↑ 3	瑞典	42.72	5	39.81	2	↓ 3
德国	41.67	6	34.59	7	↑ 1	爱尔兰	41.61	6	35.73	9	↑ 3
荷兰	38.08	7	38.71	5	↓ 2	法国	41.46	7	37.21	6	↓ 1
瑞典	37.63	8	43.73	4	↓ 4	英国	41.08	8	36.00	8	0
中国	35.16	9	18.86	21	↑ 12	挪威	40.50	9	34.27	14	↑ 5
芬兰	35.02	10	34.79	6	↓ 4	以色列	40.02	10	34.97	10	0
英国	34.92	11	31.45	10	↓ 1	比利时	38.96	11	34.67	12	↑ 1
奥地利	32.97	12	30.84	11	↓ 1	日本	38.74	12	36.12	7	↓ 5
新加坡	31.49	13	27.09	15	↑ 2	德国	37.71	13	34.06	15	↑ 2

续表

国家	国家创新能力指数					国家	国家创新发展指数				
	2019 年		2010 年		排名变化		2019 年		2010 年		排名变化
	值	排名	值	排名			值	排名	值	排名	
比利时	31.49	14	28.32	13	↓ 1	意大利	36.94	14	32.58	19	↑ 5
以色列	31.16	15	27.89	14	↓ 1	芬兰	36.76	15	34.91	11	↓ 4
法国	30.99	16	32.92	9	↓ 7	奥地利	36.25	16	33.99	16	0
挪威	27.34	17	19.17	20	↑ 3	美国	36.22	17	34.31	13	↓ 4
澳大利亚	24.16	18	21.36	18	0	韩国	35.92	18	32.76	18	0
加拿大	23.87	19	21.13	19	0	西班牙	35.92	19	33.09	17	↓ 2
爱尔兰	23.11	20	22.59	17	↓ 3	希腊	35.04	20	31.68	21	↑ 1
新西兰	22.35	21	23.10	16	↓ 5	新西兰	34.09	21	32.12	20	↓ 1
意大利	21.83	22	17.77	22	0	澳大利亚	33.24	22	28.46	26	↑ 4
智利	20.69	23	15.22	26	↑ 3	智利	30.99	23	27.09	27	↑ 4
西班牙	19.45	24	17.03	23	↓ 1	葡萄牙	30.95	24	29.91	23	↓ 1
希腊	17.51	25	15.83	25	0	加拿大	30.89	25	29.01	24	↓ 1
葡萄牙	17.28	26	14.96	27	↑ 1	阿根廷	29.94	26	28.97	25	↓ 1
匈牙利	16.49	27	16.18	24	↓ 3	匈牙利	29.75	27	29.92	22	↓ 5
罗马尼亚	15.76	28	11.62	28	0	捷克	29.59	28	26.19	28	0
捷克	14.08	29	7.59	34	↑ 5	马来西亚	29.08	29	24.65	31	↑ 2
马来西亚	11.98	30	9.63	31	↑ 1	土耳其	28.88	30	23.41	33	↑ 3
斯洛伐克	11.03	31	10.27	30	↓ 1	巴西	28.28	31	26.11	29	↓ 2
俄罗斯	11.01	32	11.03	29	↓ 3	罗马尼亚	28.05	32	23.48	32	0
波兰	10.83	33	6.65	36	↑ 3	墨西哥	27.31	33	25.31	30	↓ 3
南非	10.64	34	6.82	35	↑ 1	波兰	25.87	34	22.99	34	0
土耳其	9.97	35	4.06	38	↑ 3	中国	25.59	35	18.65	38	↑ 3
印度	9.87	36	6.36	37	↑ 1	斯洛伐克	24.35	36	22.77	35	↓ 1

续表

国家	国家创新能力指数					国家	国家创新发展指数				
	2019 年		2010 年		排名变化		2019 年		2010 年		排名变化
	值	排名	值	排名			值	排名	值	排名	
巴西	9.10	37	7.85	33	↓ 4	泰国	23.02	37	21.47	36	↓ 1
墨西哥	8.02	38	8.95	32	↓ 6	俄罗斯	21.35	38	19.92	37	↓ 1
阿根廷	4.33	39	3.30	39	0	南非	18.80	39	16.84	39	0
泰国	0.38	40	0.12	40	0	印度	15.07	40	12.26	40	0

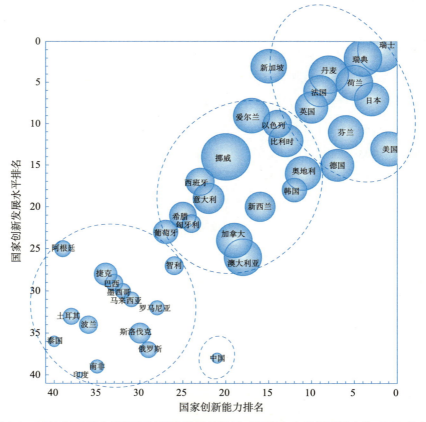

图 3-9　2010 年世界主要国家创新发展绩效格局（气泡大小表征国家人均 GDP 多少）

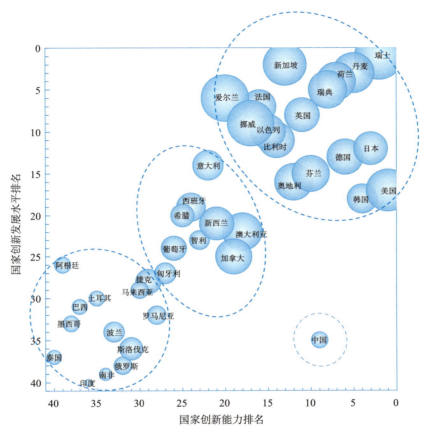

图 3-10　2019 年世界主要国家创新发展绩效格局（气泡大小表征国家人均 GDP 多少）

1. 创新引领型国家

创新引领型国家具有创新发展水平高、创新能力强的基本特征，也包括创新能力超强、创新发展水平中上的国家。2019 年共有 17 个国家进入创新引领型国家行列，不仅包括美国、英国、法国、德国和日本等世界创新型经济大国，还包括瑞士、瑞典、韩国、新加坡、挪威、荷兰、以色列、爱尔兰、芬兰、丹麦、比利时和奥地利等经济规模不大但高度发达的经济体。与2010 年相比，2019 年韩国、挪威、以色列、爱尔兰、比利时和奥地利这 6 个国家新进入了创新引领型国家行列。

2. 创新先进型国家

创新先进型国家为创新发展水平较高和创新能力较强的国家。2019 年创新先进型国家包括新西兰、澳大利亚、加拿大、西班牙、意大利、希腊、智利、葡萄牙和匈牙利等 9 个国家。其中，与 2010 年相比，智利是新进入创新先进型国家行列的国家，韩国、挪威、奥地利、比利时、爱尔兰和以色列这 6 个国家都从创新先进型国家行列进入了创新引领型国家行列。

3. 创新追赶型国家

创新追赶型国家为创新发展水平相对较低和创新能力相对较弱的国家。2019 年创新追赶型国家包括马来西亚、波兰、斯洛伐克、俄罗斯、阿根廷、巴西、墨西哥、罗马尼亚、南非、泰国、土耳其、捷克和印度等 13 个国家。其中，智利从 2010 年的创新追赶型国家行列进入 2019 年创新先进型国家行列。

4. 非常规创新追赶型国家

非常规创新追赶型国家为创新发展水平指数排名和创新能力指数排名严重偏离的国家，只有中国一个国家。2019 年，中国创新能力排名第 9 位，创新发展水平排名第 35 位，足足相差了 26 位。

（二）世界主要国家创新发展格局演化

2010 ～ 2019 年，主要国家创新发展格局相对稳定，个别国家创新发展位势发生变化，如图 3-9 和图 3-10 所示。

1. 从国家类型变化来看，四种类型的国家数量基本稳定，只有 7 个国家发生了变化

韩国、挪威、以色列、爱尔兰、比利时和奥地利这 6 个国家都从创新先进型国家行列，进入了创新引领型国家行列。智利从创新追赶型国家行列进入了创新先进型国家行列。

2. 从国家创新能力指数来看，创新能力强的国家数量基本稳定

国家创新能力指数名列前 10 位的国家（美国、瑞士、日本、韩国、丹麦、德国、荷兰、瑞典、中国、芬兰）总体比较稳定，只有中国、韩国是新进入前 10 位的国家。国家创新能力指数名列前 15 位的国家（美国、瑞士、日本、韩国、丹麦、德国、荷兰、瑞典、中国、芬兰、英国、奥地利、新加坡、比利时、以色列）总体也比较稳定，只有中国是新进入国家。

2010 ～ 2019 年，中国创新能力指数排名上升了 12 位，提升最快，韩国和捷克随后，分别上升了 8 位和 5 位。

3. 从国家创新发展指数来看，创新发展水平高的国家数量基本稳定

国家创新发展指数名列前 10 的国家（瑞士、新加坡、丹麦、荷兰、瑞典、爱尔兰、法国、英国、挪威、以色列）总体比较稳定，只有挪威为新进入前 10 位的国家。国家创新发展指数名列前 15 位的国家（瑞士、新加坡、丹麦、荷兰、瑞典、爱尔兰、法国、英国、挪威、以色列、比利时、日本、德国、意大利、芬兰）中，只有意大利是新进入国家。2010 ～ 2019 年，挪威和意大利的创新发展指数值提升速度并列第一，澳大利亚和智利的创新发展指数值提升速度并列第二，爱尔兰、土耳其和中国的创新发展指数值提升速度并列第三。

二、创新发展引领高质量发展的总体方向

创新发展是指创新驱动经济、社会、环境发展和科学技术自身发展。创新发展是创新成为发展主要驱动力的一种发展阶段（水平），也是一个以实现创新成为发展主要驱动力为目标的一种发展方式。创新发展绩效既体现在创新驱动经济、社会、环境发展和科学技术自身发展水平的变化上，也体现在科技、产业、社会和环境发展协调程度的变化上。

从目标角度看，高质量发展是指经济、社会和环境系统发展达到相对高的水平。从过程角度看，高质量发展是指以实现经济、社会和环境系统高水平发展为目标的一种发展方式。从创新角度看，创新是引领发展的第一动力，创新发展是一个发展动力变革过程，在实现经济、社会和环境系统高水平发展目标的同时，实现国家科学技术发展能力、财富可持续创造能力、普惠可持续公共服务能力、生态环境可持续发展能力的系统提升，其中人均 GDP 水平是发展质量评价的重要指标。从创新发展指数和创新能力指数两个维度监测创新发展绩效，可以发现：一个国家的人均 GDP 与其创新发展绩效成正比，即创新发展指数和创新能力排名高的国家通常人均 GDP 排名也高。

1. 创新引领型国家属于高质量发展的国家

创新引领型国家不仅具有创新发展水平高、创新能力强两个基本特征，

而且具有人均 GDP 高的特征，属于高质量发展的国家。2019 年创新引领型国家中，瑞士、瑞典、新加坡、挪威、荷兰、以色列、爱尔兰、芬兰、丹麦、比利时、奥地利、美国、英国、法国、德国和日本等国人均 GDP 普遍高于创新先进型国家。值得关注的是，韩国人均 GDP 低于 4 万美元。

2. 创新先进型国家属于较高质量发展的国家

创新先进型国家不仅具有创新发展水平较高和创新能力较强两个基本特征，而且具有人均 GDP 较高的特征，属于较高质量发展的国家。2019 年，新西兰、澳大利亚、加拿大、西班牙、意大利、希腊、智利、葡萄牙和匈牙利等创新先进型国家人均 GDP 普遍高于创新追赶型国家。值得关注的是，澳大利亚、加拿大和新西兰这 3 个国家人均 GDP 超过 4 万美元，澳大利亚达到创新引领型国家普遍的人均 GDP 水平（54 132.44 美元）。其中，意大利介于创新引领型国家和创新先进型国家分类临界点，澳大利亚和加拿大属于资源型大国。此外，匈牙利、智利和希腊这 3 个国家人均 GDP 低于创新追赶型国家中的捷克。

3. 创新追赶型国家属于向高质量发展方向转型的国家

创新追赶型国家不仅创新发展水平较低、创新能力较弱，而且人均 GDP 也相对较低，属于需要向高质量发展方向转型的国家。2019 年，马来西亚、波兰、斯洛伐克、俄罗斯、阿根廷、巴西、墨西哥、罗马尼亚、南非、泰国、土耳其、捷克和印度等 13 个创新追赶型国家中，巴西、印度、墨西哥、泰国、土耳其和南非这 6 个国家的人均 GDP 不足 1 万美元，捷克、斯洛伐克和波兰这 3 个国家的人均 GDP 均高于智利这个创新先进型国家。

4. 非常规创新追赶型国家属于非对称转型发展国家

非常规创新追赶型国家具有创新发展水平指数排名和创新能力指数排名严重偏离的特征。2019 年中国创新能力排名第 9 位，创新发展水平排名第 35 位，指数排名位差为 26。2019 年中国人均 GDP 约为 1 万美元，与创新追赶型国家经济发展水平相当。

三、创新能力与创新发展水平螺旋式上升

国家创新能力决定了国家创新发展水平演进的方向，创新能力强意味着

创新驱动经济、社会、环境发展的力度大。同等经济规模条件下，创新能力强的国家带动创新发展水平提升的速度更快、空间更大。

1. 创新能力与创新发展水平协调发展趋势明显

创新引领型、创新先进型和创新追赶型国家的数据表明，国家创新发展指数和国家创新能力指数排名总体呈现趋于协调的螺旋式上升趋势，经济规模相对小的发达经济体创新发展指数排名总体高于创新能力指数排名，经济规模较大的发达经济体创新能力指数排名总体高于创新发展指数排名，如图 3-11 和图 3-12 所示。

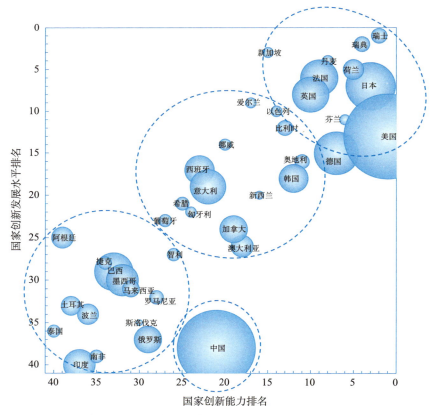

图 3-11 2010 年世界主要国家创新发展绩效格局（气泡大小表征国家 GDP 多少）

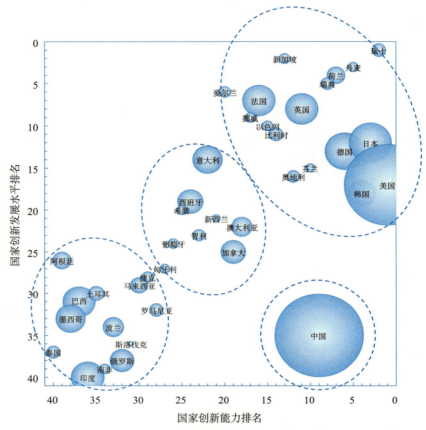

图 3-12 2019 年世界主要国家创新发展绩效格局（气泡大小表征国家 GDP 多少）

2. 创新引领型国家中创新发展指数排名与经济规模排名负相关

2019 年，17 个创新引领型国家中，经济规模小的发达国家创新能力指数排名通常低于国家创新发展指数排名，如瑞士（2，1）①、瑞典（8，5）、新加坡（13，2）、挪威（17，9）、荷兰（7，4）、以色列（15，10）、爱尔兰（20，6）、丹麦（5，3）和比利时（14，11）；但奥地利（12，16）和芬兰（10，15）是例外，国家创新能力指数排名均高于国家创新发展指数排名。经济规模大的发达国家创新能力指数排名通常高于国家创新发展指数排名，如美国（1，17）、日本（3，12）、德国（6，13）和韩国（4，18）；但英国（11，8）和法国（16，7）是例外，国家创新能力指数排名均低于国家创新发

---

① 括号内第一个数字为国家创新能力指数排名，第二个数字为国家创新发展指数排名，下同。

展指数排名。国家创新能力指数和国家创新发展指数排名位差小于 4 的有 6 个国家（瑞士、瑞典、荷兰、丹麦、比利时和英国）。

3. 创新先进型和追赶型国家创新能力指数与创新发展指数排名正相关

2019 年，9 个创新先进型国家中，国家创新能力指数排名和国家创新发展指数排名之间总体上呈现协调发展态势，其中 5 个国家两个指数排名位差小于等于 4，包括澳大利亚（18，22）、智利（23，23）、新西兰（21，21）、葡萄牙（26，24）和匈牙利（27，27）。2019 年，13 个创新追赶型国家中，创新能力指数排名和创新发展指数排名总体上也呈现出协调发展态势，10 个国家创新发展指数排名与创新能力指数排名差距均不大于 5，如捷克（29，28）、印度（36，40）、墨西哥（38，33）、马来西亚（30，29）、波兰（33，34）、罗马尼亚（28，32）、斯洛伐克（31，36）、泰国（40，37）、土耳其（35，30）和南非（34，39）；只有阿根廷（39，26）、巴西（37，31）和俄罗斯（32，38）这 3 个国家的指数排名位差大于 5。

4. 中国是创新追赶势能和潜力最大的国家

2019 年，在所选的 40 个国家中，只有 6 个国家的创新能力指数排名和创新发展指数排名位差超过 10。其中，中国创新能力排名第 9 位，创新发展水平排名第 35 位，指数排名位差达 26，位差超过 20，创新能力指数排名远高于创新发展指数排名，显示出较大的创新追赶势能和较大的创新追赶潜力。

四、大国创新效力演进决定全球竞争格局

创新能力取决于创新实力和创新效力，前者取决于创新活动规模，后者取决于创新活动的效率与效益。一个国家创新活动规模通常与其经济规模成正比，一个国家创新活动效率与效益通常与其经济、社会和环境发展的系统化发达程度成正比。在国家版图不变的条件下，一个国家的创新效力将决定一个国家的创新发展方式和创新能力变化的方向。因此，大国创新效力快速提升将引领全球创新发展格局的演进方向，大国创新效力决定全球竞争格局。

综合考察创新实力和创新效力两个因素，发现瑞士、德国、法国、英

国、日本、韩国、荷兰、瑞典和美国这 9 个国家创新实力和创新效力表现都很强劲，创新能力突出。比利时、澳大利亚、丹麦、新加坡、奥地利、芬兰、挪威、以色列、加拿大、西班牙、爱尔兰和意大利这 12 个国家创新实力和创新效力表现较为强劲，创新能力较为突出。阿根廷、捷克、匈牙利、墨西哥、马来西亚、波兰、罗马尼亚、斯洛伐克、泰国、土耳其、南非、新西兰、智利、希腊和葡萄牙这 15 个国家创新实力和创新效力表现相对较差，创新能力尚需进一步提升。中国、俄罗斯、巴西和印度这 4 个金砖国家的创新实力和创新效力表现呈现不均衡，创新实力较为突出，创新效力相较不足，体现了明显的偏离特征。

经济规模大（以国家 GDP 衡量）的国家，创新实力指数排名通常较高，创新实力前 10 位的国家中有 8 个为创新引领型国家，只有中国和印度例外（图 3-13）。2019 年，美国、中国、日本、德国、韩国、英国、荷兰、法国、印度和瑞士位居创新实力指数排名前 10 位，其中，美国、中国、日本、德

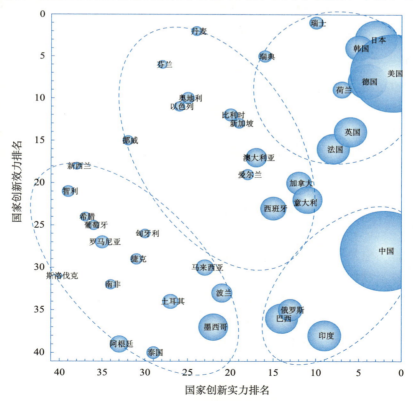

图 3-13　2019 年世界主要国家创新能力格局（气泡大小表征国家 GDP 多少）

国、英国和法国这 6 个国家创新实力指数排名与经济规模排名基本一致；印度的创新实力指数排名低于其经济规模排名；韩国、荷兰和瑞士的创新实力指数排名高于其经济规模排名，韩国和瑞士的国家创新实力指数排名低于其创新效力指数排名。

经济发达（以国家人均 GDP 衡量）的国家，通常其创新效力指数排名较高，创新效力前 10 位国家均为创新引领型国家（图 3-14）。2019 年，瑞士、丹麦、日本、韩国、瑞典、芬兰、美国、德国、荷兰和奥地利位居国家创新效力指数排名前 10 位，其中，瑞士、丹麦、瑞典、芬兰、荷兰和奥地利这 6 个规模相对小且发达的国家创新效力指数排名远高于其经济规模排序；美国和德国这 2 个经济规模大且发达的国家创新效力低于创新实力指数排名；日本的国家创新效力与创新实力指数排名一致；韩国的国家创新效力略高于创新实力指数排名。创新追赶型国家创新效力指数排名普遍比较低。2019 年，

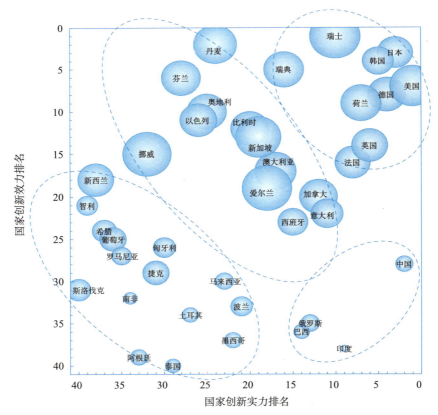

图 3-14　2019 年世界主要国家创新能力格局（气泡大小表征国家人均 GDP 多少）

中国、巴西、印度、俄罗斯和南非等金砖国家创新效力指数分别排在第28、第36、第38、第35和第32位。可见，金砖国家呈现出创新实力指数较高而创新效力指数较低的不协调特征，主要因为自身经济规模体量较大，但创新活动效率与效益依然有待提高。

值得指出的是，虽然2019年中国创新实力指数排名已经仅次于美国，但是创新实力指数值不足美国的70%，差距仍然巨大。

第四章

国家创新实力指数

第一节　中国创新实力分析

一、中国创新实力指数分析

（一）创新实力指数值演进

　　2010～2019年，40个国家创新实力指数平均值基本保持稳定，中国创新实力指数值持续上升，相比于40个国家创新实力指数平均值的优势不断扩大，与40个国家创新实力指数最大值的差距也不断缩小。2019年中国创新实力指数值为43.42，与2010年相比提高了122.32%，但与2019年创新实力指数最大值65.60（美国）相比还有一定的差距。2010～2014年，中国创新实力指数增长率逐渐下降，2015～2018年基本保持稳定，2019年进一步下降，2010～2019年的年均增长率达到9.28%。2015～2019年，中国创新实力指数值从32.72上升至43.42，年均增长率为7.33%（图4-1）。

（二）创新实力指数趋势

　　2010～2019年，中国创新实力指数值总体呈现快速上升的趋势，增长速度显著高于40个国家的平均值的增长速度，相对于40个国家创新实力指数平均值的领先幅度逐渐增大。为刻画中国创新实力指数未来发展趋势，本

图 4-1　中国创新实力指数发展情况与国际比较（2010 ～ 2019 年）

报告基于 2010 ～ 2019 年的指数值，在比较各类预测模型的拟合优度后，最终选择使用二次函数模型对中国创新实力指数值和 40 个国家创新实力指数平均值进行拟合，拟合曲线如图 4-2 所示。从趋势分析图可以看出，中国创新实力指数平均值曲线位于 40 个国家创新实力指数平均值曲线的上方，且有更快的增长速度。如果保持拟合曲线所呈现的趋势，中国创新实力指数值仍将持续增长，且与 40 个国家创新实力指数平均值的距离逐渐增大。

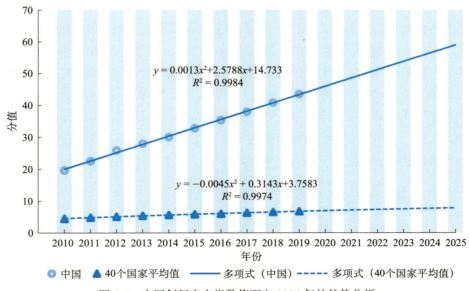

图 4-2　中国创新实力指数值面向 2025 年的趋势分析

二、中国创新实力分指数分析

创新实力指数由创新投入实力指数、创新条件实力指数、创新产出实力指数、创新影响实力指数构成。中国创新实力分指数值与 40 个国家的最大值、平均值比较如图 4-3 和图 4-4 所示。

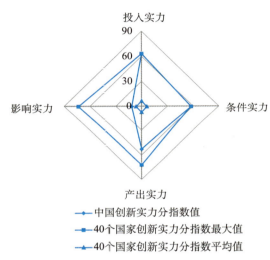

图 4-3　中国创新实力分指数值与 40 个国家的最大值、平均值比较（2019 年）

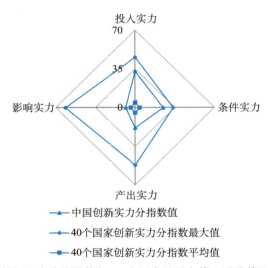

图 4-4　中国创新实力分指数值与 40 个国家的最大值、平均值比较（2010 年）

2019 年，中国创新投入实力指数排名第 1 位，指数值为 63.60，远超 40 个国家的平均值（6.85），相较于 2010 年（指数值 32.92）有显著提升。美国 2019 年创新投入实力指数排名第 2 位，指数值为 62.27。2010 年，美国创新投入实力指数排名第 1 位，指数值为 45.82，且在 2011 ～ 2018 年创新投入实力指数排名一直稳居第一，直到 2019 年被中国反超。10 年间，中国在创新投入实力上不断缩小与美国的差距并最终赶超美国，中美两国创新投入实力指数值比值已从 2010 年的 0.72 上升至 2019 年的 1.02。

2019 年，中国创新条件实力指数排名第 1 位，指数值为 57.61，远超 40 个国家的平均值（6.10），相较于 2010 年（指数值 24.58）进步十分显著；2010 ～ 2014 年美国创新条件实力指数排名稳居第一，2019 年指数值为 48.21。10 年间，中国在创新条件实力上不断缩小与美国的差距并最终赶超美国，两国创新条件实力指数值比值已从 2010 年的 0.73 上升至 2019 年的 1.19。

2019 年，中国创新产出实力指数排名处于第 2 位，指数值为 52.42，远超 40 个国家的平均值（7.17），相较于 2010 年（指数值 18.15）有显著提升。2010 年，美国创新产出实力指数排名第一，指数值为 51.59；2019 年，排名第一的国家仍然是美国，指数值为 71.41。10 年间，中美之间在创新产出实力上的差距在逐年缩小，两国创新产出实力指数值比值已从 2010 年的 0.35 上升至 2019 年的 0.73。

2019 年，中国创新影响实力指数排名第 7 位，指数值为 11.50，高于 40 个国家的平均值（6.46），相较于 2010 年（指数值 8.64）有小幅提升，但排名后退了 1 位；美国 2010 ～ 2019 年一直是创新影响实力指数排名最高的国家，2019 年指数值为 73.59。10 年间，中国创新影响实力指数值虽在缓慢增长，但与排名第一位的美国仍有较大差距。

（一）创新投入实力指数值演进

2010 ～ 2019 年，中国创新投入实力指数值稳步上升，远高于 40 个国家的平均值；同时，与 40 个国家的最大值的差距逐年缩小，并且在 2019 年成为 40 个国家中创新投入实力指数值最大的国家。2019 年中国创新投入实力指数值为 63.60，与 2010 年创新投入实力指数值（32.92）相比提高了 93.20%。2010 ～ 2019 年，中国创新投入实力指数年均增长率为 7.59%。其中，2017 年的增长率为 10 年间的最低值（5.38%）。2015 ～ 2019 年，中国创新投入实力指数值从 49.29 上升至 63.60，年均增长率为 6.58%（图 4-5）。

图 4-5 中国创新投入实力指数发展情况与国际比较（2010～2019 年）

（二）创新条件实力指数值演进

2010～2019 年，中国创新条件实力指数值稳步上升，远高于 40 个国家的平均值，并且与 40 个国家的最大值的差距不断缩小；在 2015 年完成反超，成为 40 个国家中创新条件实力指数值最大的国家，此后一直保持第一。2010～2019 年，中国创新条件实力指数年均增长率为 9.93%。其中，2014 年的增长率为 10 年间的最低值（6.30%）。2019 年，中国创新条件实力指数值为 57.61，与 2010 年（指数值为 24.58）相比提升了 134.38%。2015～2019 年，中国创新条件实力指数年均增长率为 7.68%（图 4-6）。

图 4-6 中国创新条件实力指数发展情况与国际比较（2010～2019 年）

（三）创新产出实力指数值演进

2010～2019年，中国创新产出实力指数值持续上涨，相对于40个国家的平均值的优势不断扩大，但与40个国家的最大值相比仍然有一定差距。2010～2019年，中国创新产出实力指数增长率逐渐下降，2014年小幅回升之后再次下降，2019年达到10年间的最低值6.05%，10年间年均增长率为12.51%。2019年，中国创新产出实力指数值为52.42，与2010年（指数值为18.14）相比增长了188.97%。2015～2019年，中国创新产出实力指数年均增长率为8.29%（图4-7）。

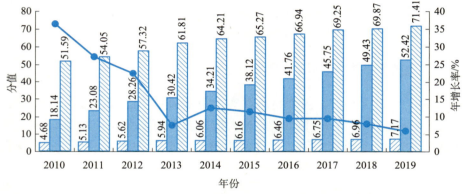

图 4-7　中国创新产出实力指数发展情况与国际比较（2010～2019年）

（四）创新影响实力指数值演进

2010～2019年，中国创新影响实力指数值稳步提升，并且始终高于40个国家的平均值，但低于40个国家的最大值。这表明，虽然中国创新投入实力指数、创新条件实力指数值以及创新产出实力指数值均位于世界前列，但创新影响实力指数值却不高。2010～2019年，中国创新影响实力指数年均增长率为3.23%。其中，2016年的增长率为10年间的最低值（−2.41%），2011年、2014年和2016年的增长率均为负值。2019年中国创新影响实力指数值为11.50，与2010年指数值（8.64）相比增长了33.10%。2015～2019年，中国创新影响实力指数年均增长率为4.84%（图4-8）。

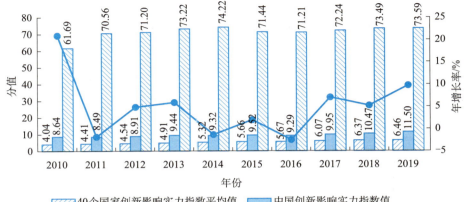

图 4-8 中国创新影响实力指数发展情况与国际比较（2010～2019 年）

第二节 主要国家创新实力分析与比较

一、主要国家创新实力指数分析

（一）创新实力指数值比较

1. 主要国家创新实力指数值比较

国家创新实力指数排名呈现出"一超多强"的基本格局。2019 年美国创新实力最强，创新实力指数值为 65.60；中国名列第 2 位，创新实力指数值为 43.42；日本名列第 3 位，创新实力指数值为 28.19。分列第 4 位到第 10 位的国家依次为德国、韩国、英国、荷兰、法国、印度、瑞士，指数值依次为 17.72、12.81、12.02、9.98、9.54、5.95、5.63，如图 4-9 所示。2014 年主要国家创新实力指数表明，美国创新实力最强，创新实力指数值为 59.89；中国名列第 2 位，创新实力指数值为 29.96；日本名列第 3 位，创新实力指数值为 26.60；创新实力指数名列第 4 位到第 10 位的国家依次为德国、韩国、英国、荷兰、法国、瑞士、俄罗斯，指数值依次为 13.56、10.92、9.25、8.87、8.62、

4.26、4.09，如图4-10所示。对比2010年和2019年的指数值可以看出，2019年中国创新实力指数在40个国家中排名上升1位，超过日本名列第2位，

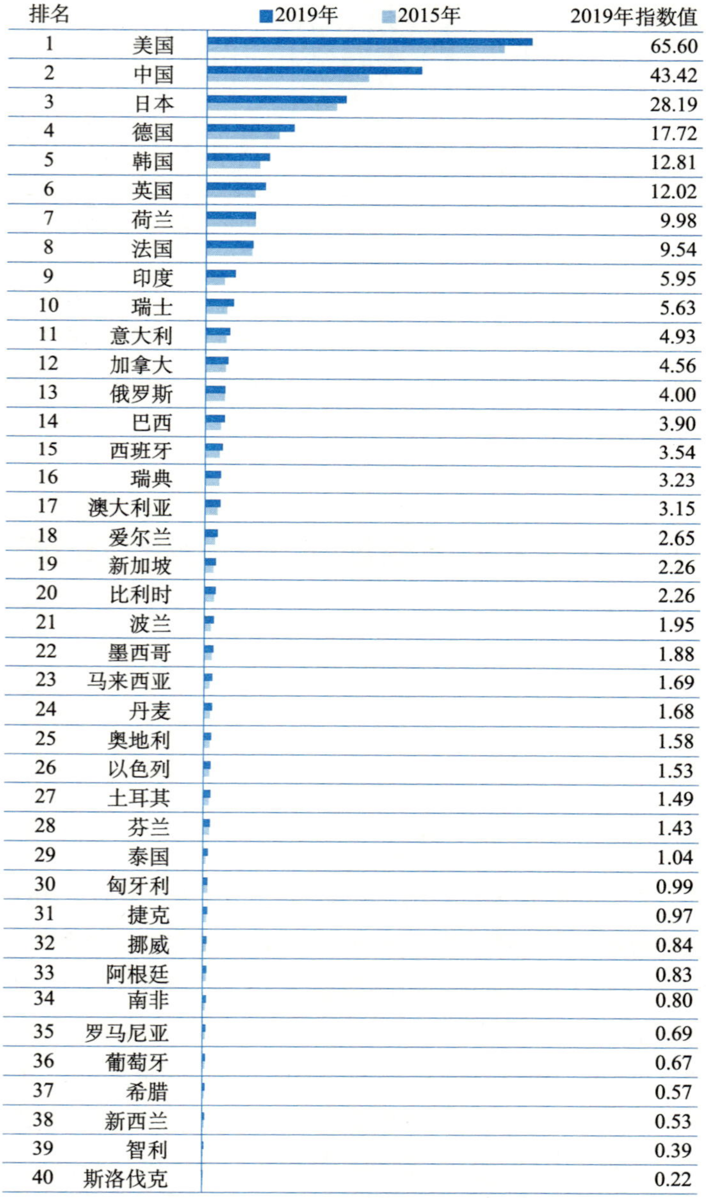

排名	国家	■2019年 ■2015年	2019年指数值
1	美国		65.60
2	中国		43.42
3	日本		28.19
4	德国		17.72
5	韩国		12.81
6	英国		12.02
7	荷兰		9.98
8	法国		9.54
9	印度		5.95
10	瑞士		5.63
11	意大利		4.93
12	加拿大		4.56
13	俄罗斯		4.00
14	巴西		3.90
15	西班牙		3.54
16	瑞典		3.23
17	澳大利亚		3.15
18	爱尔兰		2.65
19	新加坡		2.26
20	比利时		2.26
21	波兰		1.95
22	墨西哥		1.88
23	马来西亚		1.69
24	丹麦		1.68
25	奥地利		1.58
26	以色列		1.53
27	土耳其		1.49
28	芬兰		1.43
29	泰国		1.04
30	匈牙利		0.99
31	捷克		0.97
32	挪威		0.84
33	阿根廷		0.83
34	南非		0.80
35	罗马尼亚		0.69
36	葡萄牙		0.67
37	希腊		0.57
38	新西兰		0.53
39	智利		0.39
40	斯洛伐克		0.22

图4-9　主要国家创新实力指数排名（2015年、2019年）

但与美国相比仍然有较大差距，创新实力指数值为美国的 66.19%（图 4-11）。

排名		■2014年 ■2010年	2014年指数值
1	美国		59.89
2	中国		29.96
3	日本		26.60
4	德国		13.56
5	韩国		10.92
6	英国		9.25
7	荷兰		8.87
8	法国		8.62
9	瑞士		4.26
10	俄罗斯		4.09
11	加拿大		4.06
12	意大利		4.01
13	印度		3.73
14	巴西		2.93
15	瑞典		2.90
16	西班牙		2.81
17	澳大利亚		2.40
18	比利时		1.85
19	新加坡		1.73
20	爱尔兰		1.58
21	墨西哥		1.48
22	奥地利		1.31
23	波兰		1.25
24	丹麦		1.24
25	芬兰		1.19
26	以色列		1.18
27	土耳其		1.11
28	马来西亚		1.09
29	匈牙利		1.03
30	捷克		0.74
31	阿根廷		0.73
32	挪威		0.65
33	泰国		0.61
34	南非		0.58
35	葡萄牙		0.51
36	罗马尼亚		0.48
37	希腊		0.45
38	新西兰		0.39
39	智利		0.25
40	斯洛伐克		0.19

图 4-10 主要国家创新实力指数排名（2010 年、2014 年）

排名		■ 2019年　■ 2010年	2019年指数值
1	美国		65.60
2	中国		43.42
3	日本		28.19
4	德国		17.72
5	韩国		12.81
6	英国		12.02
7	荷兰		9.98
8	法国		9.54
9	印度		5.95
10	瑞士		5.63
11	意大利		4.93
12	加拿大		4.56
13	俄罗斯		4.00
14	巴西		3.90
15	西班牙		3.54
16	瑞典		3.23
17	澳大利亚		3.15
18	爱尔兰		2.65
19	新加坡		2.26
20	比利时		2.26
21	波兰		1.95
22	墨西哥		1.88
23	马来西亚		1.69
24	丹麦		1.68
25	奥地利		1.58
26	以色列		1.53
27	土耳其		1.49
28	芬兰		1.43
29	泰国		1.04
30	匈牙利		0.99
31	捷克		0.97
32	挪威		0.84
33	阿根廷		0.83
34	南非		0.80
35	罗马尼亚		0.69
36	葡萄牙		0.67
37	希腊		0.57
38	新西兰		0.53
39	智利		0.39
40	斯洛伐克		0.22

图 4-11　主要国家创新实力指数排名（2010 年、2019 年）

2. 主要国家创新实力指数及其分指数值排名

2019 年创新实力指数排名前 10 的国家分别是美国、中国、日本、德国、韩国、英国、荷兰、法国、印度、瑞士。其中，以发达国家为主，中国和印度两国虽然不是发达国家，但由于人口和经济体量的相对优势，在创新实力指数的排名中也有良好的表现，如表 4-1 所示。

中国创新实力指数排名相对较好，2019 年位居 40 个国家的第 2 位，相较于 2010 年上升了 1 位；除创新影响实力指数在 2019 年排在第 7 位以外，其余各项分指数（包括创新投入实力指数、创新条件实力指数和创新产出实力指数）的排名在 2019 年均进入前 3 名，其中创新投入实力指数和创新条件实力指数表现最好，均位列第一。

金砖国家中，2019 年巴西、印度、俄罗斯的创新实力指数排名表现均相对较好，分别排在第 14 位、第 9 位、第 13 位，但南非表现相对较差，仅排在第 34 位。对比来看，法国、德国、日本、韩国、英国、美国的创新实力指数表现相对较好，2019 年均排在前 10 名，且与 2010 年相比未见明显波动。

在分指数排名上，金砖国家中仅有中国一国的表现与美国、日本、德国、英国等发达国家水平相当，而巴西、印度、俄罗斯、南非等国在创新实力分指数排名上均存在明显弱项。以俄罗斯为例，虽然俄罗斯创新实力指数在 2019 年排名第 13 位，但存在明显弱项：其创新影响实力指数仅排在第 29 位，远低于其创新投入和条件实力指数排名（第 9 位和第 10 位）。相比较而言，美国、日本和英国等发达国家创新实力各分指数的表现较为均衡，未见明显短板。

表 4-1　主要国家创新实力指数及其分指数排名比较

国家	创新实力指数		创新投入实力指数		创新条件实力指数		创新产出实力指数		创新影响实力指数	
	2019 年	2010 年	2019 年	2010 年	2019 年	2010 年	2019 年	2010 年	2019 年	2010 年
美国	1	1	2	1	2	1	1	1	1	1
中国	2	3	1	2	1	2	2	3	7	6
日本	3	2	3	3	3	3	3	2	2	3
德国	4	4	4	4	5	4	5	4	3	7
韩国	5	7	5	6	6	7	4	5	9	9
英国	6	5	7	8	7	6	6	6	5	4

续表

国家	创新实力指数		创新投入实力指数		创新条件实力指数		创新产出实力指数		创新影响实力指数	
	2019 年	2010 年	2019 年	2010 年	2019 年	2010 年	2019 年	2010 年	2019 年	2010 年
荷兰	7	8	16	15	16	15	11	10	4	2
法国	8	6	6	7	8	5	7	7	8	5
印度	9	16	8	11	4	10	16	16	28	32
瑞士	10	11	23	21	19	18	12	12	6	8
意大利	11	9	11	13	11	9	8	9	13	11
加拿大	12	12	12	9	13	14	9	8	14	16
俄罗斯	13	10	9	5	10	11	15	11	29	29
巴西	14	14	10	10	9	8	19	22	27	30
西班牙	15	13	13	12	14	12	13	13	16	26
瑞典	16	15	19	16	26	25	14	15	11	10
澳大利亚	17	17	14	14	15	16	10	14	30	25
爱尔兰	18	27	37	36	39	38	28	28	10	14
新加坡	19	21	31	29	28	27	23	24	12	13
比利时	20	18	22	20	24	19	17	17	15	15
波兰	21	26	15	18	17	17	24	26	24	27
墨西哥	22	19	25	23	12	13	34	33	21	20
马来西亚	23	28	21	27	23	23	33	36	17	17
丹麦	24	23	26	25	27	26	18	20	20	19
奥地利	25	22	24	22	22	22	21	21	25	22
以色列	26	24	20	17	29	30	20	19	26	23
土耳其	27	29	18	19	18	21	22	25	39	36
芬兰	28	20	30	24	35	29	25	18	18	18

续表

国家	创新实力指数		创新投入实力指数		创新条件实力指数		创新产出实力指数		创新影响实力指数	
	2019年	2010年	2019年	2010年	2019年	2010年	2019年	2010年	2019年	2010年
泰国	29	37	17	32	25	31	37	37	31	28
匈牙利	30	25	34	34	37	39	36	34	19	12
捷克	31	32	27	30	32	33	30	32	22	24
挪威	32	31	32	31	31	34	26	23	34	34
阿根廷	33	30	28	26	20	20	38	35	32	31
南非	34	35	35	35	21	24	29	30	38	35
罗马尼亚	35	34	38	37	33	35	39	39	23	21
葡萄牙	36	33	29	28	36	28	27	31	35	39
希腊	37	36	33	33	34	32	32	27	37	37
新西兰	38	38	36	38	38	36	31	29	33	33
智利	39	40	40	40	30	37	35	38	40	40
斯洛伐克	40	39	39	39	40	40	40	40	36	38

（二）主要国家创新实力指数值增长率比较

2010～2019年，创新实力指数年均增长率排名前10的国家依次是爱尔兰、泰国、印度、智利、中国、波兰、马来西亚、土耳其、南非、新加坡。爱尔兰作为增长最快的国家，年均增长率达12.64%。新兴国家创新实力指数年均增长率普遍高于发达国家。金砖五国中，印度（12.03%）、中国（9.28%）、南非（7.54%）均进入前10名。世界主要发达国家中，美国（3.10%）、日本（2.77%）、英国（4.67%）、法国（2.22%）的创新实力指数年均增长率均较低，如图4-12所示。

泰国和印度的创新实力指数在第一个五年（2010～2014年）与第二个五年（2015～2019年）的增速都表现强劲；泰国创新实力指数在第一

个五年的年均增长率为 13.84%，第二个五年为 14.40%；印度创新实力指数在第一个五年的年均增长率为 14.94%，第二个五年为 11.90%。金砖五国中，所有国家第二个五年的年均增长率均有所降低，这些国家第一个五年和第二个五年的年均增长率分别如下：印度为 14.94%、11.90%，中国为 11.28%、7.33%，南非为 8.45%、7.33%，巴西为 6.35%、5.37%，俄罗斯为 3.57%、0.39%。世界主要发达国家中，大部分国家第二个五年的年均增长率有所降低，这些国家第一个五年和第二个五年的年均增长率分别如下：美国为 4.70%、2.24%，日本为 4.81%、1.78%，法国为 2.47%、0.55%，德国为 7.74%、4.73%，韩国为 10.13%、4.28%。个别国家第二个五年的年均增长率有所提升，如英国（3.80%、5.18%）。

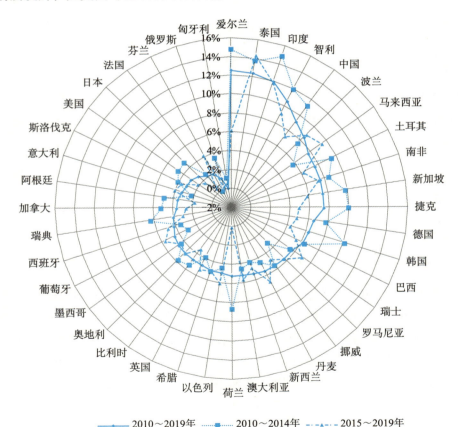

图 4-12 国家创新实力指数年均增长率（2010 ～ 2019 年）

注：图中国家以 2010 ～ 2019 年年均增长率由高到低顺时针排序

（三）中国创新实力指数三级指标得分比较与演进

2019 年中国创新实力指数三级指标中，除知识产权使用费收入外，其他指标得分均显著高于 40 个国家相应指标得分的平均水平。其中，研究人员数、互联网用户数、本国居民专利授权量、高技术产品出口额这 4 个指标得分均为 40 个国家相应指标得分的最高水平。知识产权使用费收入指标得分仅为 1.57，不到同期 40 个国家指标得分平均值（7.19）的 1/3，与同期得分最大值（90.36）相差甚远，如图 4-13 所示。

图 4-13　中国创新实力指数三级指标得分对比（2019 年）

注：图中显示数据为中国创新实力指数三级指标得分

中国创新实力指数大部分指标在 2010 ~ 2019 年取得显著的进步。其中 R&D 经费支出额、有效专利拥有量、教育公共开支总额、有效专利拥有量、被引次数排名前 10% 的论文数、本国居民专利授权量及 PCT 专利申请量这 7 个指标得分较 2010 年均有明显提升，尤其是本国居民专利授权量在 2019 年达到了 40 个国家指标得分的最大值（89.59）；有效专利拥有量指标得分从 2010 年的 9.54 上升到 2019 年的 46.03，增速最快，增长了 3.82 倍；被引次数排名前 10% 的论文数和 PCT 专利申请量指标得分，增速排名分别位居第 2 和第 3，均在 2 倍以上，如图 4-14 所示。

总体来看，中国的人口和经济总量相对较大，在多数创新实力指数三级指标上存在极大优势。中国 2010 ~ 2019 年创新实力指数三级指标均有明显进步，但被引次数排名前 10% 的论文数和 PCT 专利申请量指标得分上与 40

个国家相应指标得分的最大值相比仍存在较大差距。

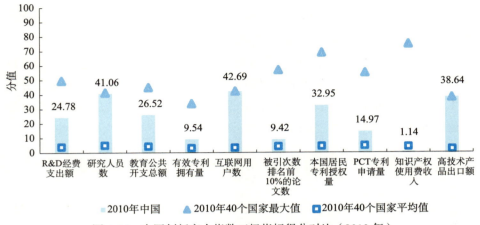

图 4-14　中国创新实力指数三级指标得分对比（2010 年）

注：图中显示数据为中国创新实力指数三级指标得分

二、主要国家创新实力分指数分析与比较

（一）创新投入实力指数

1. 主要国家创新投入实力指数值比较

2019 年，中国、美国、日本、德国和韩国创新投入实力指数值名列前 5，指数值分别为 63.60、62.27、22.11、16.06 和 14.15；法国、英国、印度、俄罗斯和巴西分列第 6 位到第 10 位，指数值分别为 9.70、8.87、7.94、7.75、7.00；排名前 10 的国家之间创新投入实力差距相对显著，中国与美国实力超群，其余国家相对较弱，如图 4-15 所示。与 2014 年相比，2019 年中国创新投入实力增长迅速，创新投入实力指数值增加了 17.71，创新投入实力指数值超过美国，从第 2 位升至第 1 位，如图 4-15 和图 4-16 所示。与 2010 年相比，2019 年中国创新投入实力指数值增加了 30.68，增长速度最快，表明中国在这一时期内的国家创新投入建设成效显著，如图 4-17 所示。

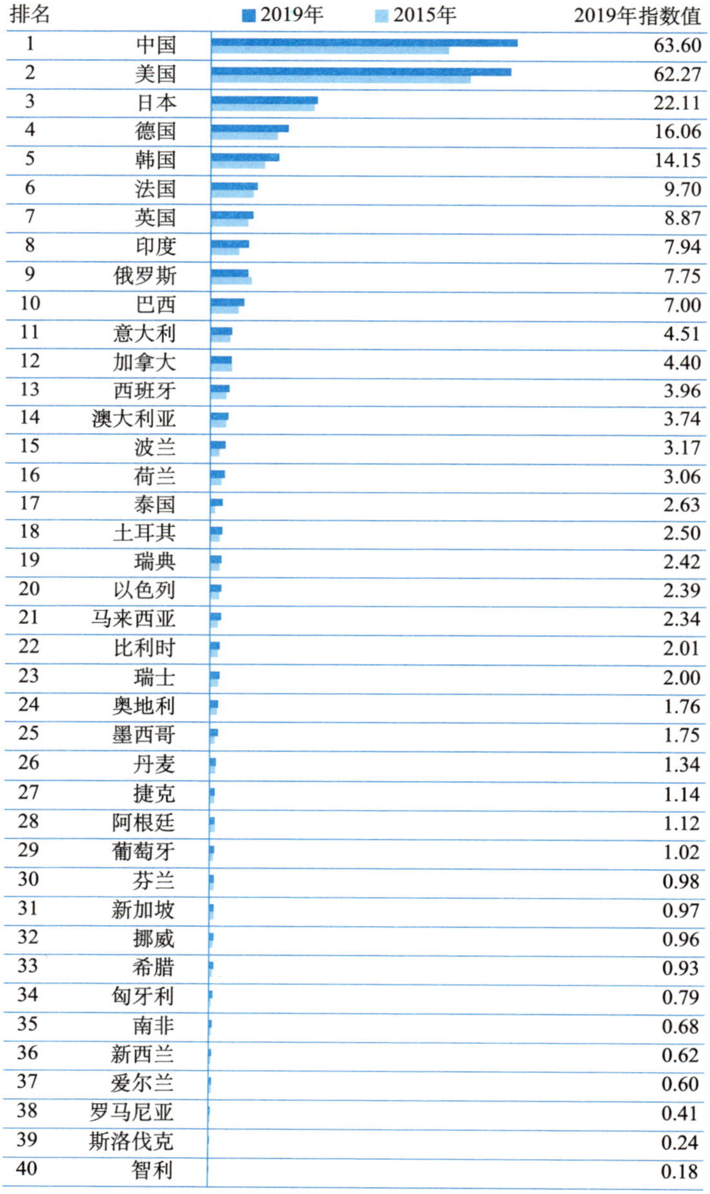

排名		■2019年　■2015年	2019年指数值
1	中国		63.60
2	美国		62.27
3	日本		22.11
4	德国		16.06
5	韩国		14.15
6	法国		9.70
7	英国		8.87
8	印度		7.94
9	俄罗斯		7.75
10	巴西		7.00
11	意大利		4.51
12	加拿大		4.40
13	西班牙		3.96
14	澳大利亚		3.74
15	波兰		3.17
16	荷兰		3.06
17	泰国		2.63
18	土耳其		2.50
19	瑞典		2.42
20	以色列		2.39
21	马来西亚		2.34
22	比利时		2.01
23	瑞士		2.00
24	奥地利		1.76
25	墨西哥		1.75
26	丹麦		1.34
27	捷克		1.14
28	阿根廷		1.12
29	葡萄牙		1.02
30	芬兰		0.98
31	新加坡		0.97
32	挪威		0.96
33	希腊		0.93
34	匈牙利		0.79
35	南非		0.68
36	新西兰		0.62
37	爱尔兰		0.60
38	罗马尼亚		0.41
39	斯洛伐克		0.24
40	智利		0.18

图 4-15　主要国家创新投入实力指数排名（2015 年、2019 年）

排名		■2014年 ■2010年	2014年指数值
1	美国		52.25
2	中国		45.89
3	日本		22.03
4	德国		13.17
5	韩国		10.97
6	俄罗斯		8.94
7	法国		8.76
8	英国		7.54
9	巴西		5.50
10	印度		4.50
11	加拿大		4.47
12	意大利		3.96
13	澳大利亚		3.32
14	西班牙		3.27
15	荷兰		2.28
16	瑞典		2.17
17	土耳其		1.95
18	以色列		1.88
19	波兰		1.85
20	瑞士		1.70
21	比利时		1.57
22	马来西亚		1.51
23	奥地利		1.49
24	泰国		1.16
25	阿根廷		1.16
26	丹麦		1.14
27	墨西哥		1.04
28	芬兰		1.04
29	捷克		0.95
30	新加坡		0.93
31	葡萄牙		0.81
32	挪威		0.73
33	希腊		0.58
34	爱尔兰		0.57
35	匈牙利		0.57
36	南非		0.47
37	新西兰		0.39
38	罗马尼亚		0.31
39	斯洛伐克		0.21
40	智利		0.12

图 4-16   主要国家创新投入实力指数排名（2010 年、2014 年）

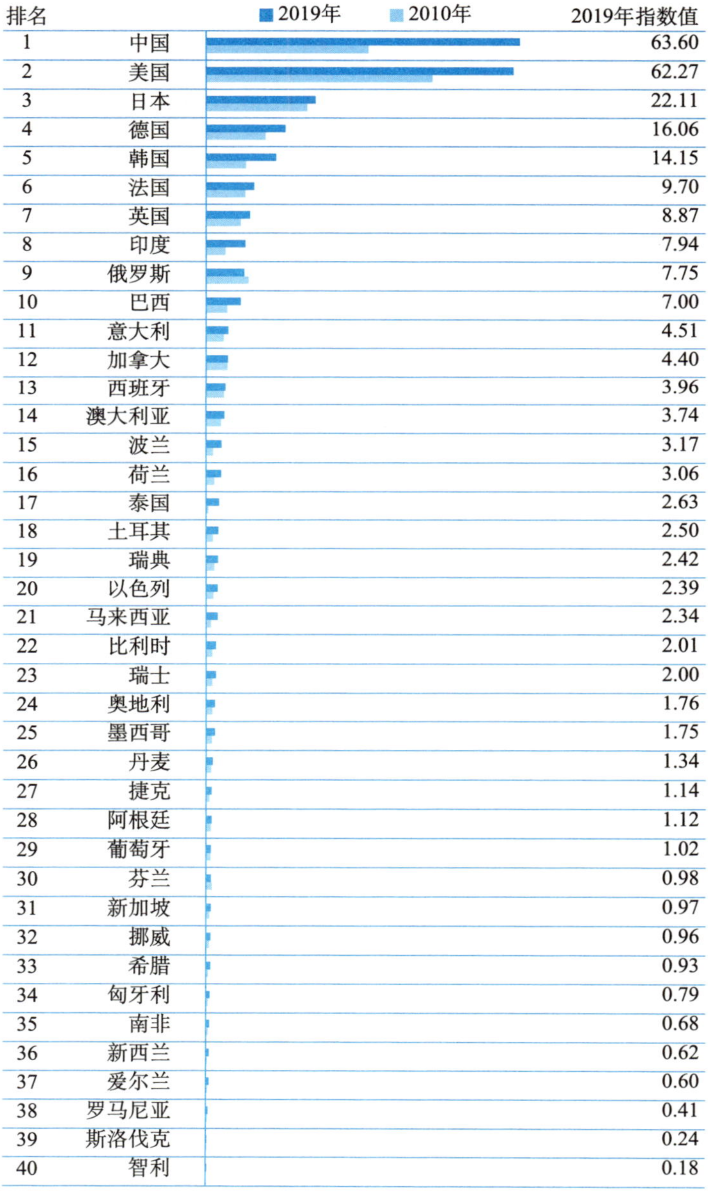

排名		■2019年　■2010年	2019年指数值
1	中国		63.60
2	美国		62.27
3	日本		22.11
4	德国		16.06
5	韩国		14.15
6	法国		9.70
7	英国		8.87
8	印度		7.94
9	俄罗斯		7.75
10	巴西		7.00
11	意大利		4.51
12	加拿大		4.40
13	西班牙		3.96
14	澳大利亚		3.74
15	波兰		3.17
16	荷兰		3.06
17	泰国		2.63
18	土耳其		2.50
19	瑞典		2.42
20	以色列		2.39
21	马来西亚		2.34
22	比利时		2.01
23	瑞士		2.00
24	奥地利		1.76
25	墨西哥		1.75
26	丹麦		1.34
27	捷克		1.14
28	阿根廷		1.12
29	葡萄牙		1.02
30	芬兰		0.98
31	新加坡		0.97
32	挪威		0.96
33	希腊		0.93
34	匈牙利		0.79
35	南非		0.68
36	新西兰		0.62
37	爱尔兰		0.60
38	罗马尼亚		0.41
39	斯洛伐克		0.24
40	智利		0.18

图 4-17　主要国家创新投入实力指数排名（2010 年、2019 年）

2. 主要国家创新投入实力指数值增长率比较

2010 ～ 2019 年，创新投入实力指数年均增长率排名前 10 的国家依次是泰国、智利、马来西亚、波兰、希腊、新西兰、印度、中国、土耳其、匈牙利。泰国作为增长最快的国家，年均增长率达 21.27%。新兴国家创新投入实力指数年均增长率普遍高于发达国家。金砖五国中，印度（8.11%）、中国（7.59%）进入前 10 名。世界主要发达国家中，美国（3.47%）、日本（0.86%）、英国（2.68%）、法国（2.25%）的创新投入实力指数年均增长率均较低，如图 4-18 所示。

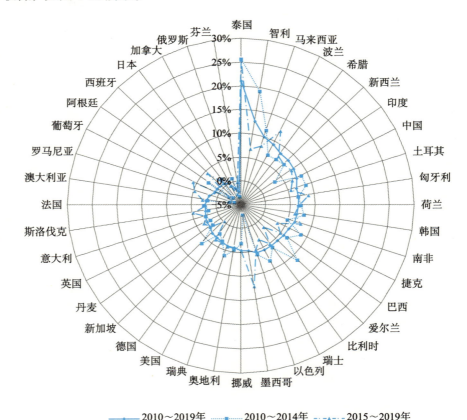

图 4-18　主要国家创新投入实力指数年均增长率（2010 ～ 2019 年）

注：图中国家以 2010 ～ 2019 年年均增长率由高到低顺时针排序

泰国的创新投入实力指数在第一个五年（2010 ～ 2014 年）与第二个五年（2015 ～ 2019 年）的增速都表现强劲；泰国创新投入实力指数在第一个

五年的年均增长率为 25.79%，第二个五年为 25.70%。金砖五国中，大部分国家第二个五年的年均增长率有所降低，这些国家第一个五年和第二个五年的年均增长率分别如下：中国为 8.66%、6.58%，巴西为 6.42%、4.78%，俄罗斯为 0.95%、−2.52%；部分国家年均增长率有所提升，如南非（4.83%、7.63%）、印度（3.43%、7.55%）。世界主要发达国家中，部分国家第二个五年的年均增长率有所降低，这些国家第一个五年和第二个五年的年均增长率分别如下：日本为 1.87%、0.77%，法国为 2.50%、2.19%，韩国为 7.88%、5.96%；部分国家第二个五年的年均增长率有所提升，如美国（3.34%、3.68%）、英国（1.90%、3.38%）、德国（2.31%，3.76%）。

（二）创新条件实力指数

1. 主要国家创新条件实力指数值比较

2019 年主要国家创新条件实力指数排名中，中国和美国居前 2 位，指数值分别为 57.61 和 48.21；日本、印度和德国分列第 3 位到第 5 位，指数值均超过 10，依次为 19.71、15.81、10.50；韩国、英国、法国、巴西、俄罗斯分列第 6 位到第 10 位，指数值均低于 10，分别为 9.96、8.71、8.66、8.22、5.95；创新条件实力指数排名前 10 的国家中，中国、美国创新条件实力超群，其余国家创新条件实力相对较弱，如图 4-19 所示。与 2014 年相比，2019 年中国创新条件实力指数增长迅速，指数值增加了 19.02，创新条件实力超过美国，在 40 个国家中排名第一，如图 4-19 和图 4-20 所示。与 2010 年相比，2019 年中国创新条件实力指数值增加了 33.03，表明这一时期中国创新条件建设成效显著，如图 4-21 所示。

2. 主要国家创新条件实力指数值增长率比较

2010 ~ 2019 年，创新条件实力指数年均增长率排名前 10 的国家依次是印度、中国、泰国、智利、南非、土耳其、挪威、匈牙利、罗马尼亚、瑞士。印度作为增长最快的国家，年均增长率达 15.69%。新兴国家创新条件实力指数年均增长普遍高于发达国家。金砖五国中，印度（15.69%）、中国（9.93%）、南非（7.78%）均进入前 10 名。世界主要发达国家中，美国（4.15%）、日本（2.65%）、英国（2.49%）、法国（2.18%）的创新条件实力指数年均增长率均较低，如图 4-22 所示。

排名		■2019年　■2015年	2019年指数值
1	中国		57.61
2	美国		48.21
3	日本		19.71
4	印度		15.81
5	德国		10.50
6	韩国		9.96
7	英国		8.71
8	法国		8.66
9	巴西		8.22
10	俄罗斯		5.95
11	意大利		4.89
12	墨西哥		4.89
13	加拿大		4.24
14	西班牙		2.98
15	澳大利亚		2.94
16	荷兰		2.82
17	波兰		2.37
18	土耳其		2.33
19	瑞士		2.08
20	阿根廷		1.94
21	南非		1.86
22	奥地利		1.76
23	马来西亚		1.52
24	比利时		1.51
25	泰国		1.26
26	瑞典		1.08
27	丹麦		0.96
28	新加坡		0.91
29	以色列		0.91
30	智利		0.89
31	挪威		0.88
32	捷克		0.77
33	罗马尼亚		0.72
34	希腊		0.72
35	芬兰		0.72
36	葡萄牙		0.71
37	匈牙利		0.61
38	新西兰		0.48
39	爱尔兰		0.42
40	斯洛伐克		0.40

图 4-19　主要国家创新条件实力指数排名（2015 年、2019 年）

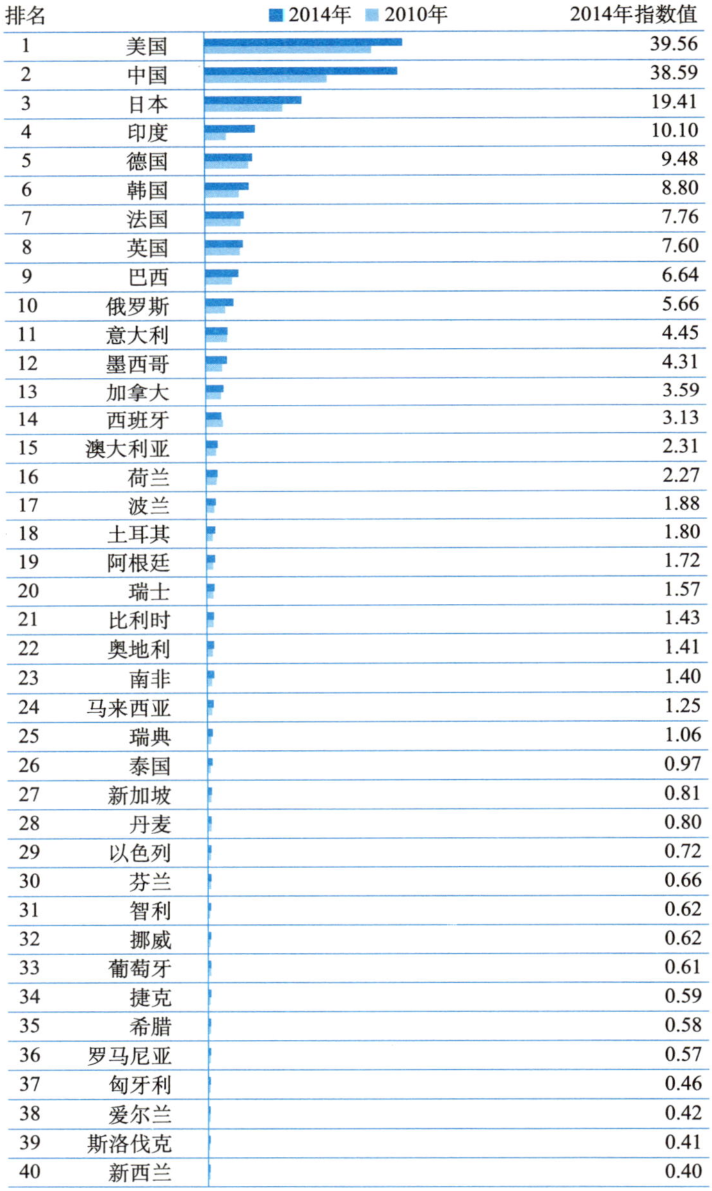

排名		■2014年 ■2010年	2014年指数值
1	美国		39.56
2	中国		38.59
3	日本		19.41
4	印度		10.10
5	德国		9.48
6	韩国		8.80
7	法国		7.76
8	英国		7.60
9	巴西		6.64
10	俄罗斯		5.66
11	意大利		4.45
12	墨西哥		4.31
13	加拿大		3.59
14	西班牙		3.13
15	澳大利亚		2.31
16	荷兰		2.27
17	波兰		1.88
18	土耳其		1.80
19	阿根廷		1.72
20	瑞士		1.57
21	比利时		1.43
22	奥地利		1.41
23	南非		1.40
24	马来西亚		1.25
25	瑞典		1.06
26	泰国		0.97
27	新加坡		0.81
28	丹麦		0.80
29	以色列		0.72
30	芬兰		0.66
31	智利		0.62
32	挪威		0.62
33	葡萄牙		0.61
34	捷克		0.59
35	希腊		0.58
36	罗马尼亚		0.57
37	匈牙利		0.46
38	爱尔兰		0.42
39	斯洛伐克		0.41
40	新西兰		0.40

图 4-20 主要国家创新条件实力指数排名（2010 年、2014 年）

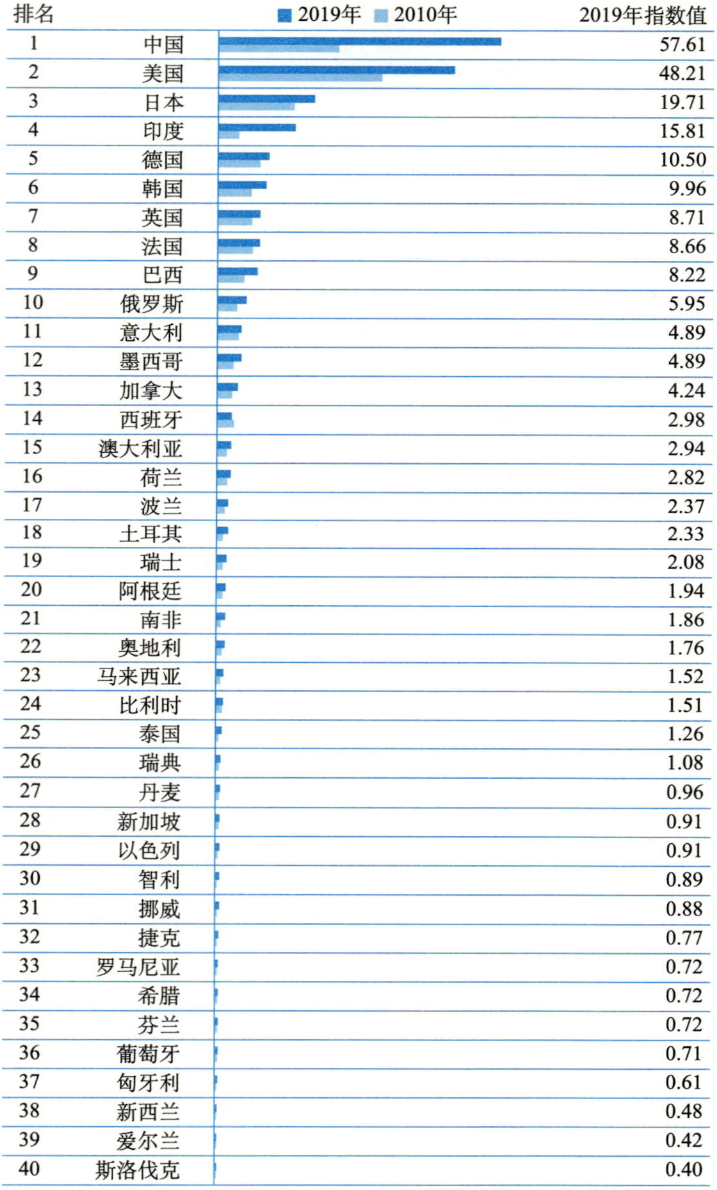

排名		2019年　2010年	2019年指数值
1	中国		57.61
2	美国		48.21
3	日本		19.71
4	印度		15.81
5	德国		10.50
6	韩国		9.96
7	英国		8.71
8	法国		8.66
9	巴西		8.22
10	俄罗斯		5.95
11	意大利		4.89
12	墨西哥		4.89
13	加拿大		4.24
14	西班牙		2.98
15	澳大利亚		2.94
16	荷兰		2.82
17	波兰		2.37
18	土耳其		2.33
19	瑞士		2.08
20	阿根廷		1.94
21	南非		1.86
22	奥地利		1.76
23	马来西亚		1.52
24	比利时		1.51
25	泰国		1.26
26	瑞典		1.08
27	丹麦		0.96
28	新加坡		0.91
29	以色列		0.91
30	智利		0.89
31	挪威		0.88
32	捷克		0.77
33	罗马尼亚		0.72
34	希腊		0.72
35	芬兰		0.72
36	葡萄牙		0.71
37	匈牙利		0.61
38	新西兰		0.48
39	爱尔兰		0.42
40	斯洛伐克		0.40

图 4-21　主要国家创新条件实力指数排名（2010 年、2019 年）

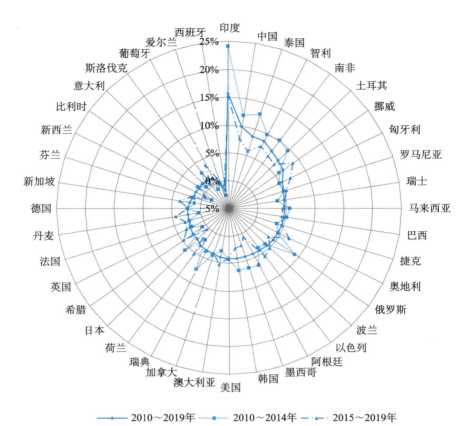

图 4-22　国家创新条件实力指数年均增长率（2010～2019年）

注：图中国家以 2010～2019 年年均增长率由高到低顺时针排序

印度的创新条件实力指数在第一个五年（2010～2014年）与第二个五年（2015～2019年）的增速都表现强劲；印度创新条件实力指数在第一个五年的年均增长率为 24.08%，第二个五年为 15.34%。金砖五国中，所有国家第二个五年的年均增长率均有所降低，这些国家第一个五年和第二个五年的年均增长率分别如下：印度为 24.08%、15.34%，巴西为 5.29%、4.39%，俄罗斯为 9.28%、3.60%，南非为 10.17%、6.70%，中国为 11.94%、7.68%。世界主要发达国家中，部分国家第二个五年的年均增长率有所降低，这些国家第一个五年和第二个五年的年均增长率分别如下：美国为 4.29%、3.99%，日本为 5.66%、0.26%，德国为 2.09%、2.06%，韩国为 6.43%、2.35%。部分国家第二个五年的年均增长率有所提升，如英国（2.16%、3.13%）、法国

（2.13%、2.88%）。个别国家出现了负增长，例如西班牙（–2.60%、–0.69%）。

（三）创新产出实力指数

1. 主要国家创新产出实力指数值比较

2019 年，美国创新产出实力指数值为 71.41，名列第 1 位；中国、日本、韩国、德国、英国分列第 2 位到第 6 位，指数值分别为 52.42、38.14、19.09、15.75、11.98；法国、意大利、加拿大和澳大利亚分列第 7 位到第 10 位，指数值均低于 10，依次为 8.67、6.57、5.94、5.53；排名前 10 的国家中，美国实力超群，其余国家创新产出实力与美国相差较远，如图 4-23 所示。与 2014 年相比，2019 年中国创新产出实力指数增长迅速，其值增加了 18.21，与美国之间的差距由 30.00 缩小到 18.99，在 40 个国家中排名超过日本，位居第 2；与 2010 年相比，2019 年中国创新产出实力指数值增加了 34.27，表明这一时期中国创新产出丰硕，取得了显著的成果，如图 4-24 和图 4-25 所示。

2. 主要国家创新产出实力指数值增长率比较

2010 ～ 2019 年，创新产出实力指数年均增长率排名前 10 的国家依次是马来西亚、智利、中国、罗马尼亚、波兰、葡萄牙、泰国、巴西、土耳其、印度。马来西亚作为增长最快的国家，年均增长率达 14.54%。新兴国家创新产出实力指数年均增长率普遍高于发达国家。金砖五国中，中国（12.51%）、巴西（9.45%）、印度（9.13%）均进入前 10 名。世界主要发达国家中，美国（3.68%）、日本（0.67%）、英国（4.40%）、法国（2.17%）的创新产出实力指数年均增长率均较低，如图 4-26 所示。

马来西亚和智利的创新产出实力指数在第一个五年（2010 ～ 2014 年）与第二个五年（2015 ～ 2019 年）的增速都表现强劲；马来西亚创新产出实力指数在第一个五年的年均增长率为 18.60%，第二个五年为 11.22%；智利创新产出实力指数在第一个五年的年均增长率为 15.02%，第二个五年为 12.93%。金砖五国中，大部分国家第二个五年的年均增长率有所降低，这些国家第一个五年和第二个五年的年均增长率分别为：俄罗斯（1.81%、0.61%）、南非（9.15%、8.93%）、中国（17.18%、8.29%）；部分国家年均增长率有所提升，例如印度（8.81%、9.48%）、巴西（8.64%、11.04%）。世界主要发达国家中，所有国家第二个五年的年均增长率均有所降低，这些国家第一个五年和第二个五年的年均增长率分别为：美国（5.63%、2.28%）、日本（1.81%、1.58%）、英国（4.64%、4.07%）、法国（4.50%、−0.28%）、德国（2.79%、2.04%）、韩国（13.82%、4.58%）。

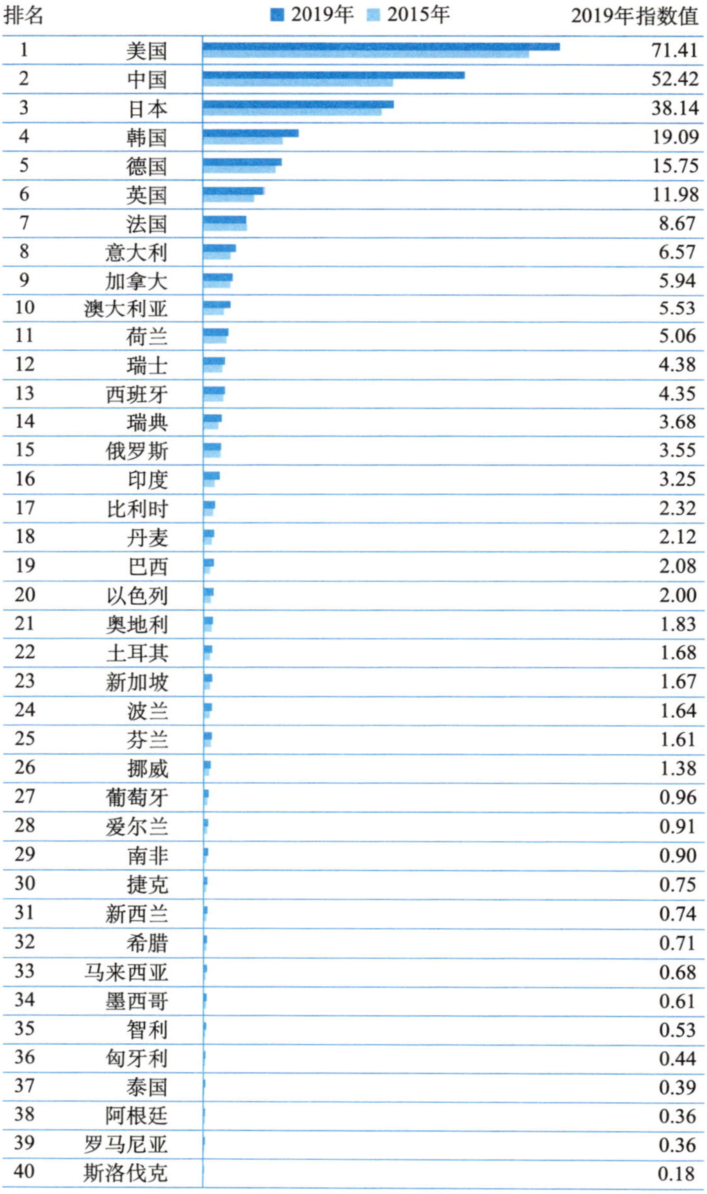

排名		2019年指数值
1	美国	71.41
2	中国	52.42
3	日本	38.14
4	韩国	19.09
5	德国	15.75
6	英国	11.98
7	法国	8.67
8	意大利	6.57
9	加拿大	5.94
10	澳大利亚	5.53
11	荷兰	5.06
12	瑞士	4.38
13	西班牙	4.35
14	瑞典	3.68
15	俄罗斯	3.55
16	印度	3.25
17	比利时	2.32
18	丹麦	2.12
19	巴西	2.08
20	以色列	2.00
21	奥地利	1.83
22	土耳其	1.68
23	新加坡	1.67
24	波兰	1.64
25	芬兰	1.61
26	挪威	1.38
27	葡萄牙	0.96
28	爱尔兰	0.91
29	南非	0.90
30	捷克	0.75
31	新西兰	0.74
32	希腊	0.71
33	马来西亚	0.68
34	墨西哥	0.61
35	智利	0.53
36	匈牙利	0.44
37	泰国	0.39
38	阿根廷	0.36
39	罗马尼亚	0.36
40	斯洛伐克	0.18

（图例：■ 2019年　■ 2015年）

图 4-23　主要国家创新产出实力指数排名（2015 年、2019 年）

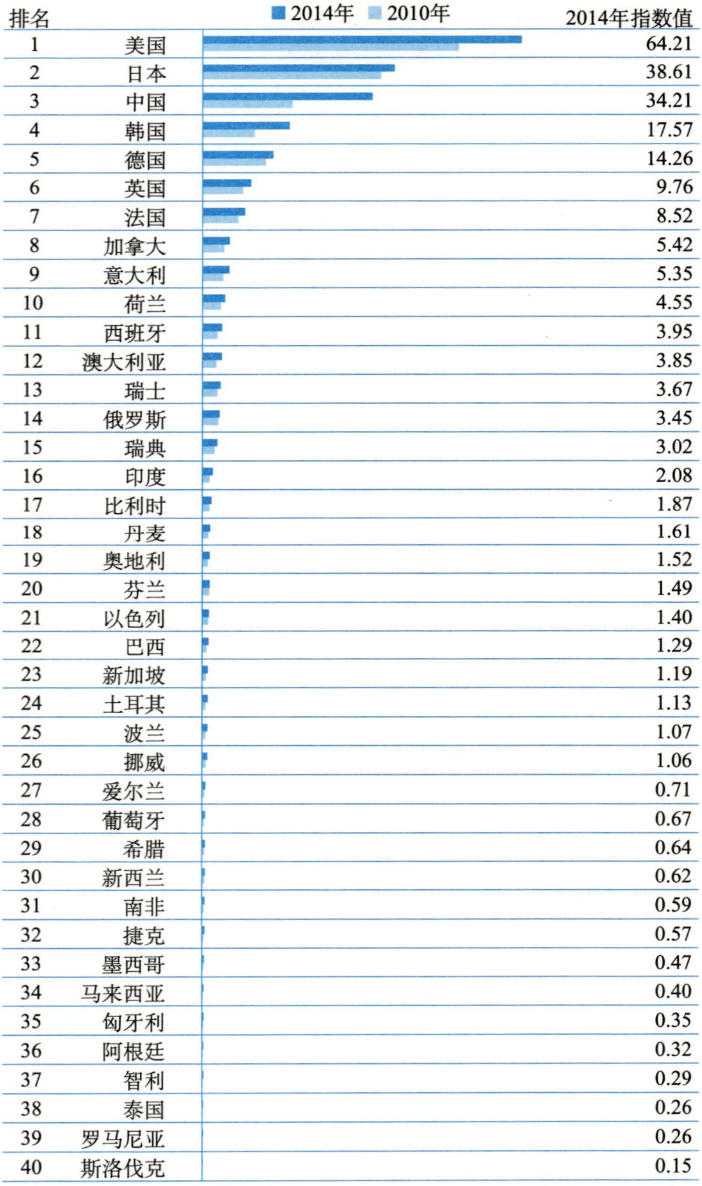

排名		■2014年 ■2010年	2014年指数值
1	美国		64.21
2	日本		38.61
3	中国		34.21
4	韩国		17.57
5	德国		14.26
6	英国		9.76
7	法国		8.52
8	加拿大		5.42
9	意大利		5.35
10	荷兰		4.55
11	西班牙		3.95
12	澳大利亚		3.85
13	瑞士		3.67
14	俄罗斯		3.45
15	瑞典		3.02
16	印度		2.08
17	比利时		1.87
18	丹麦		1.61
19	奥地利		1.52
20	芬兰		1.49
21	以色列		1.40
22	巴西		1.29
23	新加坡		1.19
24	土耳其		1.13
25	波兰		1.07
26	挪威		1.06
27	爱尔兰		0.71
28	葡萄牙		0.67
29	希腊		0.64
30	新西兰		0.62
31	南非		0.59
32	捷克		0.57
33	墨西哥		0.47
34	马来西亚		0.40
35	匈牙利		0.35
36	阿根廷		0.32
37	智利		0.29
38	泰国		0.26
39	罗马尼亚		0.26
40	斯洛伐克		0.15

图 4-24 主要国家创新产出实力指数排名（2010 年、2014 年）

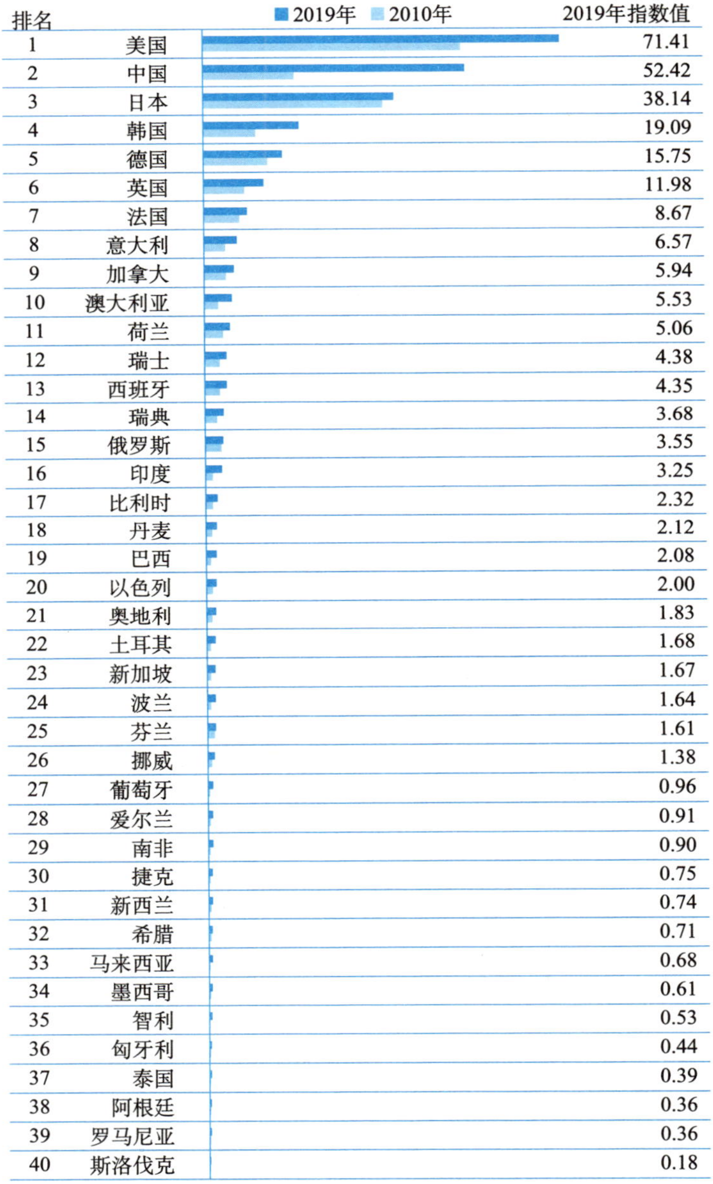

排名		2019年 2010年	2019年指数值
1	美国		71.41
2	中国		52.42
3	日本		38.14
4	韩国		19.09
5	德国		15.75
6	英国		11.98
7	法国		8.67
8	意大利		6.57
9	加拿大		5.94
10	澳大利亚		5.53
11	荷兰		5.06
12	瑞士		4.38
13	西班牙		4.35
14	瑞典		3.68
15	俄罗斯		3.55
16	印度		3.25
17	比利时		2.32
18	丹麦		2.12
19	巴西		2.08
20	以色列		2.00
21	奥地利		1.83
22	土耳其		1.68
23	新加坡		1.67
24	波兰		1.64
25	芬兰		1.61
26	挪威		1.38
27	葡萄牙		0.96
28	爱尔兰		0.91
29	南非		0.90
30	捷克		0.75
31	新西兰		0.74
32	希腊		0.71
33	马来西亚		0.68
34	墨西哥		0.61
35	智利		0.53
36	匈牙利		0.44
37	泰国		0.39
38	阿根廷		0.36
39	罗马尼亚		0.36
40	斯洛伐克		0.18

图 4-25　主要国家创新产出实力指数排名（2010 年、2019 年）

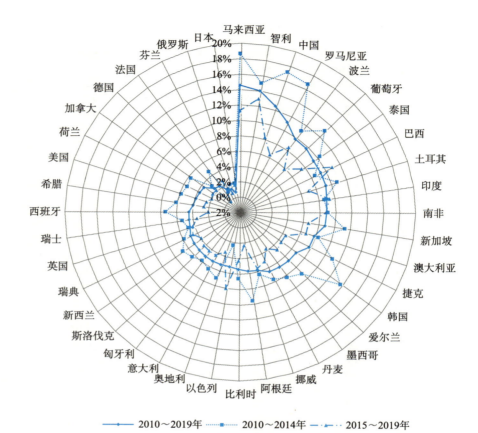

图 4-26　国家创新产出实力指数年均增长率（2010～2019 年）

注：图中国家以 2010～2019 年年均增长率由高到低顺时针排序

（四）创新影响实力指数

1. 主要国家创新影响实力指数值比较

2019 年，美国创新影响实力指数值为 73.59，位列第一；日本、德国、荷兰、英国、瑞士、中国、法国分列第 2 位到第 8 位，指数值分别为 27.93、25.60、24.29、16.37、11.68、11.50、10.87；韩国和爱尔兰分列第 9 位、第 10 位，指数值均低于 10，依次为 7.55 和 7.23；排名前 10 的国家中，美国创新影响实力超群，呈"单极"领先格局，其余国家创新影响实力与其相差甚远，如图 4-27 所示。与 2014 年相比，2019 年中国在 40 个国家中的排名从第 6 位下降到第 7 位，但指数值增加了 2.18；与 2010 年相比，2019 年虽然中国创新影响实力指数值增加了 11.50，但仍然低于美国、日本、德国、荷兰、英国、瑞士的同期增加值（分别为 73.59、27.93、25.60、24.29、16.37、11.68）。如图 4-28 和图 4-29 所示。

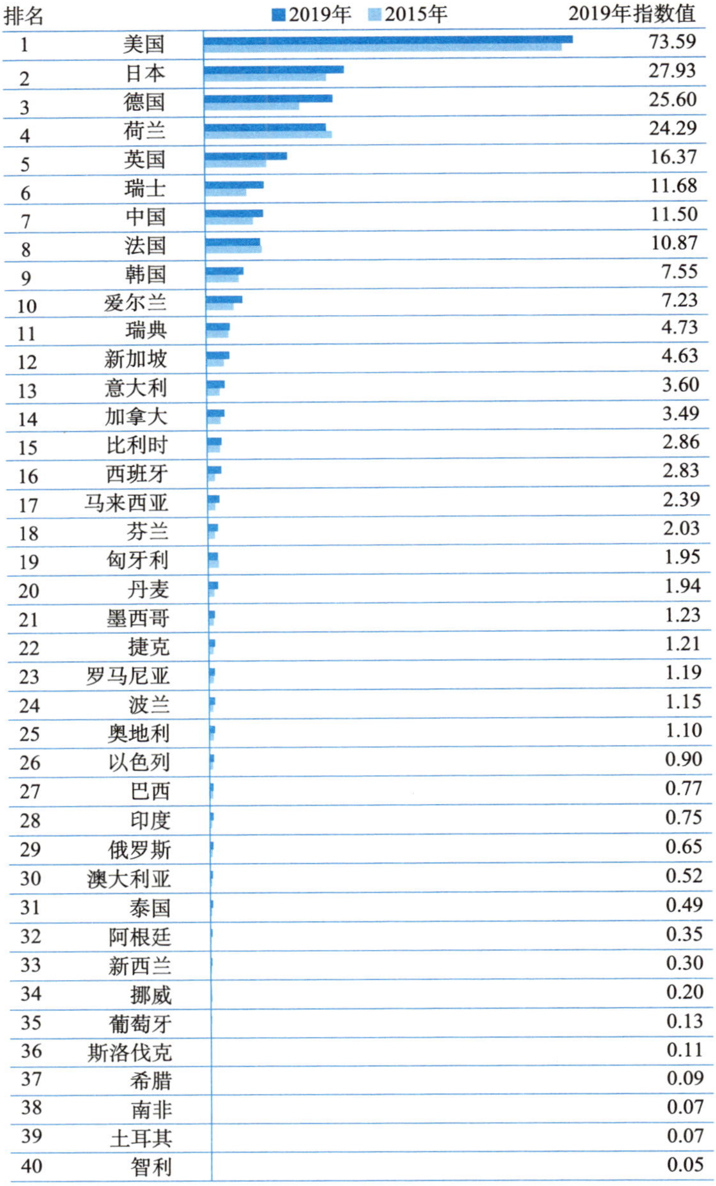

排名		■2019年　■2015年	2019年指数值
1	美国		73.59
2	日本		27.93
3	德国		25.60
4	荷兰		24.29
5	英国		16.37
6	瑞士		11.68
7	中国		11.50
8	法国		10.87
9	韩国		7.55
10	爱尔兰		7.23
11	瑞典		4.73
12	新加坡		4.63
13	意大利		3.60
14	加拿大		3.49
15	比利时		2.86
16	西班牙		2.83
17	马来西亚		2.39
18	芬兰		2.03
19	匈牙利		1.95
20	丹麦		1.94
21	墨西哥		1.23
22	捷克		1.21
23	罗马尼亚		1.19
24	波兰		1.15
25	奥地利		1.10
26	以色列		0.90
27	巴西		0.77
28	印度		0.75
29	俄罗斯		0.65
30	澳大利亚		0.52
31	泰国		0.49
32	阿根廷		0.35
33	新西兰		0.30
34	挪威		0.20
35	葡萄牙		0.13
36	斯洛伐克		0.11
37	希腊		0.09
38	南非		0.07
39	土耳其		0.07
40	智利		0.05

图 4-27　主要国家创新影响实力指数排名（2015 年、2019 年）

排名		■ 2014年 ■ 2010年	2014年指数值
1	美国		74.22
2	日本		22.42
3	荷兰		21.98
4	德国		15.85
5	英国		10.99
6	中国		9.32
7	法国		9.21
8	瑞士		8.35
9	韩国		5.65
10	瑞典		4.48
11	爱尔兰		3.90
12	新加坡		3.40
13	加拿大		2.74
14	意大利		2.42
15	匈牙利		2.41
16	比利时		2.28
17	马来西亚		1.38
18	芬兰		1.35
19	丹麦		1.24
20	西班牙		1.15
21	奥地利		0.92
22	墨西哥		0.89
23	捷克		0.87
24	以色列		0.81
25	罗马尼亚		0.76
26	印度		0.64
27	波兰		0.62
28	俄罗斯		0.46
29	澳大利亚		0.40
30	巴西		0.37
31	泰国		0.35
32	阿根廷		0.21
33	挪威		0.20
34	新西兰		0.16
35	希腊		0.09
36	南非		0.09
37	斯洛伐克		0.08
38	葡萄牙		0.08
39	土耳其		0.07
40	智利		0.04

图 4-28　主要国家创新影响实力指数排名（2010 年、2014 年）

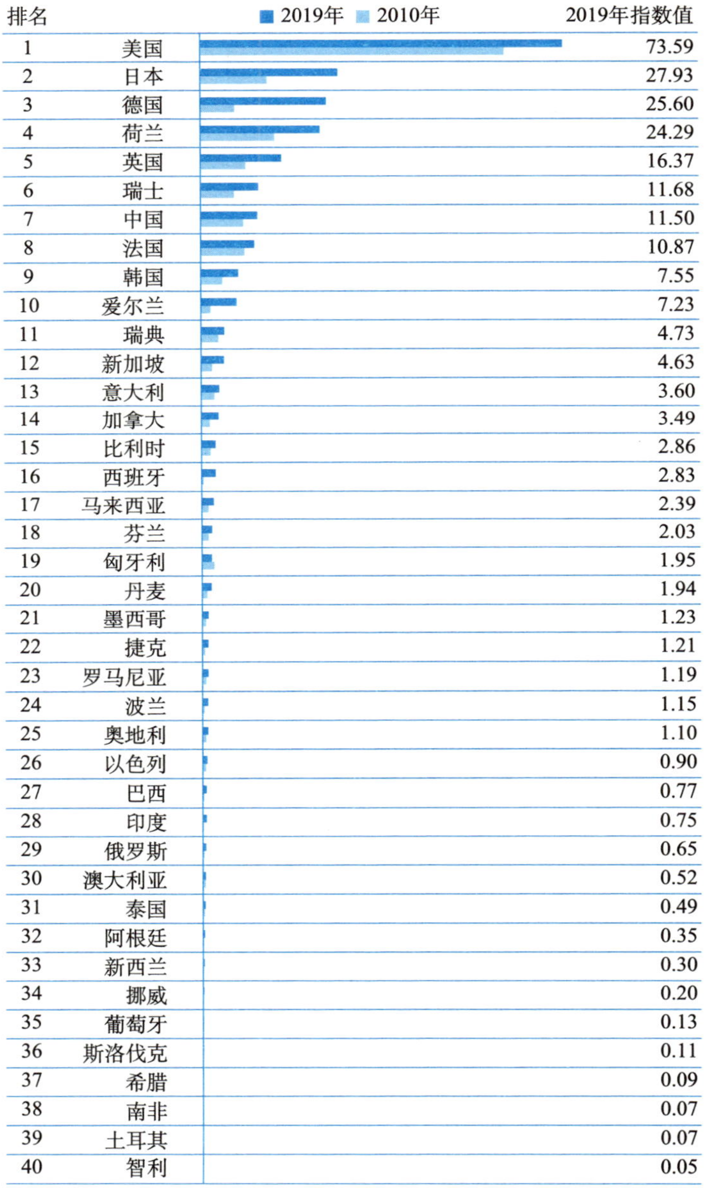

排名		■ 2019年 ■ 2010年	2019年指数值
1	美国		73.59
2	日本		27.93
3	德国		25.60
4	荷兰		24.29
5	英国		16.37
6	瑞士		11.68
7	中国		11.50
8	法国		10.87
9	韩国		7.55
10	爱尔兰		7.23
11	瑞典		4.73
12	新加坡		4.63
13	意大利		3.60
14	加拿大		3.49
15	比利时		2.86
16	西班牙		2.83
17	马来西亚		2.39
18	芬兰		2.03
19	匈牙利		1.95
20	丹麦		1.94
21	墨西哥		1.23
22	捷克		1.21
23	罗马尼亚		1.19
24	波兰		1.15
25	奥地利		1.10
26	以色列		0.90
27	巴西		0.77
28	印度		0.75
29	俄罗斯		0.65
30	澳大利亚		0.52
31	泰国		0.49
32	阿根廷		0.35
33	新西兰		0.30
34	挪威		0.20
35	葡萄牙		0.13
36	斯洛伐克		0.11
37	希腊		0.09
38	南非		0.07
39	土耳其		0.07
40	智利		0.05

图 4-29 主要国家创新影响实力指数排名（2010 年、2019 年）

2. 主要国家创新影响实力指数值增长率比较

2010 ～ 2019 年，创新影响实力指数年均增长率排名前 10 的国家依次是西班牙、印度、德国、爱尔兰、巴西、波兰、葡萄牙、俄罗斯、捷克、新加坡。西班牙作为增长率最快的国家，年均增长率达 23.20%。新兴国家创新影响实力指数年均增长率普遍高于发达国家。金砖五国中，印度（16.49%）、巴西（14.14%）、俄罗斯（10.84%）均进入前 10 名。世界主要发达国家中，美国（1.98%）和法国（2.27%）的创新影响实力指数年均增长率均较低。如图 4-30 所示。

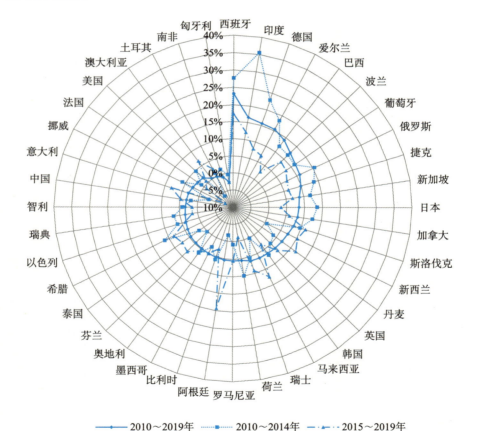

图 4-30　国家创新影响实力指数年均增长率（2010 ～ 2019 年）

注：图中国家以 2010 ～ 2019 年年均增长率由高到低顺时针排序

西班牙和印度的创新影响实力指数在第一个五年（2010 ～ 2014 年）与

第二个五年（2015～2019年）的增速都表现强劲：西班牙创新影响实力指数在第一个五年的年均增长率为27.60%，第二个五年为17.29%；印度创新影响实力指数在第一个五年的年均增长率为35.45%，第二个五年为12.05%。金砖五国中，大部分国家第二个五年的年均增长率有所降低，这些国家第一个五年和第二个五年的年均增长率分别为：印度（35.45%、12.05%）、巴西（11.86%、2.76%）、俄罗斯（15.41%、6.81%）、南非（1.53%、−0.65%）；部分国家年均增长率有所提升，例如中国（1.93%、4.85%）。世界主要发达国家中，大部分国家第二个五年的年均增长率有所降低，这些国家第一个五年和第二个五年的年均增长率分别为：美国（4.73%、0.47%）、日本（13.50%、3.39%）、法国（0.91%、−0.84%）、德国（24.06%、8.04%）、韩国（7.03%、3.30%）；部分国家第二个五年的年均增长率有所提升，例如英国（4.79%、7.59%）。个别国家出现了负增长，例如匈牙利（−0.46%、−2.70%）。

第五章

国家创新效力指数

第一节　中国创新效力分析

一、中国创新效力指数分析

（一）创新效力指数值演进

2010～2019 年，中国创新效力指数值稳步上涨，但始终低于 40 个国家的平均值，与 40 个国家的最大值的差距较大。2010～2019 年，中国创新效力指数增长率从 2010 年的 9.63% 下降至 2013 年的 3.47%，此后基本保持稳定，2018 年进一步下降，增长率为 2.58%，2019 年增长率为 10 年间的最低值（2.38%）。2019 年，中国创新效力指数值为 18.26，与 2010 年（指数值为 12.31）相比提高了 48.33%。2015～2019 年，中国创新效力指数值从 16.18 增加至 18.26，年均增长率为 3.07%（图 5-1）。

（二）创新效力指数趋势

2010～2019 年，中国创新效力指数值呈快速上升趋势，虽然低于 40 个国家的平均值，但增长速度显著高于 40 个国家的平均值的增长速度，差距逐年缩小。为刻画未来中国创新效力指数发展趋势，本报告基于 2010～2019 年的指数值，在比较各类预测模型的拟合优度后，最终选择使用二次函数模型对中国创新效力指数值和 40 个国家创新效力指数平均值进行拟合，拟合曲

图 5-1　中国创新效力指数发展情况与国际比较（2010 ～ 2019 年）

线如图 5-2 所示。如果保持拟合曲线呈现的趋势，中国创新效力指数值仍将持续增长，且与 40 个国家创新效力指数平均值的差距在逐渐缩小。

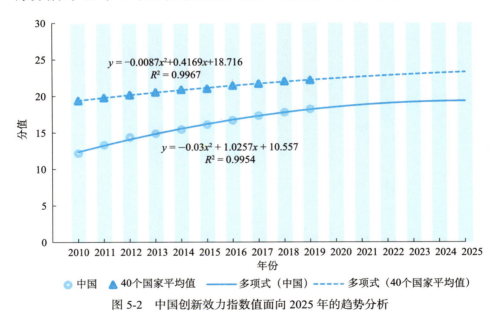

图 5-2　中国创新效力指数值面向 2025 年的趋势分析

二、中国创新效力分指数分析

创新效力指数由创新投入效力指数、创新条件效力指数、创新产出效力指数、创新影响效力指数构成。中国创新效力分指数值与 40 个国家的最大值、平均值比较如图 5-3 和图 5-4 所示。

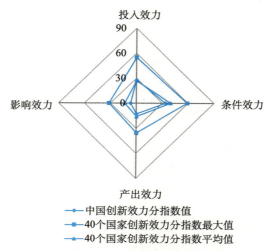

图 5-3　中国创新效力分指数值与 40 个国家的最大值、平均值比较（2019 年）

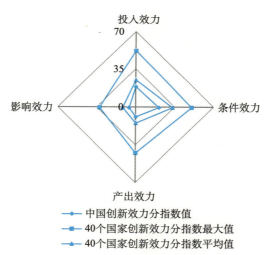

图 5-4　中国创新效力分指数值与 40 个国家的最大值、平均值比较（2010 年）

2019 年，中国创新投入效力指数排名第 16 位，指数值为 28.08，略高于 40 个国家的平均值（26.97），相较于 2010 年（指数值 18.92）有所进步，排名上升了 10 位；排在第 1 位的国家是韩国，指数值为 54.89；2010 年瑞士排名第 1 位，指数值为 52.50，且 2010～2017 年一直稳居第一。总体来看，在 2010～2019 年，中国创新投入效力指数有一定进步，排名不断上升，与 40 个国家的平均值的差距不断缩小，但远低于排名第 1 位的国家。

2019 年，中国创新条件效力指数排名第 32 位，指数值为 33.61，低于 40 个国家的平均值（39.62），相较于 2010 年（指数值 20.75）有些许提升，排名上升了 4 位；排在第 1 位的国家是瑞士，指数值为 58.88。2010 年排在第 1 位的国家仍是瑞士，指数值为 50.33，40 个国家的平均值为 33.15。总体来看，2010～2019 年，中国创新条件效力指数与 40 个国家的平均值存在一定差距，远低于排名第 1 位的国家，中国在创新条件效力上表现不佳。

2019 年，中国创新产出效力指数排名第 27 位，指数值为 12.81，低于 40 个国家的平均值（16.02），相较于 2010 年（指数值 8.56）已有所进步，排名上升了 2 位；排在第 1 位的国家是瑞士，指数值为 35.47，且 2010～2019 年稳居第一；2010 年瑞士指数值为 41.94，40 个国家的平均值为 14.33。总体来看，虽然中国创新产出效力指数缓慢上升，但是一直低于 40 个国家的平均值，与排名第一的瑞士还存在很大差距。

2019 年，中国创新影响效力指数排名第 33 位，指数值为 6.92，低于 40 个国家的平均值（13.64），相较于 2010 年（指数值 6.04）略有提升，排名仅上升 1 位；排名第 1 位的国家是瑞士，指数值为 31.89，2010 年排名第 1 位的国家是瑞典，指数值为 32.69，40 个国家的平均值为 11.82。总体来看，2010～2019 年，中国创新影响效力指数值提升幅度很小，与排名第 1 位的国家存在很大差距。

（一）创新投入效力指数值演进

2010～2019 年，中国创新投入效力指数值稳步上涨，2010～2016 年低于 40 个国家的平均值，但差距逐渐缩小，并且在 2017 年完成赶超，此后两年一直高于 40 个国家的平均值，但与 40 个国家的最大值相比仍有较大差距。2010～2019 年，中国创新投入效力指数增长率呈震荡波动趋势，2019 年为 10 年间的最低值（2.07%）。与 2010 年相比，2019 年中国创新投入效力指数值增加了 48.41%。2015～2019 年，中国创新投入效力指数值从 24.81 上升至 28.08，年均增长率为 3.14%（图 5-5）。

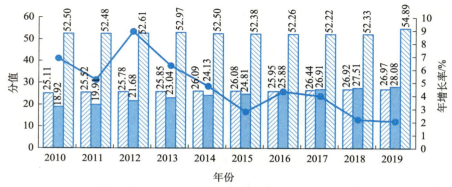

图 5-5　中国创新投入效力指数发展情况与国际比较（2010～2019 年）

（二）创新条件效力指数值演进

2010～2019 年，中国创新条件效力指数值稳步上升，但始终低于 40 个国家的平均值，与 40 个国家的最大值的差距较大。2010～2019 年，中国创新条件效力指数年增长率先下降后上升，2014 年为 10 年间的最低值（2.35%），此后逐渐回升，2019 年增长率为 3.99%，10 年间年均增长率为 5.50%。2019 年，中国创新条件效力指数值为 33.61，与 2010 年（指数值为 20.75）相比提高了 61.98%。2015～2019 年，中国创新条件效力指数值从 28.68 增加至 33.61，年均增长率为 4.05%（图 5-6）。

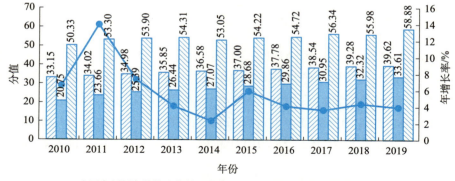

图 5-6　中国创新条件效力指数发展情况与国际比较（2010～2019 年）

（三）创新产出效力指数值演进

2010～2019 年，中国创新产出效力指数值整体上稳步上升，但始终低于 40 个国家的平均值，与 40 个国家的最大值相比还存在较大差距。2019 年中国创新产出效力指数值为 12.81，而 40 个国家创新产出效力指数最大值为 35.47（瑞士）。2010～2019 年，中国创新产出效力指数增长率先下降后保持稳定，年均增长率为 4.59%，其中，2013 年增长率为 10 年间的最低值（−1.46%）。2015～2019 年，中国创新产出效力指数年均增长率为 1.70%（图 5-7）。

图 5-7 中国创新产出效力指数发展情况与国际比较（2010～2019 年）

（四）创新影响效力指数值演进

2010～2019 年，中国创新影响效力指数小幅上涨，但始终低于 40 个国家的平均值，与 40 个国家的最大值相比还有很大差距。2019 年中国创新影响效力指数值为 6.92，而 40 个国家的最大值为 31.89（瑞士）。2010～2019 年，中国创新影响效力指数增长率呈现出波动上升趋势，10 年间年均增长率为 1.53%，其中，2011 年为 10 年间的最低值（−4.59%）。与 2015 年相比，2019 年中国创新影响效力指数值增长了 9.67%。2015～2019 年，中国创新影响效力指数年均增长率为 2.33%（图 5-8）。

图 5-8　中国创新影响效力指数发展情况与国际比较（2010～2019 年）

第二节　主要国家创新效力分析与比较

一、主要国家创新效力指数分析

（一）创新效力指数值比较

1. 主要国家创新效力指数值比较

2019 年国家创新效力指数排名前 5 的国家分别是瑞士、丹麦、日本、韩国、瑞典，创新效力指数值分别为 42.09、33.70、31.65、31.00、30.80；芬兰、美国、德国、荷兰、奥地利分列第 6 到第 10 位，创新效力指数值分别为 29.72、29.38、29.24、29.21、28.45；前 10 位国家间创新效力差别相对较小；2019 年，中国创新效力指数值为 18.26，在 40 个国家中名列第 28 位，与日本、韩国、美国的差距较大，约为日本的 57.69%，韩国的 58.90%，美国的 62.15%，如图 5-9 所示。与 2014 年相比，2019 年中国创新效力指数在 40 个国家中的排名仍为第 28 位；与 2010 年相比，2019 年中国创新效力指数值增加了 5.94，仅次于韩国（7.50）和挪威（6.10），指数值增量在 40 个国家中排名第 3 位，表明这一时期中国创新效力提升很大，如图 5-10 和图 5-11 所示。

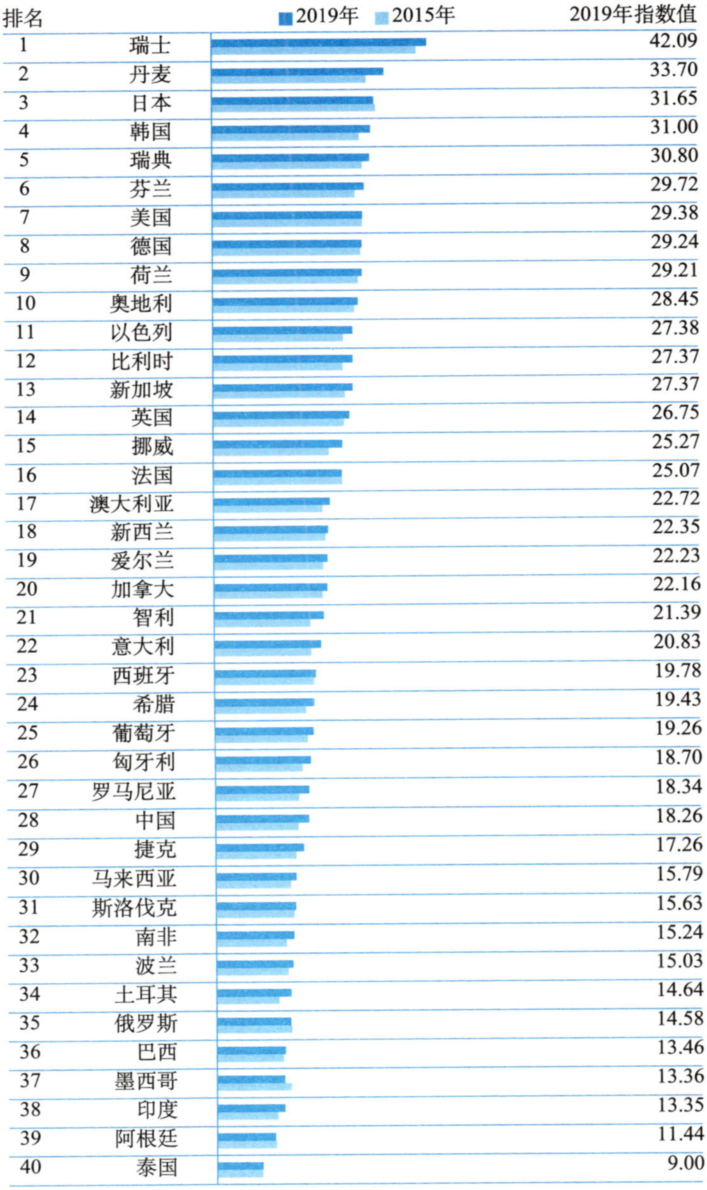

排名		2019年 2015年	2019年指数值
1	瑞士		42.09
2	丹麦		33.70
3	日本		31.65
4	韩国		31.00
5	瑞典		30.80
6	芬兰		29.72
7	美国		29.38
8	德国		29.24
9	荷兰		29.21
10	奥地利		28.45
11	以色列		27.38
12	比利时		27.37
13	新加坡		27.37
14	英国		26.75
15	挪威		25.27
16	法国		25.07
17	澳大利亚		22.72
18	新西兰		22.35
19	爱尔兰		22.23
20	加拿大		22.16
21	智利		21.39
22	意大利		20.83
23	西班牙		19.78
24	希腊		19.43
25	葡萄牙		19.26
26	匈牙利		18.70
27	罗马尼亚		18.34
28	中国		18.26
29	捷克		17.26
30	马来西亚		15.79
31	斯洛伐克		15.63
32	南非		15.24
33	波兰		15.03
34	土耳其		14.64
35	俄罗斯		14.58
36	巴西		13.46
37	墨西哥		13.36
38	印度		13.35
39	阿根廷		11.44
40	泰国		9.00

图 5-9　主要国家创新效力指数排名（2015 年、2019 年）

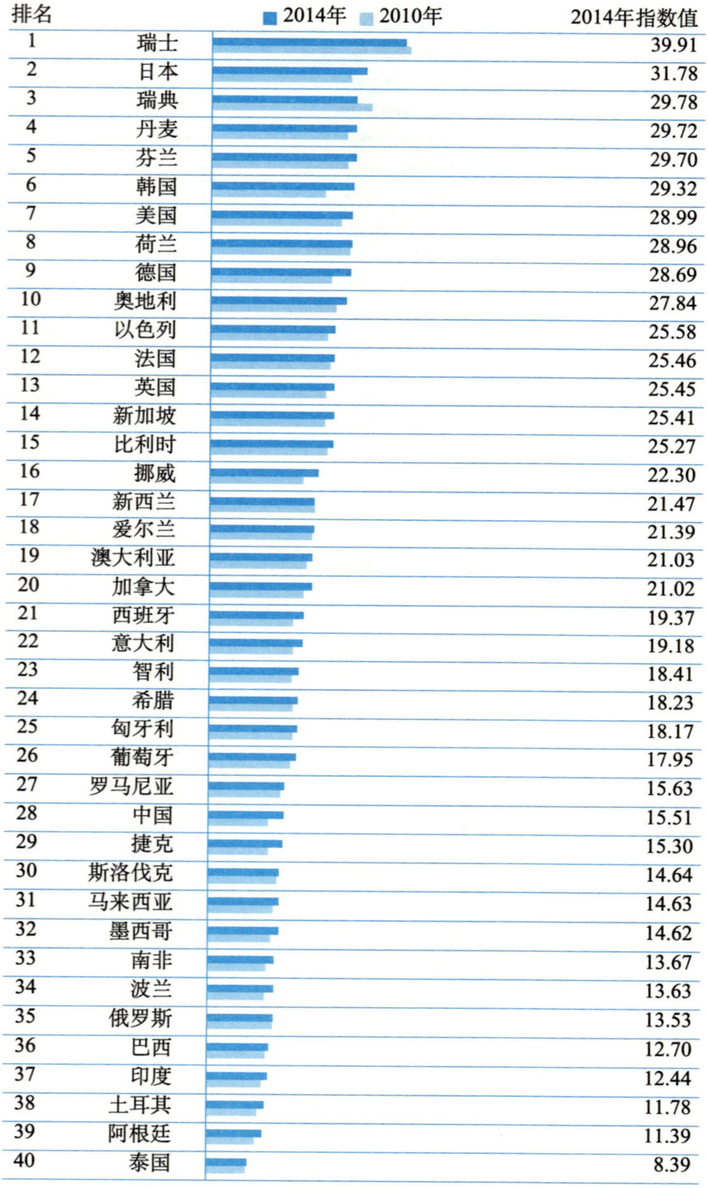

排名		■ 2014年　■ 2010年	2014年指数值
1	瑞士		39.91
2	日本		31.78
3	瑞典		29.78
4	丹麦		29.72
5	芬兰		29.70
6	韩国		29.32
7	美国		28.99
8	荷兰		28.96
9	德国		28.69
10	奥地利		27.84
11	以色列		25.58
12	法国		25.46
13	英国		25.45
14	新加坡		25.41
15	比利时		25.27
16	挪威		22.30
17	新西兰		21.47
18	爱尔兰		21.39
19	澳大利亚		21.03
20	加拿大		21.02
21	西班牙		19.37
22	意大利		19.18
23	智利		18.41
24	希腊		18.23
25	匈牙利		18.17
26	葡萄牙		17.95
27	罗马尼亚		15.63
28	中国		15.51
29	捷克		15.30
30	斯洛伐克		14.64
31	马来西亚		14.63
32	墨西哥		14.62
33	南非		13.67
34	波兰		13.63
35	俄罗斯		13.53
36	巴西		12.70
37	印度		12.44
38	土耳其		11.78
39	阿根廷		11.39
40	泰国		8.39

图 5-10　主要国家创新效力指数排名（2010 年、2014 年）

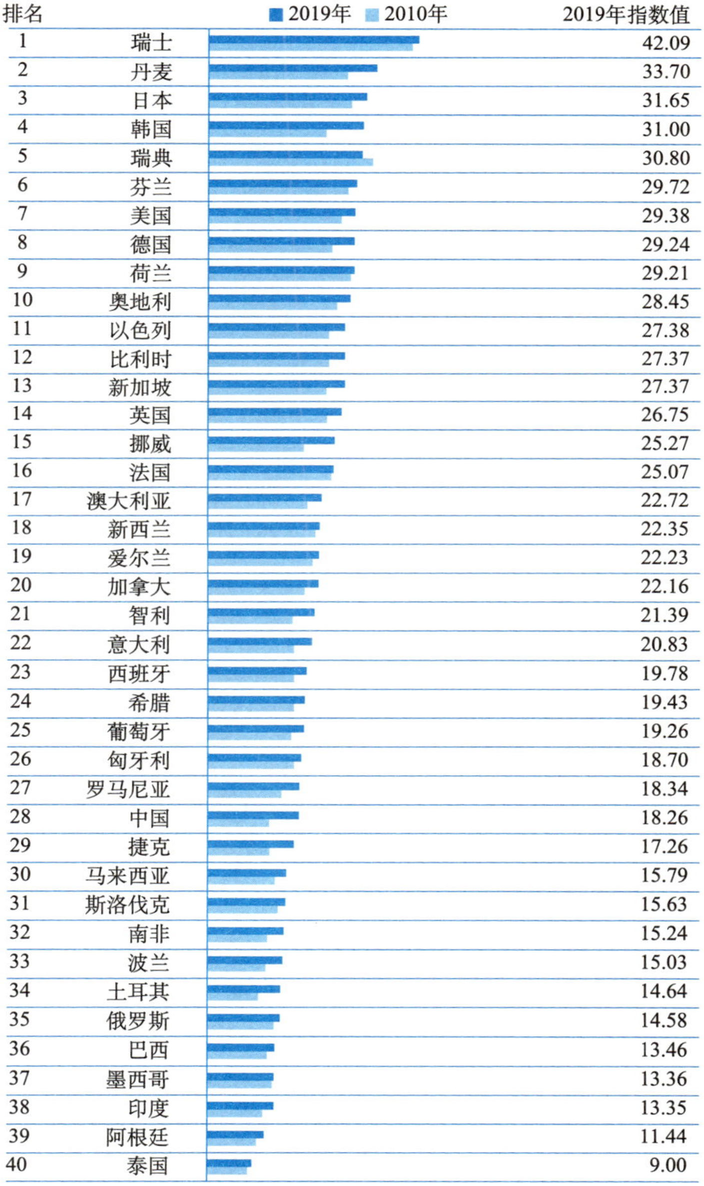

排名		■2019年 □2010年	2019年指数值
1	瑞士		42.09
2	丹麦		33.70
3	日本		31.65
4	韩国		31.00
5	瑞典		30.80
6	芬兰		29.72
7	美国		29.38
8	德国		29.24
9	荷兰		29.21
10	奥地利		28.45
11	以色列		27.38
12	比利时		27.37
13	新加坡		27.37
14	英国		26.75
15	挪威		25.27
16	法国		25.07
17	澳大利亚		22.72
18	新西兰		22.35
19	爱尔兰		22.23
20	加拿大		22.16
21	智利		21.39
22	意大利		20.83
23	西班牙		19.78
24	希腊		19.43
25	葡萄牙		19.26
26	匈牙利		18.70
27	罗马尼亚		18.34
28	中国		18.26
29	捷克		17.26
30	马来西亚		15.79
31	斯洛伐克		15.63
32	南非		15.24
33	波兰		15.03
34	土耳其		14.64
35	俄罗斯		14.58
36	巴西		13.46
37	墨西哥		13.36
38	印度		13.35
39	阿根廷		11.44
40	泰国		9.00

图 5-11 主要国家创新效力指数排名（2010 年、2019 年）

2. 主要国家创新效力指数及其分指数值排名

2019 年创新效力指数排名前 10 的国家分别是瑞士、丹麦、日本、韩国、瑞典、芬兰、美国、德国、荷兰、奥地利。前 10 位的国家中，仅美国的经济体量和人口规模相对较大，其他均为规模较小的发达国家，如表 5-1 所示。

中国的创新效力指数排名相对靠后，2019 年排在 40 个国家的第 28 位，相较于 2010 年上升了 5 位，增长幅度相对较大；各项分指数排名差异相对较大，2019 年创新投入效力指数排在第 16 位，创新产出效力指数排在第 27 位，创新条件效力指数和创新影响效力指数仅分别排在第 32 位和第 33 位。对比来看，2010 ～ 2019 年，中国的创新效力指数有较大提升。

2019 年，金砖国家中，仅有中国创新效力指数排名进入前 30。巴西、印度、俄罗斯和南非分别排在第 36 位、第 38 位、第 35 位和第 32 位，表现均相对较差。巴西、俄罗斯和印度在 10 年间排名略下降，南非 2019 年排在 32 位，上升了 2 位。对比来看，德国、日本、韩国和美国的创新效力指数排在 40 个国家的前 10 位，法国和英国则分别排名第 16 位和第 14 位。英国、美国等发达国家创新效力指数的排名不如创新实力指数排名靠前，但相对较为稳定。在创新效力指数排名中，瑞士、丹麦等发达程度相对较高且人口和经济体量相对较小的国家表现相对较好，此类国家的创新实力指数排名不占优势，但其创新效力指数优势明显，远超中国等经济体量大的发展中国家。

在具体分指数上，大部分金砖国家均有 1 ～ 2 个分指数呈现短板。以巴西为例，2019 年巴西创新投入效力指数和创新影响效力指数分别排在 40 个国家中的第 31 位和 34 位，但创新产出效力指数仅排在第 39 位，使得巴西创新效力指数排名靠后。

表 5-1　主要国家创新效力指数及其分指数排名比较

国家	创新效力指数		创新投入效力指数		创新条件效力指数		创新产出效力指数		创新影响效力指数	
	2019 年	2010 年	2019 年	2010 年	2019 年	2010 年	2019 年	2010 年	2019 年	2010 年
瑞士	1	1	2	1	1	1	1	1	1	3
丹麦	2	6	8	8	5	3	8	17	2	4
日本	3	3	10	10	14	15	3	3	3	3
韩国	4	15	1	9	6	24	9	5	20	21
瑞典	5	2	5	3	16	16	7	4	6	1

续表

国家	创新效力指数		创新投入效力指数		创新条件效力指数		创新产出效力指数		创新影响效力指数	
	2019 年	2010 年	2019 年	2010 年	2019 年	2010 年	2019 年	2010 年	2019 年	2010 年
芬兰	6	5	11	2	3	4	6	7	8	12
美国	7	7	4	5	25	35	15	8	5	2
德国	8	9	7	7	17	19	21	12	3	9
荷兰	9	4	13	14	4	8	4	2	10	14
奥地利	10	8	6	6	2	6	19	14	18	18
以色列	11	12	3	4	19	17	26	24	9	11
比利时	12	11	9	12	9	7	18	16	16	15
新加坡	13	14	15	16	11	10	5	19	13	7
英国	14	13	19	20	20	11	14	15	4	5
挪威	15	20	12	17	12	31	13	11	23	20
法国	16	10	14	13	8	5	24	23	12	6
澳大利亚	17	18	17	11	15	14	12	26	30	32
新西兰	18	16	22	25	7	2	20	6	27	28
爱尔兰	19	17	23	15	35	28	11	13	14	16
加拿大	20	19	21	18	10	12	16	21	32	35
智利	21	25	34	30	21	22	2	9	31	33
意大利	22	23	20	19	40	39	10	10	11	17
西班牙	23	24	27	21	26	20	22	25	21	24
希腊	24	21	28	34	13	13	30	18	19	22
葡萄牙	25	26	26	23	18	9	28	35	29	25
匈牙利	26	22	24	28	23	21	35	31	17	10
罗马尼亚	27	27	30	38	30	18	31	36	15	13
中国	28	33	16	26	32	36	27	29	33	34
捷克	29	32	18	24	37	37	33	33	25	29

续表

国家	创新效力指数		创新投入效力指数		创新条件效力指数		创新产出效力指数		创新影响效力指数	
	2019 年	2010 年	2019 年	2010 年	2019 年	2010 年	2019 年	2010 年	2019 年	2010 年
马来西亚	30	29	25	29	33	26	40	38	22	19
斯洛伐克	31	28	33	37	24	27	29	20	36	36
南非	32	34	38	31	29	32	17	22	40	40
波兰	33	36	29	33	34	29	34	32	28	37
土耳其	34	38	36	36	38	38	23	30	24	26
俄罗斯	35	30	35	32	27	23	25	27	39	39
巴西	36	35	31	22	28	33	39	40	34	31
墨西哥	37	31	32	27	36	30	36	37	26	23
印度	38	37	40	39	22	25	32	34	35	38
阿根廷	39	39	37	35	31	34	37	39	38	27
泰国	40	40	39	40	39	40	38	28	37	30

（二）主要国家创新效力指数值增长率比较

2010～2019 年，创新效力指数年均增长率排名前 10 的国家依次是中国、土耳其、捷克、韩国、挪威、波兰、南非、智利、罗马尼亚、丹麦。中国作为增长最快的国家，年均增长率达 4.48%。金砖五国中，中国（4.48%）和南非（2.68%）均进入前 10 名。世界主要发达国家中，美国（1.07%）、日本（1.12%）、英国（1.35%）、法国（0.20%）的创新效力指数年均增长率均较低，如图 5-12 所示。

中国的创新效力指数在第一个五年（2010～2014 年）与第二个五年（2015～2019 年）的增速都表现强劲；中国创新效力指数在第一个五年的年均增长率为 5.95%，第二个五年为 3.06%。金砖五国中，所有国家第二个五年的年均增长率均有所降低，这些国家第一个五年和第二个五年的年均增长率分别如下：印度为（2.81%、2.75%），巴西为（1.54%、0.61%），俄罗斯为（0.32%、-0.32%），南非为（3.30%、2.42%），中国为（5.95%、3.06%）。世界主要发达国家中，所有国家第二个五年的年均增长率均有所降低，这些国家第一个五年和第二个五年的年均增长率分别如下：美国为2.09%、0.03%，日本为2.62%、-0.28%，英国为1.79%、1.04%，法国为0.84%、-0.14%，德国为3.70%、0.19%，韩国为5.68%、1.87%。

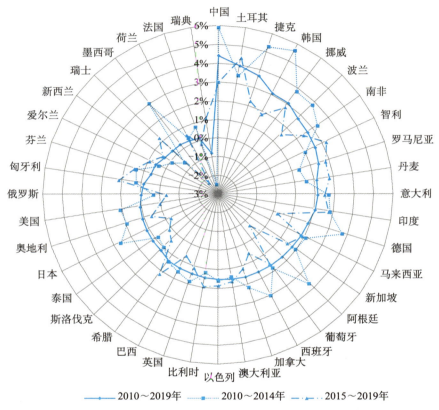

图 5-12　国家创新效力指数年均增长率（2010～2019年）

注：图中国家以2010～2019年年均增长率由高到低顺时针排序

（三）中国创新效力指数三级指标得分比较与演进

2019年中国创新效力指数三级指标中，除R&D经费投入强度、研究人员人均R&D经费、每百人互联网用户数、每百万研究人员本国居民专利授权量、每百万美元R&D经费本国居民专利授权量及高科技产品出口额占制成品出口额的比重这6个指标得分高于40个国家相应指标得分的平均值外，其余指标得分均低于 40 个国家相应指标得分的平均值。部分指标得分与 40 个国家相应指标得分平均值的差距明显，尤其是知识产权使用费收支比和每百万美元 R&D 经费被引次数排名前 10% 的论文数指标得分，影响中国 2019 年创新效力指数值及排名次序，如图 5-13 所示。

图 5-13　中国创新效力指数三级指标得分对比（2019 年）

注：图中所显示数据为中国创新效力指数三级指标得分

　　相较于 2010 年创新效力指数三级指标，2019 年中国大部分创新效力指数三级指标均有一定程度的进步，但知识产权使用费收支比和高科技产品出口额占制成品出口额的比重指标得分出现了小幅下降，如图 5-14 所示。2010～2019 年，研究人员人均 R&D 经费和每百人互联网用户数指标得分分别由 27.40 和 43.41 增加到 42.52 和 79.43，均超过了 40 个国家相应指标得分的平均值。2010～2019 年，每百万人口中研究人员数、每百万人有效专利拥有量、每百万研究人员被引次数排名前 10% 的论文数、每百万美元 R&D 经费被引次数排名前 10% 的论文数、知识产权使用费收支比及单位能耗对应的 GDP 产出这 6 个指标得分与 40 个国家相应指标得分平均值的差距进一步扩大。教育公共开支总额占 GDP 的比重、每百万研究人员 PCT 专利申请量及每百万美元 R&D 经费 PCT 专利申请量指标得分有较大进步，且这 3 个指标得分与 40 个国家相应指标得分平均值的差距也在进一步缩小。知识产权使用费收支比指标得分从 2010 年的 0.71 下降到 2019 年的 0.46，且显著低于 40

个国家相应指标得分的平均值。

　　总体来看，2010 ～ 2019 年，大部分中国创新效力指数三级指标得分均有较大提升。但每百万人口中研究人员数、每百万研究人员被引次数排名前10% 的论文数、每百万美元 R&D 经费被引次数排名前 10% 的论文数及单位能耗对应的 GDP 产出等指标得分与 40 个国家相应指标得分的平均值相比仍存在较大差距。

图 5-14　中国创新效力指数三级指标得分对比（2010 年）

注：图中所显示数据为中国创新效力指数三级指标得分

二、主要国家创新效力分指数分析与比较

（一）创新投入效力指数

1. 主要国家创新投入效力指数值比较

　　2019 年韩国的创新投入效力指数排名第 1 位，指数值为 54.89；瑞士、以色列、美国、瑞典、奥地利、德国、丹麦、比利时、日本依次名列第 2 位到 第 10 位， 指 数 值 分 别 为 50.52、48.68、47.77、44.14、43.87、43.08、42.29、41.49、39.96；排名前 10 的国家间创新投入效力差别较小；2019 年，中国的创新投入效力指数值为 28.08，在 40 个国家中居第 16 位，与韩国、美

国、日本的差距较大，分别为韩国的 51.16%、美国的 58.78%、日本的 70.27%，如图 5-15 所示。与 2014 年相比，2019 年中国创新投入效力指数排名由第 22 位上升到第 16 位，创新投入效力指数值增加了 3.95，如图 5-15 和

排名		■2019年　■2015年	2019年指数值
1	韩国		54.89
2	瑞士		50.52
3	以色列		48.68
4	美国		47.77
5	瑞典		44.14
6	奥地利		43.87
7	德国		43.08
8	丹麦		42.29
9	比利时		41.49
10	日本		39.96
11	芬兰		36.10
12	挪威		35.18
13	荷兰		34.28
14	法国		31.52
15	新加坡		31.16
16	中国		28.08
17	澳大利亚		27.83
18	捷克		27.68
19	英国		27.03
20	意大利		26.58
21	加拿大		25.78
22	新西兰		24.19
23	爱尔兰		23.68
24	匈牙利		22.29
25	马来西亚		22.26
26	葡萄牙		21.64
27	西班牙		20.83
28	希腊		18.87
29	波兰		18.37
30	罗马尼亚		16.74
31	巴西		15.88
32	墨西哥		12.31
33	斯洛伐克		11.82
34	智利		11.30
35	俄罗斯		10.68
36	土耳其		9.69
37	阿根廷		9.25
38	南非		9.12
39	泰国		7.28
40	印度		4.73

图 5-15　主要国家创新投入效力指数排名（2015 年、2019 年）

图 5-16 所示；与 2010 年相比，2019 年中国创新投入效力指数值增加了 9.16，仅次于韩国指数值增量（15.74），指数值增量在 40 个国家中排名第 2 位，表明这一时期中国创新投入效力提升比较明显，如图 5-17 所示。

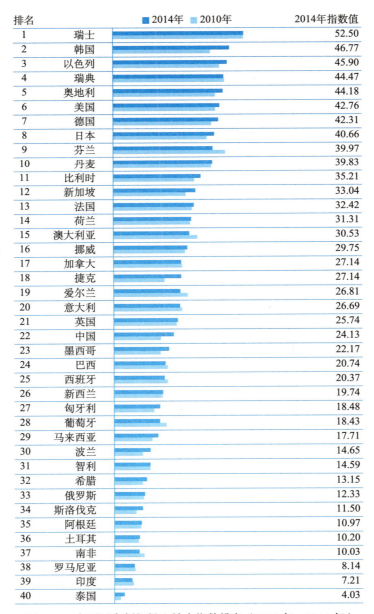

排名		■2014年 ■2010年	2014年指数值
1	瑞士		52.50
2	韩国		46.77
3	以色列		45.90
4	瑞典		44.47
5	奥地利		44.18
6	美国		42.76
7	德国		42.31
8	日本		40.66
9	芬兰		39.97
10	丹麦		39.83
11	比利时		35.21
12	新加坡		33.04
13	法国		32.42
14	荷兰		31.31
15	澳大利亚		30.53
16	挪威		29.75
17	加拿大		27.14
18	捷克		27.14
19	爱尔兰		26.81
20	意大利		26.69
21	英国		25.74
22	中国		24.13
23	墨西哥		22.17
24	巴西		20.74
25	西班牙		20.37
26	新西兰		19.74
27	匈牙利		18.48
28	葡萄牙		18.43
29	马来西亚		17.71
30	波兰		14.65
31	智利		14.59
32	希腊		13.15
33	俄罗斯		12.33
34	斯洛伐克		11.50
35	阿根廷		10.97
36	土耳其		10.20
37	南非		10.03
38	罗马尼亚		8.14
39	印度		7.21
40	泰国		4.03

图 5-16　主要国家创新投入效力指数排名（2010 年、2014 年）

排名		2019年 2010年	2019年指数值
1	韩国		54.89
2	瑞士		50.52
3	以色列		48.68
4	美国		47.77
5	瑞典		44.14
6	奥地利		43.87
7	德国		43.08
8	丹麦		42.29
9	比利时		41.49
10	日本		39.96
11	芬兰		36.10
12	挪威		35.18
13	荷兰		34.28
14	法国		31.52
15	新加坡		31.16
16	中国		28.08
17	澳大利亚		27.83
18	捷克		27.68
19	英国		27.03
20	意大利		26.58
21	加拿大		25.78
22	新西兰		24.19
23	爱尔兰		23.68
24	匈牙利		22.29
25	马来西亚		22.26
26	葡萄牙		21.64
27	西班牙		20.83
28	希腊		18.87
29	波兰		18.37
30	罗马尼亚		16.74
31	巴西		15.88
32	墨西哥		12.31
33	斯洛伐克		11.82
34	智利		11.30
35	俄罗斯		10.68
36	土耳其		9.69
37	阿根廷		9.25
38	南非		9.12
39	泰国		7.28
40	印度		4.73

图 5-17　主要国家创新投入效力指数排名（2010 年、2019 年）

2. 主要国家创新投入效力指数值增长率比较

2010 ～ 2019 年，创新投入效力指数年均增长率排名前 10 的国家依次是泰国、罗马尼亚、希腊、波兰、中国、马来西亚、韩国、匈牙利、捷克、斯洛伐克。泰国作为增长最快的国家，年均增长率达 12.50%。金砖五国中，只有中国（4.48%）进入前 10 名。世界主要发达国家中，美国（1.67%）、日本（0.64%）、英国（0.72%）的创新投入效力指数年均增长率均处于中等偏上水平，法国（−0.05%）则出现了负增长，如图 5-18 所示。

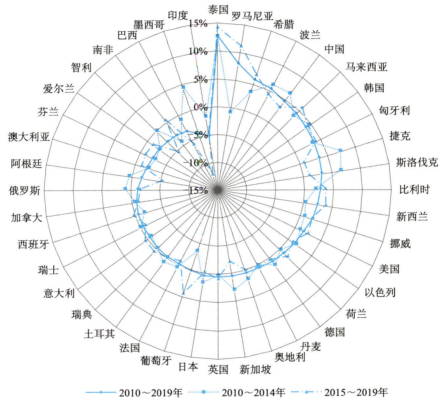

图 5-18　国家创新投入效力指数年均增长率（2010 ～ 2019 年）

注：图中国家以 2010 ～ 2019 年年均增长率由高到低顺时针排序

　　泰国的创新投入效力指数在第一个五年（2010 ～ 2014 年）与第二个五年（2015 ～ 2019 年）的增速都表现强劲；泰国创新投入效力指数在第一个五年的年均增长率为 12.45%，第二个五年为 14.03%。金砖五国中，大部分国家第二个五年的年均增长率有所降低，这些国家第一个五年和第二个五年的年均增长率分别如下：印度为 −1.84%、−4.81%，巴西为 −1.05%、

−5.91%，俄罗斯为 1.01%、−1.55%，中国为 6.27%、3.15%。部分国家年均增长率有所提升，如南非（−4.43%、0.31%）。世界主要发达国家中，部分国家第二个五年的年均增长率有所降低，这些国家第一个五年和第二个五年的年均增长率分别如下：日本为 1.88%、0.00%，法国为 0.59%、−0.62%，德国为 1.72%、0.50%，韩国为 4.55%、4.23%。部分国家第二个五年的年均增长率有所提升，如美国（0.96%、2.49%）、英国（0.40%、1.01%）。个别国家出现了负增长，如巴西（−1.05%、−5.91%）、印度（−1.84%、−4.81%）等。

（二）创新条件效力指数

1. 主要国家创新条件效力指数值比较

2019 年，瑞士和奥地利的创新条件效力指数排名前 2 位，指数值分别为 58.88 和 53.91；芬兰、荷兰、丹麦、韩国、新西兰、法国、比利时、加拿大分列第 3 位到第 10 位，指数值分别为 48.56、48.54、48.47、48.39、48.32、47.97、46.47、44.85；排名前 10 的国家之间创新条件效力指数差别较小。2019 年，中国创新条件效力指数值为 33.61，在 40 个国家中居第 32 位，与韩国、日本、美国的差距较大，分别为韩国的 69.46%、日本的 77.96%、美国的 90.54%，如图 5-19 所示。与 2014 年相比，2019 年中国创新条件效力指数排名由第 36 位上升至第 32 位，指数值增加了 6.54，如图 5-19 和图 5-20 所示；与 2010 年相比，2019 年中国创新条件效力指数值增加了 12.86，指数值增量在 40 个国家中排名第 4 位，表明这一时期内中国创新条件效力指数值提升明显，但排名仍比较靠后，如图 5-21 所示。

2. 主要国家创新条件效力指数值增长率比较

2010 ～ 2019 年，创新条件效力指数年均增长率排名前 10 的国家依次是挪威、美国、泰国、中国、巴西、土耳其、南非、韩国、捷克、阿根廷。挪威作为增长最快的国家，年均增长率达 6.09%。金砖五国中，中国（5.50%）、巴西（4.79%）、南非（4.48%）均进入前 10 名。世界主要发达国家中，英国（0.56%）和法国（0.97%）的创新条件效力指数年均增长率均较低，如图 5-22 所示。

挪威的创新条件效力指数在第一个五年（2010 ～ 2014 年）与第二个五年（2015 ～ 2019 年）的增速都表现强劲；挪威创新条件效力指数在第一个

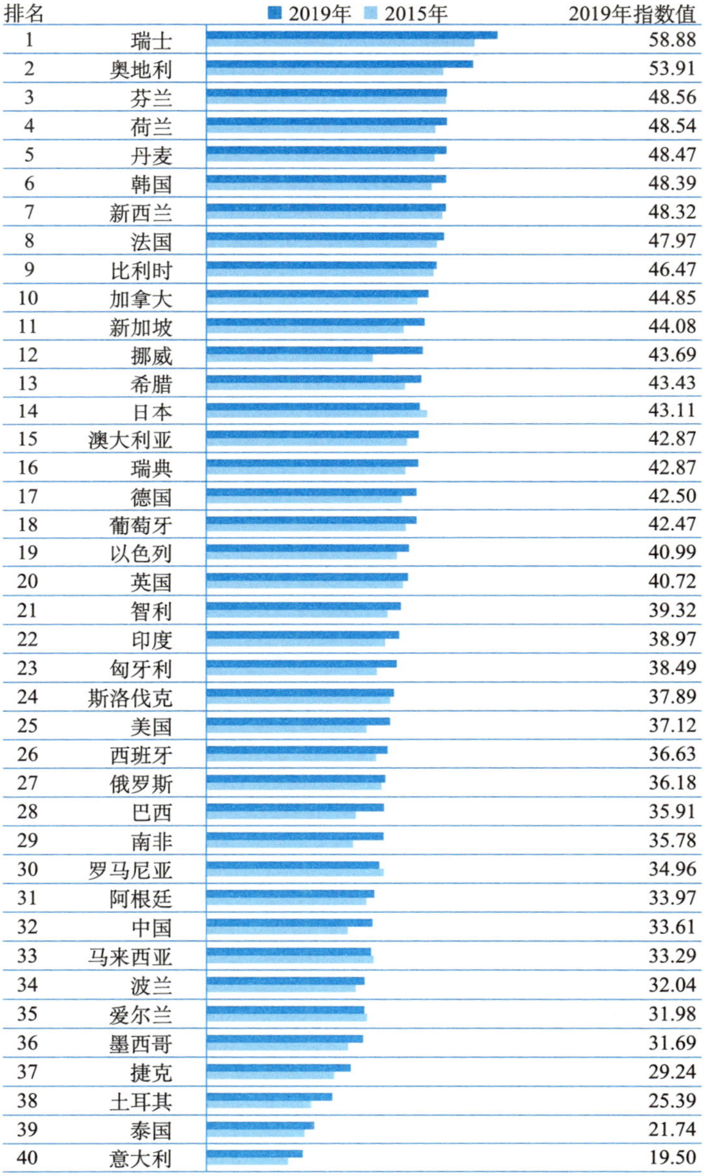

排名		■2019年 ■2015年	2019年指数值
1	瑞士		58.88
2	奥地利		53.91
3	芬兰		48.56
4	荷兰		48.54
5	丹麦		48.47
6	韩国		48.39
7	新西兰		48.32
8	法国		47.97
9	比利时		46.47
10	加拿大		44.85
11	新加坡		44.08
12	挪威		43.69
13	希腊		43.43
14	日本		43.11
15	澳大利亚		42.87
16	瑞典		42.87
17	德国		42.50
18	葡萄牙		42.47
19	以色列		40.99
20	英国		40.72
21	智利		39.32
22	印度		38.97
23	匈牙利		38.49
24	斯洛伐克		37.89
25	美国		37.12
26	西班牙		36.63
27	俄罗斯		36.18
28	巴西		35.91
29	南非		35.78
30	罗马尼亚		34.96
31	阿根廷		33.97
32	中国		33.61
33	马来西亚		33.29
34	波兰		32.04
35	爱尔兰		31.98
36	墨西哥		31.69
37	捷克		29.24
38	土耳其		25.39
39	泰国		21.74
40	意大利		19.50

图 5-19　主要国家创新条件效力指数排名（2015 年、2019 年）

排名		2014年指数值
1	瑞士	53.05
2	奥地利	48.10
3	芬兰	48.05
4	法国	46.46
5	比利时	46.02
6	丹麦	45.77
7	荷兰	45.76
8	韩国	45.20
9	日本	44.88
10	新西兰	44.79
11	加拿大	41.43
12	瑞典	41.25
13	葡萄牙	40.88
14	澳大利亚	39.98
15	新加坡	39.86
16	希腊	39.59
17	以色列	39.56
18	英国	39.34
19	德国	38.78
20	智利	36.29
21	匈牙利	36.23
22	罗马尼亚	35.80
23	印度	35.58
24	斯洛伐克	35.08
25	俄罗斯	34.89
26	西班牙	34.75
27	马来西亚	33.65
28	爱尔兰	33.51
29	挪威	32.57
30	美国	31.18
31	阿根廷	30.39
32	波兰	30.06
33	南非	29.25
34	巴西	28.44
35	墨西哥	27.91
36	中国	27.07
37	捷克	24.63
38	土耳其	20.50
39	泰国	19.14
40	意大利	17.56

图 5-20　主要国家创新条件效力指数排名（2010 年、2014 年）

排名		2019年指数值
1	瑞士	58.88
2	奥地利	53.91
3	芬兰	48.56
4	荷兰	48.54
5	丹麦	48.47
6	韩国	48.39
7	新西兰	48.32
8	法国	47.97
9	比利时	46.47
10	加拿大	44.85
11	新加坡	44.08
12	挪威	43.69
13	希腊	43.43
14	日本	43.11
15	澳大利亚	42.87
16	瑞典	42.87
17	德国	42.50
18	葡萄牙	42.47
19	以色列	40.99
20	英国	40.72
21	智利	39.32
22	印度	38.97
23	匈牙利	38.49
24	斯洛伐克	37.89
25	美国	37.12
26	西班牙	36.63
27	俄罗斯	36.18
28	巴西	35.91
29	南非	35.78
30	罗马尼亚	34.96
31	阿根廷	33.97
32	中国	33.61
33	马来西亚	33.29
34	波兰	32.04
35	爱尔兰	31.98
36	墨西哥	31.69
37	捷克	29.24
38	土耳其	25.39
39	泰国	21.74
40	意大利	19.50

图 5-21　主要国家创新条件效力指数排名（2010 年、2019 年）

五年的年均增长率为 6.14%，第二个五年为 6.81%。金砖五国中，所有国家第二个五年的年均增长率均有所降低，这些国家第一个五年和第二个五年的年均增长率分别如下：印度为（2.54%、1.96%），巴西为（4.81%、4.39%），俄罗斯为（1.24%、0.55%），南非为（4.95%、4.84%），中国为（6.87%、4.05%）。世界主要发达国家中，大部分国家第二个五年的年均增长率有所降低，这些国家第一个五年和第二个五年的年均增长率分别如下：美国为8.83%、3.49%，日本为4.67%、−0.86%，法国为1.39%、0.75%，德国为2.70%、1.84%，韩国为8.29%、1.58%。部分国家第二个五年的年均增长率有所提升，如英国（0.39%、0.63%）。个别国家出现了负增长，如罗马尼亚（0.19%、−0.67%）。

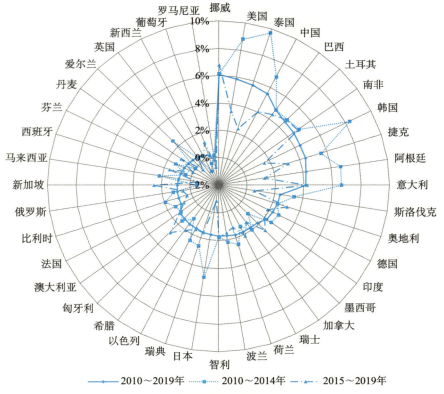

图 5-22　国家创新条件效力指数年均增长率（2010 ～ 2019 年）

注：图中国家以 2010 ～ 2019 年年均增长率由高到低顺时针排序

（三）创新产出效力指数

1. 主要国家创新产出效力指数值比较

2019 年，瑞士、智利、日本、荷兰、新加坡的创新产出效力指数排名进入前 5，指数值分别为 35.47、29.73、29.05、24.69、24.08；芬兰、瑞典、丹麦、韩国、意大利的创新产出效力指数分列第 6 位到第 10 位，指数值分别为 23.91、23.29、22.48、21.92、21.69；前 10 位国家间的创新产出效力差别较小。2019 年，中国创新产出效力指数值为 12.81，在 40 个国家中居第 27 位，与日本、韩国的差距较大，分别为日本的 44.10%、韩国的 58.44%，如图 5-23 所示。与 2014 年相比，2019 年中国创新产出效力指数排名略有下降，从第 26 位下降至第 27 位，但指数值增加了 1.27，如图 5-23 和图 5-24 所示；与 2010 年相比，2019 年中国创新产出效力指数值增加了 4.26，指数值增量在 40 个国家中排名第 11 位，表明这一时期中国创新产出效力指数值提升较为明显，如图 5-25 所示。

2. 主要国家创新产出效力指数值增长率比较

2010 ～ 2019 年，创新产出效力指数年均增长率排名前 10 的国家依次是葡萄牙、罗马尼亚、澳大利亚、智利、土耳其、阿根廷、新加坡、中国、巴西、印度。葡萄牙作为增长最快的国家，年均增长率达 8.97%。金砖五国中，中国（4.59%）、巴西（4.20%）、印度（3.75%）均进入前 10 名。世界主要发达国家中，日本（0.07%）、法国（−0.19%）、德国（−1.07%）的创新产出效力指数年均增长率均较低，如图 5-26 所示。

葡萄牙的创新产出效力指数在第一个五年（2010 ～ 2014 年）的增速表现强劲，为 18.10%；巴西的创新产出效力指数在第二个五年（2015 ～ 2019 年）的增速表现强劲，为 7.67%。金砖五国中，部分国家第二个五年的年均增长率有所降低，这些国家第一个五年和第二个五年的年均增长率分别如下：南非为 5.16%、1.44%，中国为 7.76%、1.70%。大部分国家年均增长率有所提升，如印度（4.98%、5.49%）、巴西（1.92%、7.67%）、俄罗斯（−3.51%、−1.70%）。世界主要发达国家中，部分国家第二个五年的年均增长率有所降低，这些国家第一个五年和第二个五年的年均增长率分别如下：美国为 2.62%、−0.54%，英国为 2.56%、0.64%，法国为 1.96%、−2.68%，德国为 0.60%、−1.99%，韩国为 5.44%、−1.25%。部分国家第二个

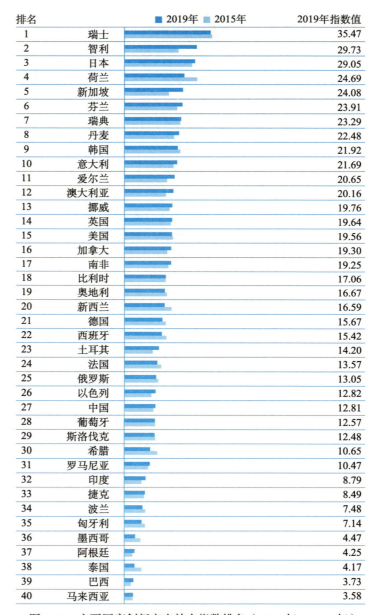

排名		■ 2019年 ■ 2015年	2019年指数值
1	瑞士		35.47
2	智利		29.73
3	日本		29.05
4	荷兰		24.69
5	新加坡		24.08
6	芬兰		23.91
7	瑞典		23.29
8	丹麦		22.48
9	韩国		21.92
10	意大利		21.69
11	爱尔兰		20.65
12	澳大利亚		20.16
13	挪威		19.76
14	英国		19.64
15	美国		19.56
16	加拿大		19.30
17	南非		19.25
18	比利时		17.06
19	奥地利		16.67
20	新西兰		16.59
21	德国		15.67
22	西班牙		15.42
23	土耳其		14.20
24	法国		13.57
25	俄罗斯		13.05
26	以色列		12.82
27	中国		12.81
28	葡萄牙		12.57
29	斯洛伐克		12.48
30	希腊		10.65
31	罗马尼亚		10.47
32	印度		8.79
33	捷克		8.49
34	波兰		7.48
35	匈牙利		7.14
36	墨西哥		4.47
37	阿根廷		4.25
38	泰国		4.17
39	巴西		3.73
40	马来西亚		3.58

图 5-23　主要国家创新产出效力指数排名（2015 年、2019 年）

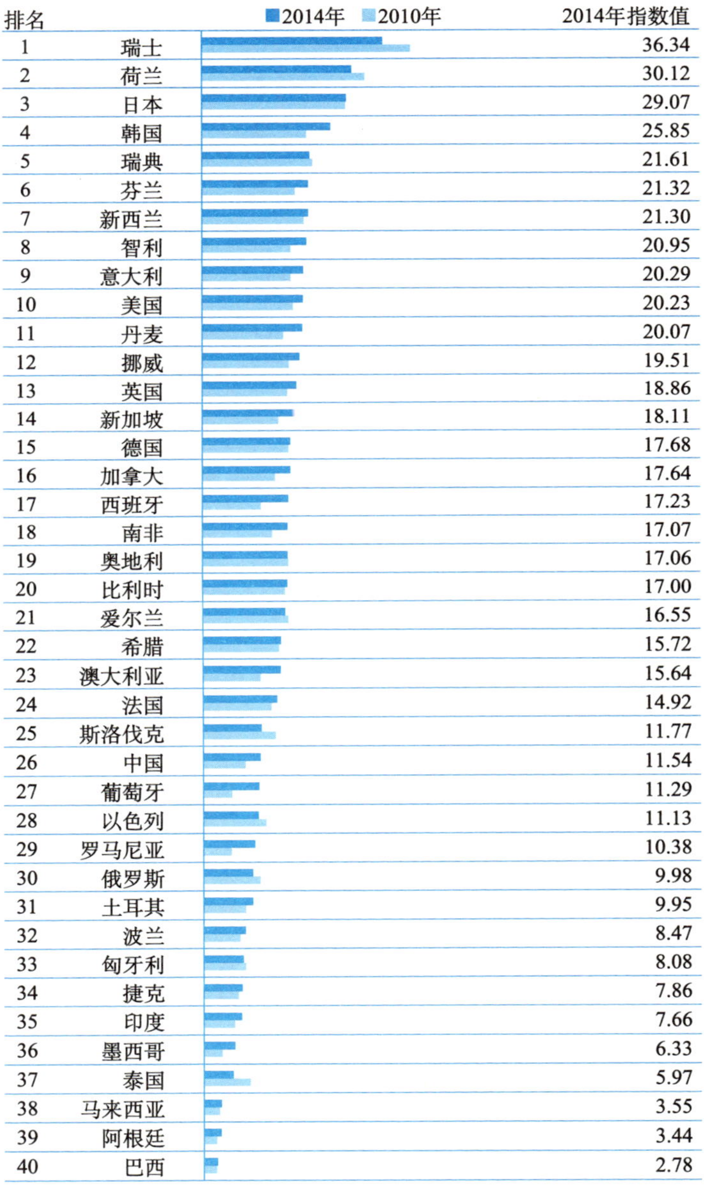

排名		■2014年　■2010年	2014年指数值
1	瑞士		36.34
2	荷兰		30.12
3	日本		29.07
4	韩国		25.85
5	瑞典		21.61
6	芬兰		21.32
7	新西兰		21.30
8	智利		20.95
9	意大利		20.29
10	美国		20.23
11	丹麦		20.07
12	挪威		19.51
13	英国		18.86
14	新加坡		18.11
15	德国		17.68
16	加拿大		17.64
17	西班牙		17.23
18	南非		17.07
19	奥地利		17.06
20	比利时		17.00
21	爱尔兰		16.55
22	希腊		15.72
23	澳大利亚		15.64
24	法国		14.92
25	斯洛伐克		11.77
26	中国		11.54
27	葡萄牙		11.29
28	以色列		11.13
29	罗马尼亚		10.38
30	俄罗斯		9.98
31	土耳其		9.95
32	波兰		8.47
33	匈牙利		8.08
34	捷克		7.86
35	印度		7.66
36	墨西哥		6.33
37	泰国		5.97
38	马来西亚		3.55
39	阿根廷		3.44
40	巴西		2.78

图 5-24　主要国家创新产出效力指数排名（2010 年、2014 年）

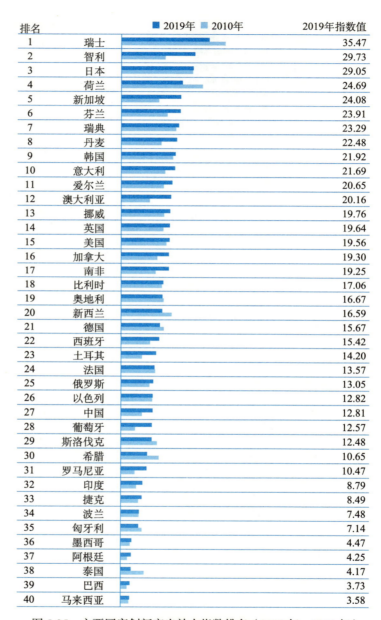

图 5-25　主要国家创新产出效力指数排名（2010 年、2019 年）

五年的年均增长率有所提升，如日本（0.16%、1.07%）。个别国家出现了负增长，如德国（0.60%、−1.99%）、法国（1.96%、−2.68%）。

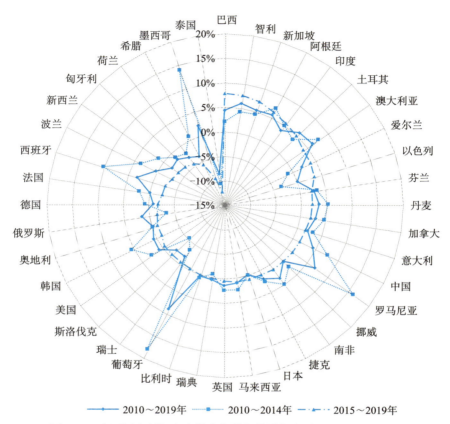

图 5-26 主要国家创新产出效力指数年均增长率（2010～2019年）

注：图中国家以2010～2019年年均增长率由高到低顺时针排序

（四）创新影响效力指数

1. 主要国家创新影响效力指数值比较

2019 年，瑞士创新影响效力指数排在第 1 位，指数值为 31.89；丹麦、德国、英国、美国、瑞典、日本、芬兰、以色列、荷兰分列第 2 位到第 10 位，指数值分别为 29.37、24.74、24.36、21.77、21.37、21.08、18.72、18.65、17.46；前 10 位国家间的创新影响效力差别较小，如图 5-27 所示。2019 年，中国的创新影响效力指数值为 6.92，在 40 个国家中居第 33 位，与美国、日本的差距较大，分别为美国的31.79%、日本的32.83%。与2014年相比，2019年中国创新影响效力指数排名上升了3位，从2014年的第36位变为2019年的第33位，指数值增加了0.88，如图5-27和图5-28所示；与

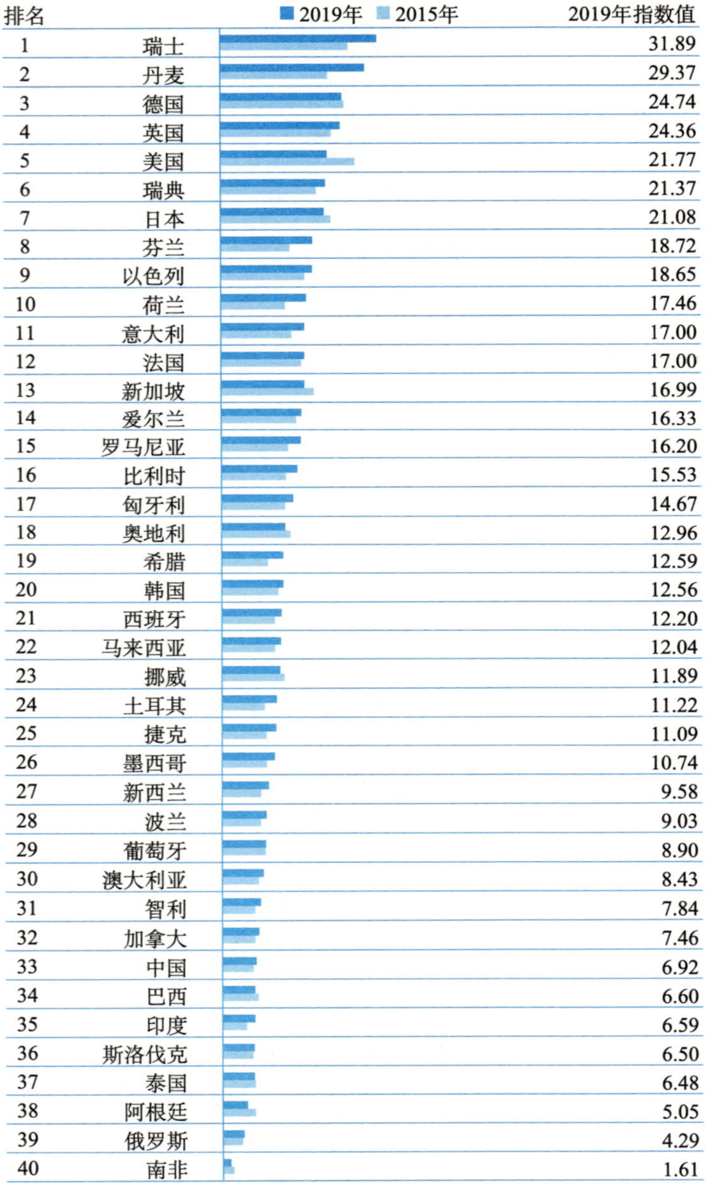

排名		2019年 2015年	2019年指数值
1	瑞士		31.89
2	丹麦		29.37
3	德国		24.74
4	英国		24.36
5	美国		21.77
6	瑞典		21.37
7	日本		21.08
8	芬兰		18.72
9	以色列		18.65
10	荷兰		17.46
11	意大利		17.00
12	法国		17.00
13	新加坡		16.99
14	爱尔兰		16.33
15	罗马尼亚		16.20
16	比利时		15.53
17	匈牙利		14.67
18	奥地利		12.96
19	希腊		12.59
20	韩国		12.56
21	西班牙		12.20
22	马来西亚		12.04
23	挪威		11.89
24	土耳其		11.22
25	捷克		11.09
26	墨西哥		10.74
27	新西兰		9.58
28	波兰		9.03
29	葡萄牙		8.90
30	澳大利亚		8.43
31	智利		7.84
32	加拿大		7.46
33	中国		6.92
34	巴西		6.60
35	印度		6.59
36	斯洛伐克		6.50
37	泰国		6.48
38	阿根廷		5.05
39	俄罗斯		4.29
40	南非		1.61

图 5-27　主要国家创新影响效力指数排名（2015 年、2019 年）

2010 年相比，中国创新影响效力指数值增加了 0.88，指数值增量在 40 个国家中排名第 28 位，增幅比较小，如图 5-29 所示。

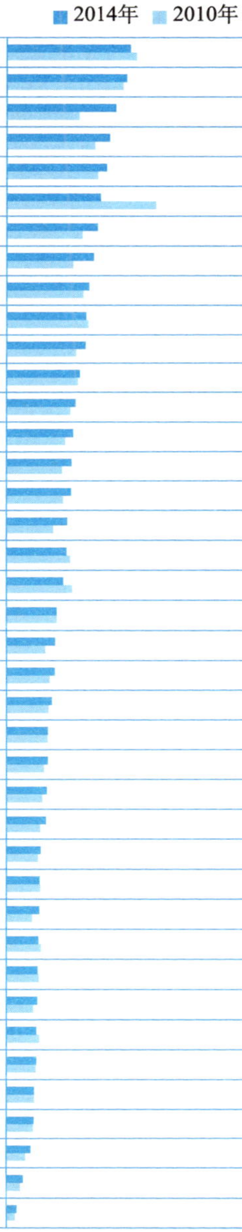

排名		2014年 2010年	2014年指数值
1	美国		27.12
2	瑞士		26.32
3	德国		23.90
4	英国		22.58
5	丹麦		21.94
6	瑞典		20.52
7	日本		19.83
8	芬兰		18.99
9	新加坡		17.98
10	法国		17.35
11	以色列		17.18
12	匈牙利		16.01
13	荷兰		15.03
14	爱尔兰		14.53
15	奥地利		14.21
16	意大利		14.13
17	挪威		13.28
18	比利时		13.09
19	罗马尼亚		12.42
20	马来西亚		10.97
21	西班牙		10.60
22	韩国		10.55
23	希腊		9.88
24	墨西哥		9.02
25	葡萄牙		9.00
26	土耳其		8.85
27	捷克		8.61
28	澳大利亚		7.45
29	新西兰		7.25
30	波兰		7.17
31	阿根廷		6.96
32	巴西		6.78
33	加拿大		6.73
34	泰国		6.53
35	智利		6.51
36	中国		6.04
37	斯洛伐克		5.97
38	印度		5.28
39	俄罗斯		3.66
40	南非		2.32

图 5-28　主要国家创新影响效力指数排名（2010 年、2014 年）

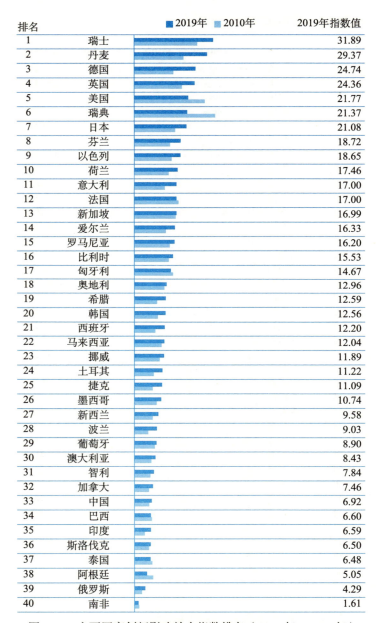

排名		■2019年 ■2010年	2019年指数值
1	瑞士		31.89
2	丹麦		29.37
3	德国		24.74
4	英国		24.36
5	美国		21.77
6	瑞典		21.37
7	日本		21.08
8	芬兰		18.72
9	以色列		18.65
10	荷兰		17.46
11	意大利		17.00
12	法国		17.00
13	新加坡		16.99
14	爱尔兰		16.33
15	罗马尼亚		16.20
16	比利时		15.53
17	匈牙利		14.67
18	奥地利		12.96
19	希腊		12.59
20	韩国		12.56
21	西班牙		12.20
22	马来西亚		12.04
23	挪威		11.89
24	土耳其		11.22
25	捷克		11.09
26	墨西哥		10.74
27	新西兰		9.58
28	波兰		9.03
29	葡萄牙		8.90
30	澳大利亚		8.43
31	智利		7.84
32	加拿大		7.46
33	中国		6.92
34	巴西		6.60
35	印度		6.59
36	斯洛伐克		6.50
37	泰国		6.48
38	阿根廷		5.05
39	俄罗斯		4.29
40	南非		1.61

图 5-29　主要国家创新影响效力指数排名（2010 年、2019 年）

2. 主要国家创新影响效力指数值增长率比较

2010～2019 年，创新影响效力指数年均增长率排名前 10 的国家依次是波兰、印度、德国、捷克、丹麦、西班牙、俄罗斯、土耳其、意大利、希腊。波兰作为增长最快的国家，年均增长率达 5.53%。新兴国家创新影响效力指数年均增长率普遍高于发达国家。金砖五国中，印度（5.20%）、俄罗斯（4.11%）均进入前 10 名。世界主要发达国家中，美国（-2.94%）、法国（-0.54%）的创新影响效力指数年均增长率均较低，如图 5-30 所示。

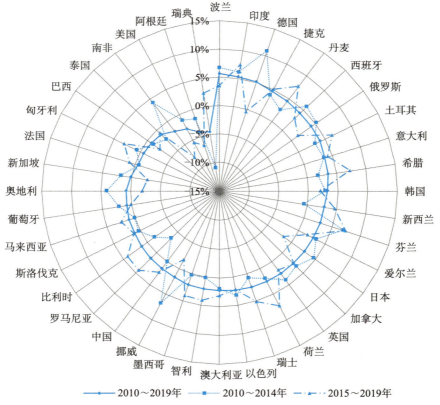

图 5-30 国家创新影响效力指数年均增长率（2010～2019 年）

注：图中国家以 2010～2019 年年均增长率由高到低顺时针排序

德国的创新影响效力指数在第一个五年（2010～2014 年）的增速表现强劲，为 10.93%；芬兰的创新产出效力指数在第二个五年（2015～2019 年）的增速表现强劲，为 8.25%。金砖五国中，大部分国家第二个五年的年均增长率有所降低，这些国家第一个五年和第二个五年的年均增长率分别如下：巴西为（−1.24%、−2.61%），俄罗斯为（5.20%、1.37%），南非为（4.10%、−7.85%）。部分国家年均增长率有所提升，如印度（6.05%、7.36%）、中国（0.01%、2.35%）。世界主要发达国家中，部分国家第二个五年的年均增长率有所降低，这些国家第一个五年和第二个五年的年均增长率分别如下：美国为 −1.21%、−5.58%，日本为 4.66%、−1.59%，英国为 4.04%、1.88%，德国为 10.83%、−0.52%，韩国为 2.87%、2.06%；部分国家第二个五年的年均增长率有所提升，如法国（−0.71%、1.00%）。个别国家出现了负增长，例如美国（−1.21%、−5.58%）。

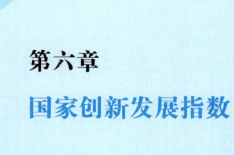

第六章
国家创新发展指数

第一节　中国创新发展水平分析

一、中国创新发展指数演进与发展趋势

（一）创新发展指数值演进

2010～2019 年，中国创新发展指数值稳步增长，但是始终低于 40 个国家的平均值，与 40 个国家的最大值的差距还比较大。2019 年，中国创新发展指数值为 25.59，40 个国家的最大值达到了 49.40（瑞士）。2010～2019 年，中国创新发展指数增长率表现出倒"U"形特征，年均增长率为 3.58%，其中，2011 年为 10 年间的最低值（1.29%），2015 年为 10 年间的最大值（5.07%）。与 2010 年相比，2019 年中国创新发展指数值增长了 37.21%。2015～2019 年，中国创新发展指数年均增长率为 3.15%（图 6-1）。

（二）创新发展指数发展趋势

2010～2019 年，中国创新发展指数值呈稳定增长趋势，虽然低于 40 个国家的平均值，但增长速度显著高于 40 个国家的平均值的增长速度，差距逐年缩小。为刻画中国创新发展指数未来发展趋势，本报告基于 2010～2019 年的指数值，在比较各类预测模型的拟合优度后，最终选择使用二次函数模

图 6-1　中国创新发展指数发展情况与国际比较（2010～2019 年）

型对中国创新发展指数值和 40 个国家创新发展指数平均值进行拟合，拟合曲线如图 6-2 所示。如果保持拟合曲线呈现的趋势，中国创新发展指数值将持续增长，且与 40 个国家的平均值之间的差距逐渐缩小。

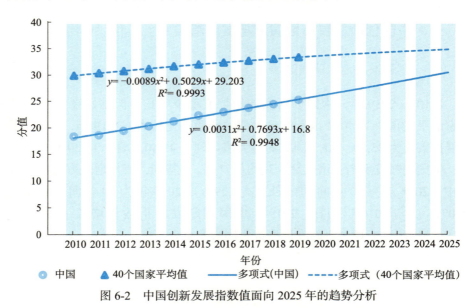

图 6-2　中国创新发展指数值面向 2025 年的趋势分析

二、中国创新发展分指数分析

创新发展指数由科学技术发展指数、产业创新发展指数、社会创新发展指数和环境创新发展指数构成。中国创新发展分指数值与 40 个国家的最大值、平均值比较如图 6-3 和图 6-4 所示。

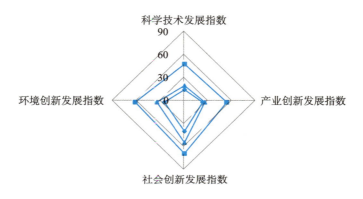

图 6-3　中国创新发展分指数值与 40 个国家的最大值、平均值比较（2019 年）

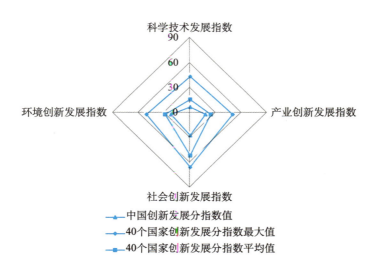

图 6-4　中国创新发展分指数值与 40 个国家的最大值、平均值比较（2010 年）

2019 年，中国科学技术发展指数排名第 26 位，指数值为 16.22，低于 40 个国家的平均值（21.54），相较于 2010 年（指数值 8.75）有明显提升，排名仅上升了 1 位。2019 年，排名第一的国家是瑞士，指数值为 49.53。2010 年排名第一的国家同样是瑞士，指数值为 45.67，40 个国家的平均值为 17.76。

总体而言，2010～2019年，中国科学技术发展指数值有所提升，但仍低于40个国家的平均值，与40个国家的最大值之间的差距并没有缩小。

2019年，中国产业创新发展指数排名第24位，指数值为22.85，低于40个国家的平均值（25.56），相较于2010年（指数值17.96）有小幅提升，排名上升了4位。2019年，排名第一的国家是新加坡，指数值为53.13。2010年排名第一的国家同样是新加坡，指数值为49.55，40个国家的平均值为24.14。总体来看，2010～2019年，中国产业创新发展指数值虽有所上升，但与40个国家的最大值之间仍存在较大差距。

2019年，中国社会创新发展指数排名第37位，指数值为37.74，低于40个国家的平均值（52.65），相较于2010年（指数值25.47）有小幅提升，排名上升1位。2019年排名第一的国家是比利时，指数值为66.92。2010年排名第一的国家同样是比利时，指数值为63.51，40个国家的平均值为49.52。总体来看，2010～2019年，中国社会创新发展指数与40个国家的平均值之间的差距虽然有所缩小，但仍然较大。

2019年，中国环境创新发展指数排名第34位，指数值为25.53，低于40个国家的平均值（34.85），相较于2010年（指数值22.42）略有上升，但排名下降了2位。2019年排名第一的国家是瑞士，指数值为62.13。2010年排名第一的国家同样是瑞士，指数值为50.95，40个国家的平均值为29.25。总体来看，2010～2019年，中国环境创新发展指数表现有所退步，与40个国家的平均值之间的差距进一步拉大。

（一）科学技术发展指数值演进

2010～2019年，中国科学技术发展指数值稳步提高，但仍低于40个国家的平均水平，与40个国家的最大值相比还有较大差距。2019年，中国科学技术发展指数值为16.22，40个国家的平均值为21.54，40个国家的最大值为49.53（瑞士）。2010～2019年，中国科学技术发展指数增长率先下降，2013年之后基本保持平稳，年均增长率为7.10%，其中，2013年为10年间的最低值（4.62%），2010为10年间的最高值（19.39%）。与2010年相比，2019年中国科学技术发展指数增长了85.37%。2015～2019年，中国科学技术发展指数年均增长率为5.89%，如图6-5所示。

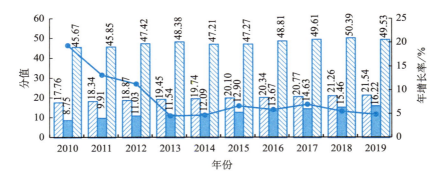

图 6-5　中国科学技术发展指数发展情况与国际比较（2010～2019 年）

（二）产业创新发展指数值演进

2010～2019 年，中国产业创新发展指数值整体稳步提升，但是始终低于 40 个国家的平均值，与 40 个国家的最大值相比差距较大。2019 年，中国产业创新发展指数值为 22.85，40 个国家的平均值为 25.56，40 个国家的最大值为 53.13（新加坡）。2010～2019 年，中国产业创新发展指数年均增长率为 2.71%，其中，2011 年为 10 年间的最小值（−2.95%），2015 年为 10 年间的最大值（6.78%）。与 2010 年相比，2019 年中国产业创新发展指数值增长了 27.23%。2015～2019 年，中国产业创新发展指数年均增长率为 2.99%，如图 6-6 所示。

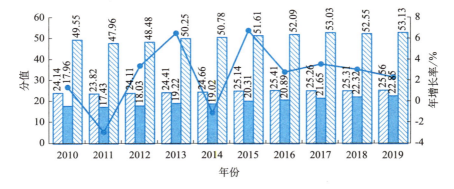

图 6-6　中国产业创新发展指数发展情况与国际比较（2010～2019 年）

（三）社会创新发展指数值演进

2010～2019 年，中国社会创新发展指数值稳步上升，但始终低于 40 个国家的平均值，与 40 个国家的最大值的差距较大。2019 年，中国社会创新发展指数值为 37.74，40 个国家的最大值为 66.92（比利时）。2010～2019 年，中国社会创新发展指数年均增长率为 4.47%，2014 年为 10 年间的最大值（9.33%），2018 年为 10 年间的最小值（1.64%）。与 2010 年相比，2019 年中国社会创新发展指数值增长了 48.17%。2015～2019 年，中国社会创新发展指数年均增长率为 2.10%，如图 6-7 所示。

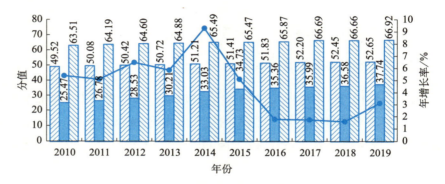

图 6-7　中国社会创新发展指数发展情况与国际比较（2010～2019 年）

（四）环境创新发展指数值演进

2010～2019 年，中国环境创新发展指数值整体小幅提升，但低于 40 个国家的平均值，与 40 个国家的最大值的差距较大。2019 年，中国环境创新发展指数值为 25.53，40 个国家的最大值为 62.13（瑞士）。2010～2019 年，中国环境创新发展指数增长率呈现出上升趋势，年均增长率为 1.45%，其中，2010 年为 10 年间的最小值（−6.06%），此后逐渐上升，2019 年达到 10 年间的最大值（3.86%）。与 2010 年相比，2019 年中国环境创新发展指数值增长了 13.87%。2015～2019 年，中国环境创新发展指数年均增长率为 3.27%。如图 6-8 所示。

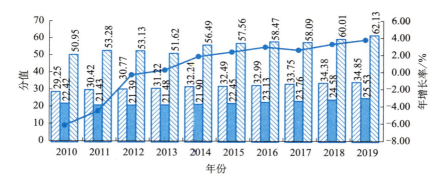

图 6-8 中国环境创新发展指数发展情况与国际比较（2010～2019 年）

第二节 主要国家创新发展分析与比较

一、主要国家创新发展指数分析

（一）创新发展指数值比较

1. 主要国家创新发展指数值比较

2019 年，瑞士、新加坡、丹麦创新发展指数排名前三，指数值分别为 49.40、47.39、45.55；荷兰、瑞典、爱尔兰、法国、英国、挪威、以色列分列第 4 位到第 10 位，指数值依次为 42.76、42.72、41.61、41.46、41.08、40.50、40.02；前 10 位国家间的差别较小。2019 年，中国的创新发展指数值为 25.59，在 40 个国家中名列第 35 位，与日本、美国、韩国的差距较大，分别为日本的 66.06%、美国的 70.65%、韩国的 71.24%，如图 6-9 所示。与 2014 年相比，2019 年中国的创新发展指数排名从第 37 位上升至第 35 位，指数值增加了 4.08，如图 6-9 和图 6-10 所示。与 2010 年相比，2019 年中国创新发展指数值增加了 6.94，指数值增量在 40 个国家中排名第 2 位，仅次于新加坡（7.83），表明这一时期中国创新发展水平提升明显，如图 6-11 所示。

排名		■ 2019年 ■ 2015年	2019年指数值
1	瑞士		49.40
2	新加坡		47.39
3	丹麦		45.55
4	荷兰		42.76
5	瑞典		42.72
6	爱尔兰		41.61
7	法国		41.46
8	英国		41.08
9	挪威		40.50
10	以色列		40.02
11	比利时		38.96
12	日本		38.74
13	德国		37.71
14	意大利		36.94
15	芬兰		36.76
16	奥地利		36.25
17	美国		36.22
18	韩国		35.92
19	西班牙		35.92
20	希腊		35.04
21	新西兰		34.09
22	澳大利亚		33.24
23	智利		30.99
24	葡萄牙		30.95
25	加拿大		30.89
26	阿根廷		29.94
27	匈牙利		29.75
28	捷克		29.59
29	马来西亚		29.08
30	土耳其		28.88
31	巴西		28.28
32	罗马尼亚		28.05
33	墨西哥		27.31
34	波兰		25.87
35	中国		25.59
36	斯洛伐克		24.35
37	泰国		23.02
38	俄罗斯		21.35
39	南非		18.80
40	印度		15.07

图 6-9　主要国家创新发展指数排名（2015 年、2019 年）

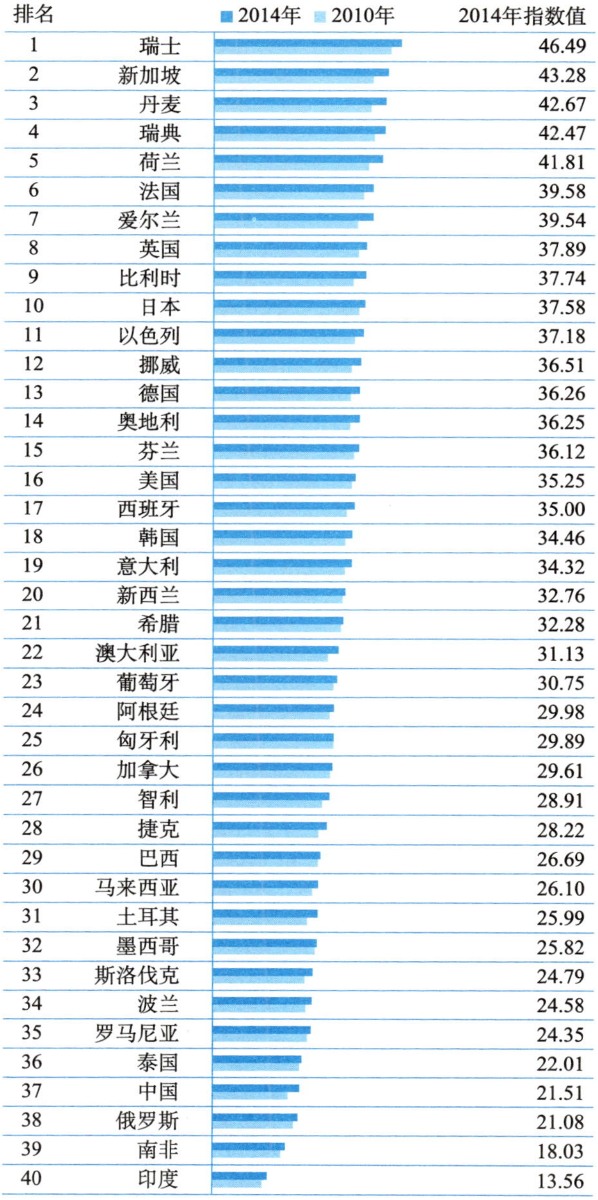

排名		■2014年　■2010年	2014年指数值
1	瑞士		46.49
2	新加坡		43.28
3	丹麦		42.67
4	瑞典		42.47
5	荷兰		41.81
6	法国		39.58
7	爱尔兰		39.54
8	英国		37.89
9	比利时		37.74
10	日本		37.58
11	以色列		37.18
12	挪威		36.51
13	德国		36.26
14	奥地利		36.25
15	芬兰		36.12
16	美国		35.25
17	西班牙		35.00
18	韩国		34.46
19	意大利		34.32
20	新西兰		32.76
21	希腊		32.28
22	澳大利亚		31.13
23	葡萄牙		30.75
24	阿根廷		29.98
25	匈牙利		29.89
26	加拿大		29.61
27	智利		28.91
28	捷克		28.22
29	巴西		26.69
30	马来西亚		26.10
31	土耳其		25.99
32	墨西哥		25.82
33	斯洛伐克		24.79
34	波兰		24.58
35	罗马尼亚		24.35
36	泰国		22.01
37	中国		21.51
38	俄罗斯		21.08
39	南非		18.03
40	印度		13.56

图 6-10　主要国家创新发展指数排名（2010 年、2014 年）

排名		■2019年 ■2010年	2019年指数值
1	瑞士		49.40
2	新加坡		47.39
3	丹麦		45.55
4	荷兰		42.76
5	瑞典		42.72
6	爱尔兰		41.61
7	法国		41.46
8	英国		41.08
9	挪威		40.50
10	以色列		40.02
11	比利时		38.96
12	日本		38.74
13	德国		37.71
14	意大利		36.94
15	芬兰		36.76
16	奥地利		36.25
17	美国		36.22
18	韩国		35.92
19	西班牙		35.92
20	希腊		35.04
21	新西兰		34.09
22	澳大利亚		33.24
23	智利		30.99
24	葡萄牙		30.95
25	加拿大		30.89
26	阿根廷		29.94
27	匈牙利		29.75
28	捷克		29.59
29	马来西亚		29.08
30	土耳其		28.88
31	巴西		28.28
32	罗马尼亚		28.05
33	墨西哥		27.31
34	波兰		25.87
35	中国		25.59
36	斯洛伐克		24.35
37	泰国		23.02
38	俄罗斯		21.35
39	南非		18.80
40	印度		15.07

图 6-11　主要国家创新发展指数排名（2010 年、2019 年）

2. 主要国家创新发展指数及其分指数值排名

2019 年创新发展指数排名前 10 的国家分别是瑞士、新加坡、丹麦、荷兰、瑞典、爱尔兰、法国、英国、挪威、以色列，除英国和法国外，其余 8 个国家为经济规模中等及以下的发达国家，未见美国、德国等世界主要发达国家，如表 6-1 所示。

中国的创新发展指数排名相对落后，2019 年排在 40 个国家的第 35 位，相较于 2010 年的指数排名上升了 3 位，超过同为金砖国家的俄罗斯、印度和南非。从分指数看，2019 年，中国社会创新发展指数排名仅列第 37 位，是创新发展指数的一大短板。2010 ～ 2019 年，中国科学技术发展指数、产业创新发展指数和社会创新发展指数排名均有所上升，但中国创新发展指数依旧排在第 35 位。10 年间，中国的环境创新发展指数的排名从 2010 年的第 32 位下降至 2019 年的第 34 位，降低了中国创新发展指数的排名。

金砖国家中，巴西创新发展指数在 2019 年排在 40 个国家的第 31 位，较 2010 年下降了 2 位。俄罗斯、南非和印度的排名在 10 年间未出现明显进步，仍均处于 40 个国家排名的末位。发达国家中，法国、英国的创新发展指数排名在 2019 年进入了前 10。创新发展指数的排名中，瑞士、新加坡、丹麦等国家具有一定优势，中国、印度、巴西、俄罗斯等金砖国家排名较为靠后。

金砖国家分指数排名大多靠后，个别分指标排名靠前不能明显拉高国家创新发展指数排名。以印度为例，2019 年印度的环境创新发展指数排在 40 个国家中的第 21 位，但其科学技术发展指数、产业创新发展指数和社会创新发展指数的排名较差，分别为第 39 位、第 40 位和第 40 位，因此印度的创新发展指数在 2019 年排在 40 个国家中的最后一位。环境创新发展指数成为影响某些发达国家创新发展指数排名最显著的短板。以美国为例，2019 年美国环境创新发展指数仅排在 40 个国家中的第 38 位，而其科学技术发展指数、产业创新发展指数和社会创新发展指数的排名均在前 10 名。

表 6-1　主要国家创新发展指数及其分指数排名比较

国家	创新发展指数		科学技术发展指数		产业创新发展指数		社会创新发展指数		环境创新发展指数	
	2019 年	2010 年	2019 年	2010 年	2019 年	2010 年	2019 年	2010 年	2019 年	2010 年
瑞士	1	1	1	1	4	4	27	29	1	1
新加坡	2	3	5	11	1	1	14	19	13	23

续表

国家	创新发展指数		科学技术发展指数		产业创新发展指数		社会创新发展指数		环境创新发展指数	
	2019 年	2010 年	2019 年	2010 年	2019 年	2010 年	2019 年	2010 年	2019 年	2010 年
丹麦	3	4	4	5	15	13	4	3	2	14
荷兰	4	5	2	2	7	3	7	13	26	30
瑞典	5	2	3	4	16	10	6	7	11	12
爱尔兰	6	9	10	15	3	7	25	24	7	13
法国	7	6	17	16	6	6	13	18	6	11
英国	8	8	16	17	8	8	19	17	4	19
挪威	9	14	15	14	11	12	2	8	17	28
以色列	10	10	11	10	9	11	20	16	15	24
比利时	11	12	14	13	14	16	1	1	28	31
日本	12	7	9	6	18	14	3	5	24	26
德国	13	15	12	9	17	17	16	20	22	22
意大利	14	19	21	21	22	23	24	21	3	6
芬兰	15	11	8	3	25	22	9	2	31	34
奥地利	16	16	13	8	19	20	23	25	20	16
美国	17	13	7	7	5	2	10	4	38	39
韩国	18	18	6	12	10	9	17	11	36	35
西班牙	19	17	22	22	23	25	12	12	9	4
希腊	20	21	25	26	20	21	21	10	8	17
新西兰	21	20	20	20	27	26	11	6	25	21
澳大利亚	22	26	18	19	13	19	5	9	37	40
智利	23	27	30	30	36	37	15	23	18	10
葡萄牙	24	23	23	24	30	32	28	26	16	3
加拿大	25	24	19	18	12	15	18	14	40	38
阿根廷	26	25	36	33	33	30	8	15	23	7
匈牙利	27	22	24	23	28	18	31	28	19	18
捷克	28	28	27	25	21	27	26	22	32	33

续表

国家	创新发展指数		科学技术发展指数		产业创新发展指数		社会创新发展指数		环境创新发展指数	
	2019 年	2010 年	2019 年	2010 年	2019 年	2010 年	2019 年	2010 年	2019 年	2010 年
马来西亚	29	31	28	35	2	5	36	36	33	29
土耳其	30	33	38	37	39	39	22	32	10	8
巴西	31	29	37	38	31	31	29	31	14	2
罗马尼亚	32	32	33	39	37	38	34	33	5	5
墨西哥	33	30	40	36	26	24	33	35	12	9
波兰	34	34	29	32	34	36	27	27	27	27
中国	35	38	26	27	24	28	37	38	34	32
斯洛伐克	36	35	31	29	32	34	35	34	29	25
泰国	37	36	34	31	29	29	38	37	30	20
俄罗斯	38	37	35	34	35	35	30	30	39	37
南非	39	39	32	28	38	33	39	39	35	36
印度	40	40	39	40	40	40	40	40	21	15

（二）主要国家创新发展指数值增长率比较

2010～2019 年，创新发展指数值年均增长率排名前 10 的国家依次是中国、土耳其、印度、新加坡、罗马尼亚、挪威、马来西亚、澳大利亚、丹麦、爱尔兰。中国作为增长最快的国家，年均增长率达 3.58%。金砖五国中，中国（3.58%）、印度（2.32%）均进入前 10 名。世界主要发达国家中，美国（0.60%）、日本（0.78%）、韩国（1.03%）的创新发展指数年均增长率均较低，如图 6-12 所示。

中国的创新发展指数在第一个五年（2010～2014 年）与第二个五年（2015～2019 年）的增速都表现强劲；中国创新发展指数在第一个五年的年均增长率为 3.63%，第二个五年为 3.15%。金砖五国中，大部分国家第二个五年的年均增长率有所降低，这些国家第一个五年和第二个五年的年均增长率分别为：印度（2.54%、2.29%）、俄罗斯（1.42%、0.20%）、南非（1.72%、

0.58%）、中国（3.63%、3.15%）；部分国家年均增长率有所提升，例如巴西（0.55%、0.89%）。世界主要发达国家中，部分国家第二个五年的年均增长率有所降低，这些国家第一个五年和第二个五年的年均增长率分别为：美国（0.60%、0.24%）、日本（1.00%、0.71%）、法国（1.56%、0.84%）、德国（1.58%、0.75%）、韩国（1.27%、1.11%）；部分国家第二个五年的年均增长率有所提升，如英国（1.29%，1.75%）。

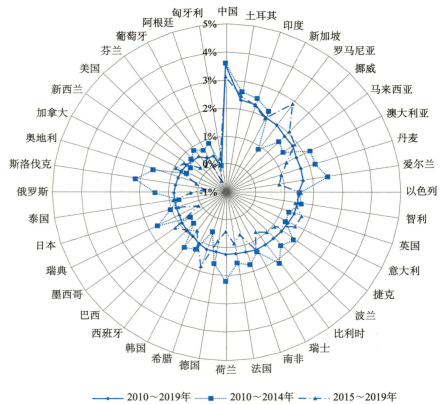

图 6-12　40 个国家创新发展指数年均增长率（2010～2019 年）

注：图中国家以 2010～2019 年年均增长率由高到低顺时针排序

（三）中国创新发展指数三级指标得分比较与演进

2019 年，中国创新发展指数三级指标中仅有每百万研究人员本国居民专利授权量、高科技产品出口额占制成品出口额的比重及人均 CO_2 排放量这 3

个指标得分高于 40 个国家相应指标得分的平均值，其他指标得分均低于 40 个国家相应指标得分的平均值。知识产权使用费收入占 GDP 的比重指标得分仅为 0.18，远低于 40 个国家指标得分的平均值，如图 6-13 所示。

2010 年中国创新发展指数三级指标中服务业附加值占 GDP 的比重指标得分为 40 个国家指标得分的最小值。知识产权使用费收入占 GDP 的比重指标得分低于 1，远低于 40 个国家指标得分的平均值，如图 6-14 所示。

总体来看，与 2010 年相比，2019 年中国创新发展指数有所进步，仅知识产权使用费收入占 GDP 的比重、高科技产品出口额占制成品出口额的比重及公共医疗卫生支出占医疗总支出的比重这 3 个指标得分出现了小幅下降。需要指出的是，知识产权使用费收入占 GDP 的比重这一指标得分仅为 0.18，且多数指标得分低于 40 个国家相应指标得分的平均值。

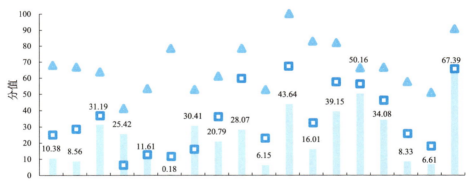

图 6-13　中国创新发展指数三级指标得分对比（2019 年）

注：图中所显示数据为中国创新发展指数三级指标得分

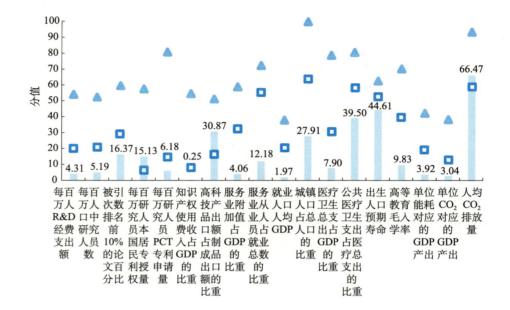

图 6-14　中国创新发展指数三级指标得分对比（2010 年）

注：图中所显示数据为中国创新发展指数三级指标得分

二、主要国家创新发展分指数分析与比较

（一）科学技术发展指数

1. 主要国家科学技术发展指数值比较

2019 年，瑞士的科学技术发展指数排名第一，指数值为 49.53；荷兰、瑞典、丹麦、新加坡、韩国、美国、芬兰、日本、爱尔兰分列第 2 位到第 10 位，指数值依次为 42.85、37.95、36.52、35.60、35.26、33.34、32.86、32.02、31.95；前 10 位国家间的差别较小。2019 年，中国科学技术发展指数值为 16.22，在 40 个国家中名列第 26 位，与韩国、美国、日本的差距巨大，分别为韩国的 46.00%、美国的 48.65%、日本的 50.66%，如图 6-15 所示。与 2014 年相比，2019 年中国科学技术发展指数排名由第 27 位上升至第 26 位，指数值增加了 4.13，如图 6-15 和图 6-16 所示。与 2010 年相比，2019 年中国

科学技术发展指数值增加了 7.47，指数值增量在 40 个国家中排名第 5 位，表明这一时期中国科学技术发展水平有明显的提升，如图 6-17 所示。

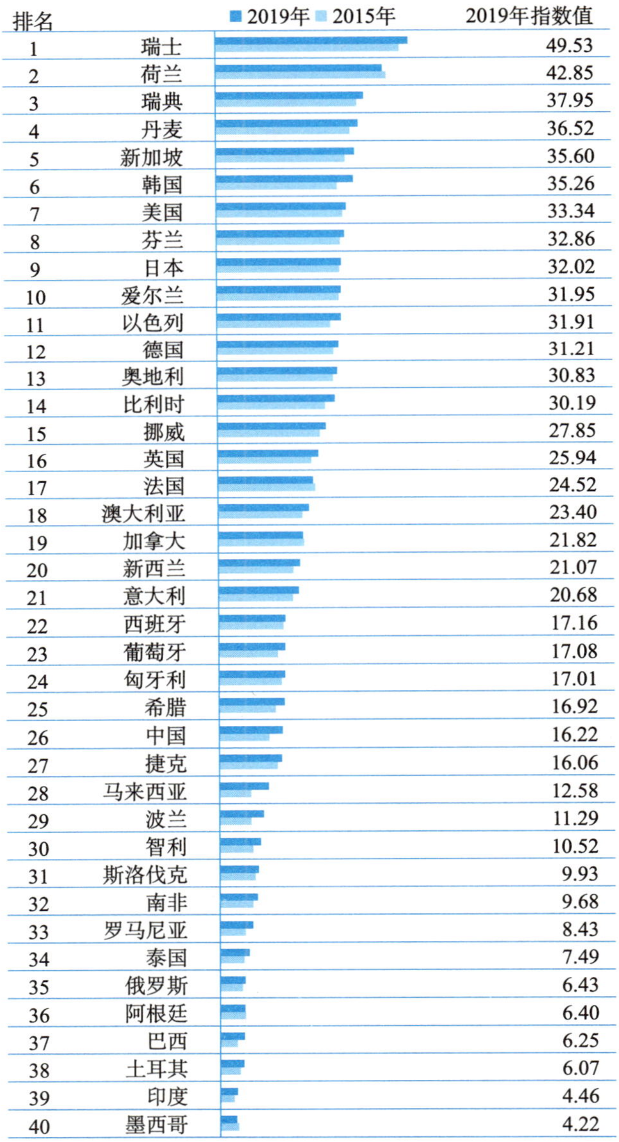

排名		2019年 2015年	2019年指数值
1	瑞士		49.53
2	荷兰		42.85
3	瑞典		37.95
4	丹麦		36.52
5	新加坡		35.60
6	韩国		35.26
7	美国		33.34
8	芬兰		32.86
9	日本		32.02
10	爱尔兰		31.95
11	以色列		31.91
12	德国		31.21
13	奥地利		30.83
14	比利时		30.19
15	挪威		27.85
16	英国		25.94
17	法国		24.52
18	澳大利亚		23.40
19	加拿大		21.82
20	新西兰		21.07
21	意大利		20.68
22	西班牙		17.16
23	葡萄牙		17.08
24	匈牙利		17.01
25	希腊		16.92
26	中国		16.22
27	捷克		16.06
28	马来西亚		12.58
29	波兰		11.29
30	智利		10.52
31	斯洛伐克		9.93
32	南非		9.68
33	罗马尼亚		8.43
34	泰国		7.49
35	俄罗斯		6.43
36	阿根廷		6.40
37	巴西		6.25
38	土耳其		6.07
39	印度		4.46
40	墨西哥		4.22

图 6-15　主要国家科学技术发展指数排名（2015 年、2019 年）

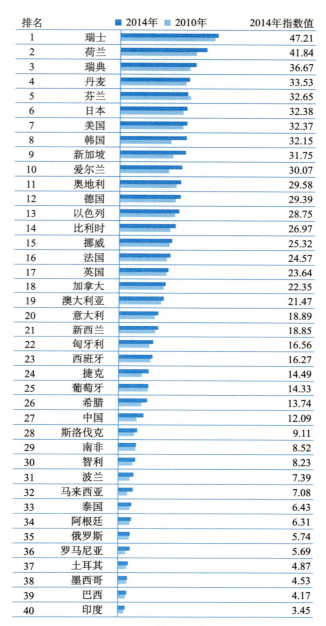

图 6-16　主要国家科学技术发展指数排名（2010 年、2014 年）

排名		2019年 2010年	2019年指数值
1	瑞士		49.53
2	荷兰		42.85
3	瑞典		37.95
4	丹麦		36.52
5	新加坡		35.60
6	韩国		35.26
7	美国		33.34
8	芬兰		32.86
9	日本		32.02
10	爱尔兰		31.95
11	以色列		31.91
12	德国		31.21
13	奥地利		30.83
14	比利时		30.19
15	挪威		27.85
16	英国		25.94
17	法国		24.52
18	澳大利亚		23.40
19	加拿大		21.82
20	新西兰		21.07
21	意大利		20.68
22	西班牙		17.16
23	葡萄牙		17.08
24	匈牙利		17.01
25	希腊		16.92
26	中国		16.22
27	捷克		16.06
28	马来西亚		12.58
29	波兰		11.29
30	智利		10.52
31	斯洛伐克		9.93
32	南非		9.68
33	罗马尼亚		8.43
34	泰国		7.49
35	俄罗斯		6.43
36	阿根廷		6.40
37	巴西		6.25
38	土耳其		6.07
39	印度		4.46
40	墨西哥		4.22

图 6-17　主要国家科学技术发展指数排名（2010 年、2019 年）

2. 主要国家科学技术发展指数值增长率比较

2010～2019 年，科学技术发展指数年均增长率排名前 10 的国家依次是马来西亚、罗马尼亚、波兰、中国、巴西、印度、希腊、智利、土耳其、捷克。马来西亚作为增长最快的国家，年均增长率达 12.31%。金砖五国中，中国（7.10%）、巴西（6.33%）、印度（5.50%）均进入前 10 名。世界主要发达国家中，美国（1.01%）、日本（0.55%）、英国（1.50%）、法国（0.80%）的科学技术发展指数年均增长率均较低，如图 6-18 所示。

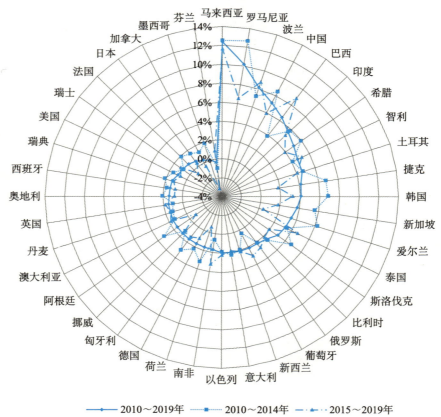

图 6-18　40 个国家科学技术发展指数年均增长率（2010～2019 年）

注：图中国家以 2010～2019 年年均增长率由高到低顺时针排序

马来西亚的科学技术发展指数在第一个五年（2010～2014 年）与第二个五年（2015～2019 年）的增速都表现强劲：第一个五年的年均增长率为

12.47%，第二个五年为 11.60%。金砖五国中，部分国家第二个五年的年均增长率有所降低，这些国家第一个五年和第二个五年的年均增长率分别如下：印度为（5.74%、5.07%），中国为（8.42%、5.88%）。大部分金砖国家年均增长率有所提升，如巴西（3.80%、8.82%）、俄罗斯（2.12%、2.72%）、南非（0.71%、3.24%）。世界主要发达国家中，大部分国家第二个五年的年均增长率有所降低，这些国家第一个五年和第二个五年的年均增长率分别如下：美国为 1.53%、0.71%，日本为 1.51%、0.35%，法国为 1.85%、−0.57%，德国为 2.27%、1.03%，韩国为 6.82%、3.20%；部分国家第二个五年的年均增长率有所提升，如英国。

（二）产业创新发展指数

1. 主要国家产业创新发展指数值比较

2019 年，新加坡产业创新发展指数超群，排名第 1 位，指数值为 53.13，分列第 2 位到第 10 位的国家依次为马来西亚、爱尔兰、瑞士、美国、法国、荷兰、英国、以色列、韩国，指数值依次为 38.99、38.32、36.79、34.20、34.19、33.24、32.91、31.57、31.53；排名前 10 的国家中，新加坡产业创新发展遥遥领先，呈现出"单极"的格局。2019 年，中国产业创新发展指数值为 22.85，在 40 个国家中名列第 24 位，与新加坡、美国之间的差距较大，分别为新加坡的 43.01%、美国的 66.81%，如图 6-19 所示。与 2014 年相比，2019 年中国产业创新发展指数排名上升了 4 位，指数值增加了 3.83，如图 6-19 和图 6-20 所示；与 2010 年相比，2019 年中国产业创新发展指数值增加了 4.89，指数值增量在 40 个国家中排名第 3 位，仅次于爱尔兰（5.30）和马来西亚（5.02），表明这一时期中国产业创新发展水平提升明显，如图 6-21 所示。

2. 主要国家产业创新发展指数值增长率比较

2010～2019 年，产业创新发展指数年均增长率排名前 10 的国家依次是印度、罗马尼亚、中国、土耳其、波兰、葡萄牙、智利、爱尔兰、斯洛伐克、巴西。印度作为增长最快的国家，年均增长率达 7.22%。金砖五国中，印度（7.22%）、中国（2.71%）、巴西（1.54%）均进入前 10 名。世界主要发达国家中，美国（−0.35%）、日本（−0.37%）、英国（0.23%）、法国（0.09%）

排名		2019年	2015年	2019年指数值
1	新加坡			53.13
2	马来西亚			38.99
3	爱尔兰			38.32
4	瑞士			36.79
5	美国			34.20
6	法国			34.19
7	荷兰			33.24
8	英国			32.91
9	以色列			31.57
10	韩国			31.53
11	挪威			30.27
12	加拿大			29.64
13	澳大利亚			28.59
14	比利时			28.42
15	丹麦			27.99
16	瑞典			27.96
17	德国			26.72
18	日本			26.48
19	奥地利			24.36
20	希腊			24.35
21	捷克			23.75
22	意大利			23.39
23	西班牙			23.25
24	中国			22.85
25	芬兰			22.68
26	墨西哥			22.29
27	新西兰			22.22
28	匈牙利			21.59
29	泰国			19.73
30	葡萄牙			19.62
31	巴西			19.45
32	斯洛伐克			18.34
33	阿根廷			18.14
34	波兰			17.62
35	俄罗斯			17.61
36	智利			16.63
37	罗马尼亚			16.32
38	南非			16.04
39	土耳其			13.62
40	印度			7.56

图 6-19　主要国家产业创新发展指数排名（2015 年、2019 年）

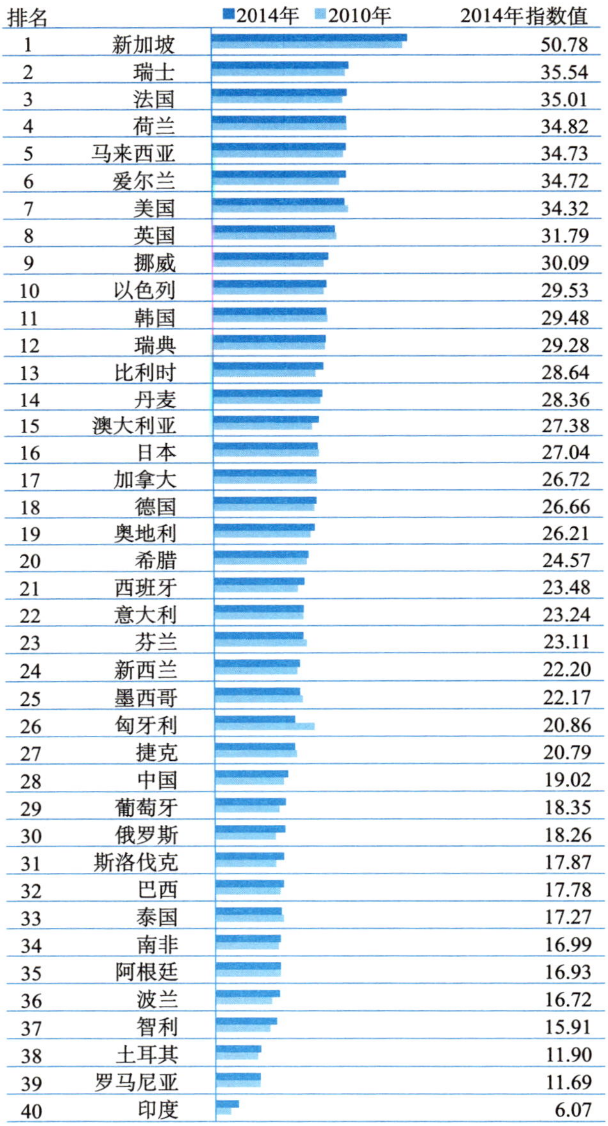

排名		■2014年 ■2010年	2014年指数值
1	新加坡		50.78
2	瑞士		35.54
3	法国		35.01
4	荷兰		34.82
5	马来西亚		34.73
6	爱尔兰		34.72
7	美国		34.32
8	英国		31.79
9	挪威		30.09
10	以色列		29.53
11	韩国		29.48
12	瑞典		29.28
13	比利时		28.64
14	丹麦		28.36
15	澳大利亚		27.38
16	日本		27.04
17	加拿大		26.72
18	德国		26.66
19	奥地利		26.21
20	希腊		24.57
21	西班牙		23.48
22	意大利		23.24
23	芬兰		23.11
24	新西兰		22.20
25	墨西哥		22.17
26	匈牙利		20.86
27	捷克		20.79
28	中国		19.02
29	葡萄牙		18.35
30	俄罗斯		18.26
31	斯洛伐克		17.87
32	巴西		17.78
33	泰国		17.27
34	南非		16.99
35	阿根廷		16.93
36	波兰		16.72
37	智利		15.91
38	土耳其		11.90
39	罗马尼亚		11.69
40	印度		6.07

图 6-20　主要国家产业创新发展指数排名（2010 年、2014 年）

排名		■ 2019年 ■ 2010年	2019年指数值
1	新加坡		53.13
2	马来西亚		38.99
3	爱尔兰		38.32
4	瑞士		36.79
5	美国		34.20
6	法国		34.19
7	荷兰		33.24
8	英国		32.91
9	以色列		31.57
10	韩国		31.53
11	挪威		30.27
12	加拿大		29.64
13	澳大利亚		28.59
14	比利时		28.42
15	丹麦		27.99
16	瑞典		27.96
17	德国		26.72
18	日本		26.48
19	奥地利		24.36
20	希腊		24.35
21	捷克		23.75
22	意大利		23.39
23	西班牙		23.25
24	中国		22.85
25	芬兰		22.68
26	墨西哥		22.29
27	新西兰		22.22
28	匈牙利		21.59
29	泰国		19.73
30	葡萄牙		19.62
31	巴西		19.45
32	斯洛伐克		18.34
33	阿根廷		18.14
34	波兰		17.62
35	俄罗斯		17.61
36	智利		16.63
37	罗马尼亚		16.32
38	南非		16.04
39	土耳其		13.62
40	印度		7.56

图 6-21　主要国家产业创新发展指数排名（2010 年、2019 年）

的产业创新发展指数年均增长率均较低，如图 6-22 所示。

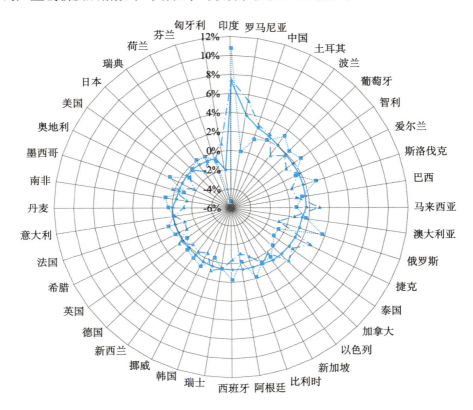

图 6-22　40 个国家产业创新发展指数年均增长率（2010～2019 年）

注：图中国家以 2010～2019 年年均增长率由高到低顺时针排序

印度的产业创新发展指数在第一个五年（2010～2014 年）与第二个五年（2015～2019 年）的增速都表现强劲：第一个五年的年均增长率为 10.71%，第二个五年为 7.40%。金砖五国中，大部分国家第二个五年的年均增长率有所降低，这些国家第一个五年和第二个五年的年均增长率分别如下：印度为 10.71%、7.40%，巴西为 1.22%、0.62%，俄罗斯为 3.62%、−1.03%，南非为 0.83%、−1.32%；部分国家年均增长率有所提升，如中国（1.45%、2.99%）。世界主要发达国家中，部分国家第二个五年的年均增长率有所降低，这些国家第一个五年和第二个五年的年均增长率分别如下：日本

为 −0.31%、−0.49%，法国为 0.80%、−0.92%，德国为 0.47%、−0.36%；部分国家第二个五年的年均增长率有所提升，如美国（−0.70%、−0.67%）、英国（−0.35%、0.65%）、韩国（−0.30%、1.11%）。个别国家出现了负增长，如南非（0.83、−1.32%）、瑞典（0.11、−1.37%）等。

（三）社会创新发展指数

1. 主要国家社会创新发展指数值比较

2019 年，比利时社会创新发展指数排名第 1 位，指数值为 66.92；分列第 2 位到第 10 位的国家依次为挪威、日本、丹麦、澳大利亚、瑞典、荷兰、阿根廷、芬兰、美国，指数值依次为 66.07、64.62、64.00、63.97、63.85、63.52、63.25、62.71、61.61；排名前 10 的国家社会创新发展水平基本相当。2019 年，中国社会创新发展指数值为 37.74，在 40 个国家中名列第 37 位，仅高于泰国、南非和印度，与日本、美国和韩国之间的差距较大，分别为日本的 58.40%、美国的 61.26% 和韩国的 64.26%，如图 6-23 所示。与 2014 年相比，2019 年中国社会创新发展指数排名上升 1 位，指数值增加了 4.71，如图 6-23 和图 6-24 所示；与 2010 年相比，2019 年中国社会创新发展指数值增加了 12.27，指数值增量在 40 个国家中排名第 2 位，表明这一时期中国社会创新发展水平提升明显，如图 6-25 所示。

2. 主要国家社会创新发展指数值增长率比较

2010 ～ 2019 年，社会创新发展指数年均增长率排名前 10 的国家依次是印度、中国、土耳其、南非、智利、挪威、阿根廷、墨西哥、马来西亚、巴西。印度作为增长最快的国家，年均增长率达 4.71%。金砖五国中，印度（4.71%）、中国（4.47%）、南非（2.40%）、巴西（1.14%）均进入前 10 名。世界主要发达国家中，美国（−0.02%）、英国（0.19%）、韩国（0.17%）的社会创新发展指数年均增长率均较低，如图 6-26 所示。

印度和中国的社会创新发展指数在第一个五年（2010 ～ 2014 年）与第二个五年（2015 ～ 2019 年）的增速都表现强劲；印度社会创新发展指数在第一个五年的年均增长率为 6.49%，第二个五年为 2.18%；中国社会创新发展指数在第一个五年的年均增长率为 6.72%，第二个五年为 2.10%。金

排名		■ 2019年 ■ 2015年	2019年指数值
1	比利时		66.92
2	挪威		66.07
3	日本		64.62
4	丹麦		64.00
5	澳大利亚		63.97
6	瑞典		63.85
7	荷兰		63.52
8	阿根廷		63.25
9	芬兰		62.71
10	美国		61.61
11	新西兰		61.56
12	西班牙		61.03
13	法国		60.12
14	新加坡		60.10
15	智利		59.23
16	德国		58.94
17	韩国		58.73
18	加拿大		58.66
19	英国		57.02
20	以色列		56.84
21	希腊		56.09
22	土耳其		54.55
23	奥地利		53.55
24	意大利		51.83
25	爱尔兰		51.68
26	捷克		50.41
27	瑞士		49.14
28	葡萄牙		48.69
29	巴西		47.23
30	俄罗斯		46.80
31	匈牙利		44.03
32	波兰		43.18
33	墨西哥		41.98
34	罗马尼亚		39.34
35	斯洛伐克		39.01
36	马来西亚		38.77
37	中国		37.74
38	泰国		35.34
39	南非		30.83
40	印度		13.21

图 6-23　主要国家社会创新发展指数排名（2015 年、2019 年）

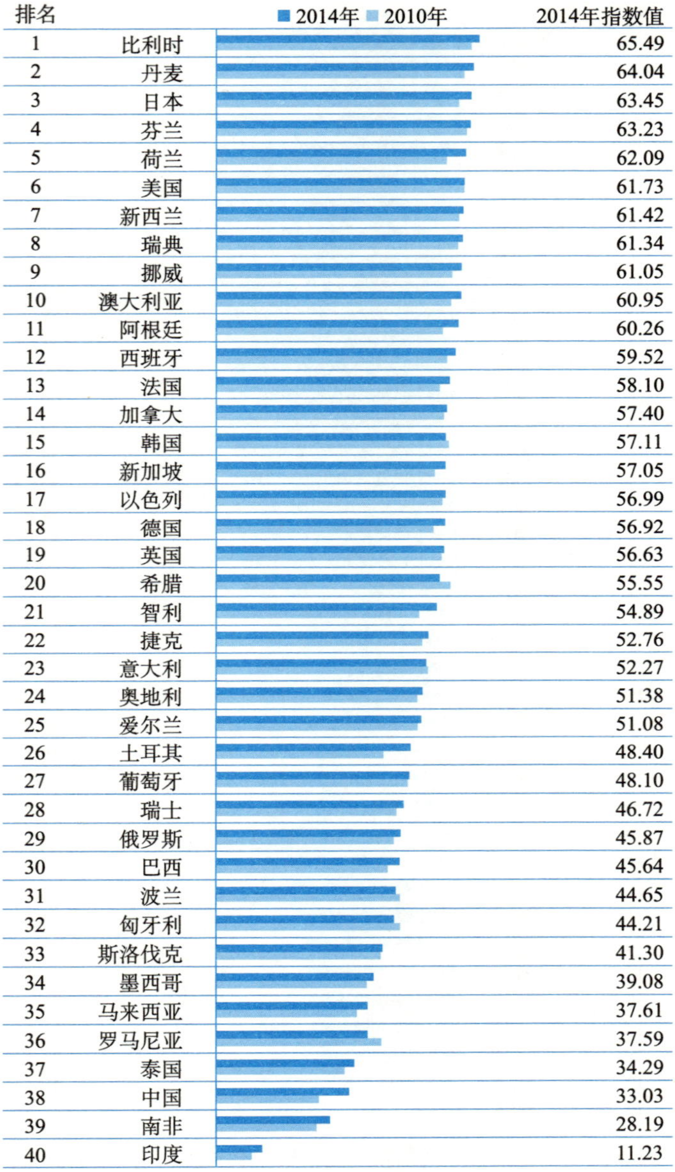

排名		■2014年 ■2010年	2014年指数值
1	比利时		65.49
2	丹麦		64.04
3	日本		63.45
4	芬兰		63.23
5	荷兰		62.09
6	美国		61.73
7	新西兰		61.42
8	瑞典		61.34
9	挪威		61.05
10	澳大利亚		60.95
11	阿根廷		60.26
12	西班牙		59.52
13	法国		58.10
14	加拿大		57.40
15	韩国		57.11
16	新加坡		57.05
17	以色列		56.99
18	德国		56.92
19	英国		56.63
20	希腊		55.55
21	智利		54.89
22	捷克		52.76
23	意大利		52.27
24	奥地利		51.38
25	爱尔兰		51.08
26	土耳其		48.40
27	葡萄牙		48.10
28	瑞士		46.72
29	俄罗斯		45.87
30	巴西		45.64
31	波兰		44.65
32	匈牙利		44.21
33	斯洛伐克		41.30
34	墨西哥		39.08
35	马来西亚		37.61
36	罗马尼亚		37.59
37	泰国		34.29
38	中国		33.03
39	南非		28.19
40	印度		11.23

图 6-24　主要国家社会创新发展指数排名（2010 年、2014 年）

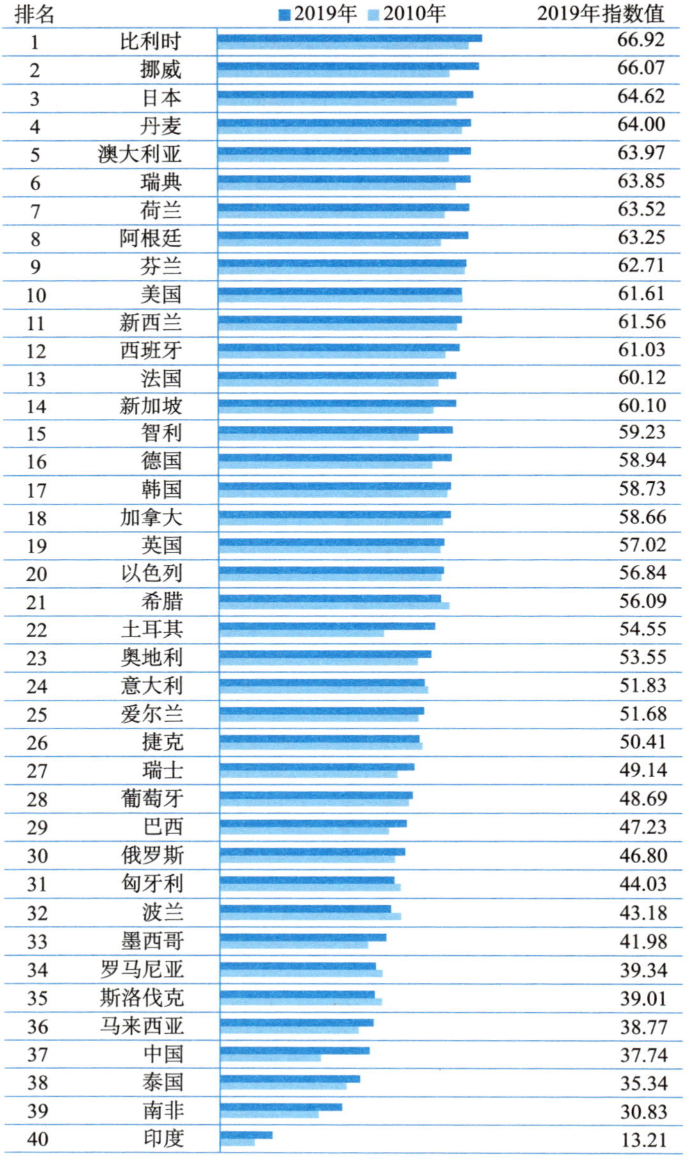

排名		■2019年 ■2010年	2019年指数值
1	比利时		66.92
2	挪威		66.07
3	日本		64.62
4	丹麦		64.00
5	澳大利亚		63.97
6	瑞典		63.85
7	荷兰		63.52
8	阿根廷		63.25
9	芬兰		62.71
10	美国		61.61
11	新西兰		61.56
12	西班牙		61.03
13	法国		60.12
14	新加坡		60.10
15	智利		59.23
16	德国		58.94
17	韩国		58.73
18	加拿大		58.66
19	英国		57.02
20	以色列		56.84
21	希腊		56.09
22	土耳其		54.55
23	奥地利		53.55
24	意大利		51.83
25	爱尔兰		51.68
26	捷克		50.41
27	瑞士		49.14
28	葡萄牙		48.69
29	巴西		47.23
30	俄罗斯		46.80
31	匈牙利		44.03
32	波兰		43.18
33	墨西哥		41.98
34	罗马尼亚		39.34
35	斯洛伐克		39.01
36	马来西亚		38.77
37	中国		37.74
38	泰国		35.34
39	南非		30.83
40	印度		13.21

图 6-25　主要国家社会创新发展指数排名（2010 年、2019 年）

砖五国中，所有国家第二个五年的年均增长率均有所降低，这些国家第一个五年和第二个五年的年均增长率分别如下：印度为 6.49%、2.18%，巴西为 1.70%、0.52%，俄罗斯为 0.95%、0.49%，南非为 3.14%、1.56%，中国为 6.72%、2.10%。世界主要发达国家中，部分国家第二个五年的年均增长率有所降低，这些国家第一个五年和第二个五年的年均增长率分别如下：美国为 0.00%、-0.21%，日本为 1.23%、0.40%，英国为 0.26%、0.23%，法国为 1.08%、0.83%，德国为 1.28%、0.73%；部分国家第二个五年的年均增长率有所提升，如韩国（-0.32%、0.61%）。个别国家出现了负增长，如波兰（-0.62%、-0.57%）等。

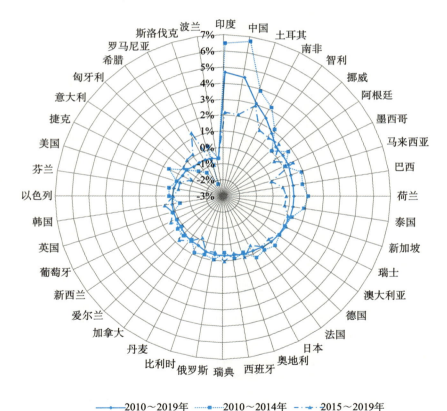

图 6-26　40 个国家社会创新发展指数年均增长率（2010～2019 年）

注：图中国家以 2010～2019 年年均增长率由高到低顺时针排序

（四）环境创新发展指数

1. 主要国家环境创新发展指数值比较

2019 年，瑞士环境创新发展指数排名第 1 位，指数值为 62.13；丹麦和意大利分列第 2 位和第 3 位，指数值依次为 53.68 和 51.85；分列第 4 位到第 10 位的国家依次为英国、罗马尼亚、法国、爱尔兰、希腊、西班牙、土耳其，指数值依次为 48.46、48.10、47.02、44.48、42.80、42.23、41.28；排名前 10 的国家中，瑞士环境创新发展水平遥遥领先，其余国家相差不大。2019 年，中国环境创新发展指数值为 25.53，在 40 个国家中名列第 34 位，与排名第 1 位的瑞士之间差距较大，为瑞士的 41.09%，但高于韩国、美国，如图 6-27 所示。与 2014 年相比，2019 年中国环境创新发展排名没有变化，指数值增加了 3.63，如图 6-27 和图 6-28 所示；与 2010 年相比，2019 年中国环境创新发展指数值增加了 3.11，指数值增量在 40 个国家中居第 26 位，如图 6-29 所示。

2. 主要国家环境创新发展指数值增长率比较

2010 ~ 2019 年，环境创新发展指数年均增长率排名前 10 的国家依次是澳大利亚、美国、丹麦、芬兰、挪威、英国、以色列、新加坡、意大利、捷克。澳大利亚作为增长最快的国家，年均增长率达 6.84%。世界主要发达国家中，美国（5.40%）和英国（4.36%）进入前 10 名。金砖五国中，南非（0.55%）、印度（0.50%）、俄罗斯（0.14%）、巴西（-0.28%）的环境创新发展指数年均增长率均较低，如图 6-30 所示。

澳大利亚的环境创新发展指数在第一个五年（2010 ~ 2014 年）与第二个五年（2015 ~ 2019 年）的增速都表现强劲：第一个五年的年均增长率为 11.99%，第二个五年为 3.77%。金砖五国中，部分国家第二个五年的年均增长率有所降低，这些国家第一个五年和第二个五年的年均增长率分别如下：俄罗斯为 0.09%、-0.23%，南非为 0.95%、-0.53%；部分国家年均增长率有所提升，如印度（-0.03%、1.06%）、巴西（-1.29%、0.46%）、中国（-0.59%、3.28%）。世界主要发达国家中，大部分国家第二个五年的年均增长率有所降低，这些国家第一个五年和第二个五年的年均增长率分别如下：美国为 6.51%、3.23%，英国为 4.58%、4.50%，德国为 2.45%、1.43%，韩国为 0.56%、-0.97%；部分国家第二个五年的年均增长率有所提升，如日本

排名		■ 2019年 ■ 2015年	2019年指数值
1	瑞士		62.13
2	丹麦		53.68
3	意大利		51.85
4	英国		48.46
5	罗马尼亚		48.10
6	法国		47.02
7	爱尔兰		44.48
8	希腊		42.80
9	西班牙		42.23
10	土耳其		41.28
11	瑞典		41.11
12	墨西哥		40.75
13	新加坡		40.73
14	巴西		40.20
15	以色列		39.76
16	葡萄牙		38.41
17	挪威		37.80
18	智利		37.59
19	匈牙利		36.35
20	奥地利		36.26
21	印度		35.05
22	德国		33.97
23	阿根廷		31.97
24	日本		31.83
25	新西兰		31.51
26	荷兰		31.44
27	波兰		31.41
28	比利时		30.29
29	斯洛伐克		30.11
30	泰国		29.52
31	芬兰		28.79
32	捷克		28.13
33	马来西亚		25.98
34	中国		25.53
35	南非		18.64
36	韩国		18.16
37	澳大利亚		16.98
38	美国		15.72
39	俄罗斯		14.57
40	加拿大		13.44

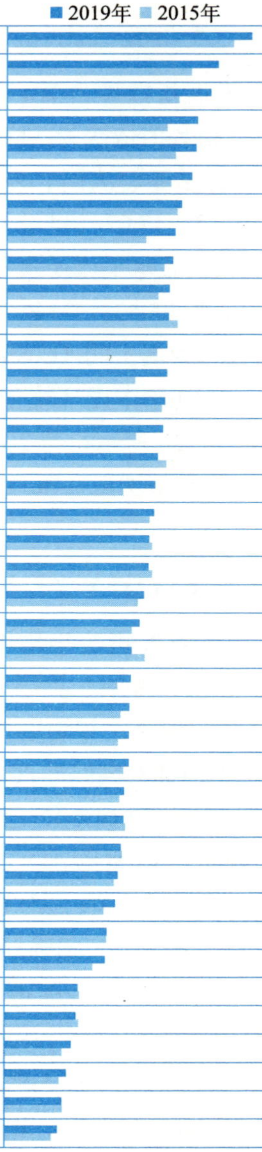

图 6-27　主要国家环境创新发展指数排名（2015 年、2019 年）

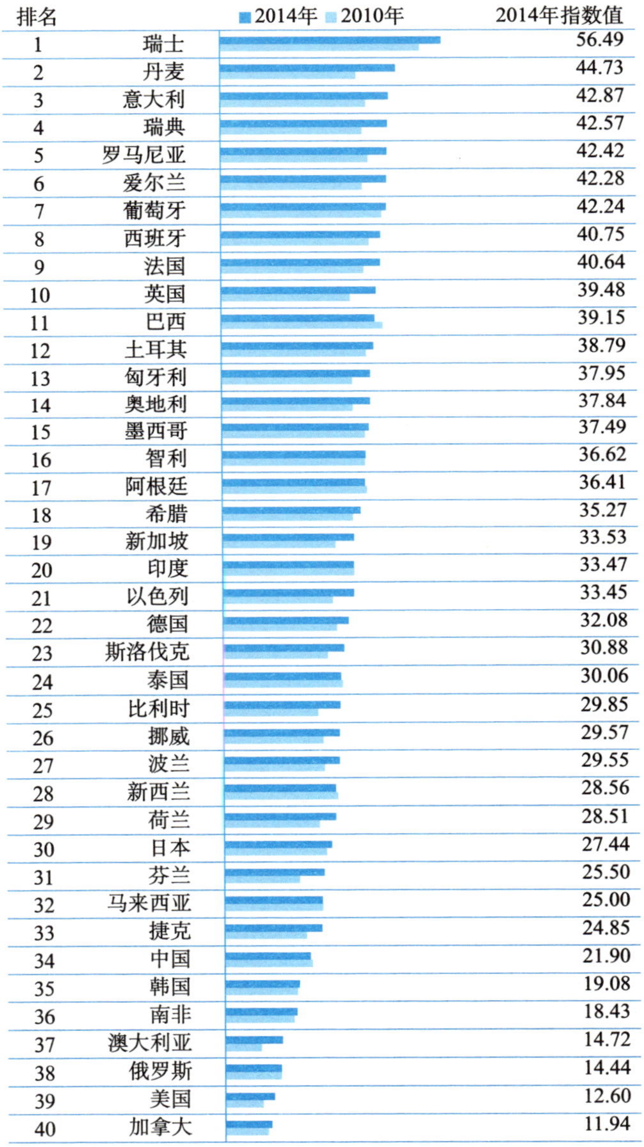

排名		2014年 2010年	2014年指数值
1	瑞士		56.49
2	丹麦		44.73
3	意大利		42.87
4	瑞典		42.57
5	罗马尼亚		42.42
6	爱尔兰		42.28
7	葡萄牙		42.24
8	西班牙		40.75
9	法国		40.64
10	英国		39.48
11	巴西		39.15
12	土耳其		38.79
13	匈牙利		37.95
14	奥地利		37.84
15	墨西哥		37.49
16	智利		36.62
17	阿根廷		36.41
18	希腊		35.27
19	新加坡		33.53
20	印度		33.47
21	以色列		33.45
22	德国		32.08
23	斯洛伐克		30.88
24	泰国		30.06
25	比利时		29.85
26	挪威		29.57
27	波兰		29.55
28	新西兰		28.56
29	荷兰		28.51
30	日本		27.44
31	芬兰		25.50
32	马来西亚		25.00
33	捷克		24.85
34	中国		21.90
35	韩国		19.08
36	南非		18.43
37	澳大利亚		14.72
38	俄罗斯		14.44
39	美国		12.60
40	加拿大		11.94

图 6-28 主要国家环境创新发展指数排名（2010 年、2014 年）

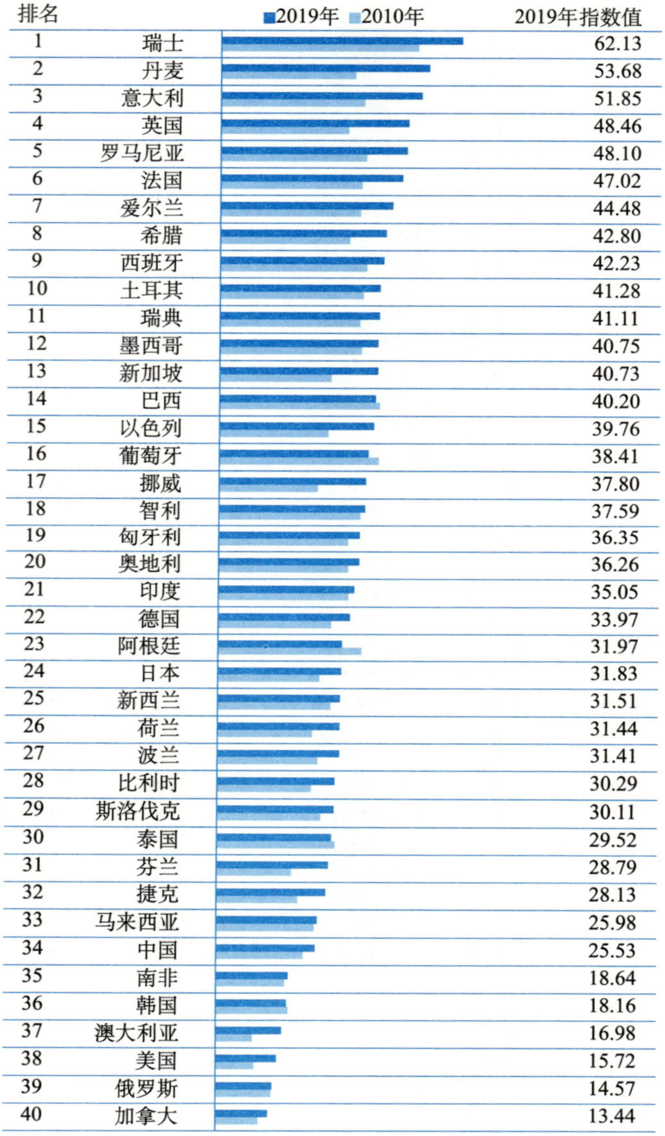

排名		■2019年 ■2010年	2019年指数值
1	瑞士		62.13
2	丹麦		53.68
3	意大利		51.85
4	英国		48.46
5	罗马尼亚		48.10
6	法国		47.02
7	爱尔兰		44.48
8	希腊		42.80
9	西班牙		42.23
10	土耳其		41.28
11	瑞典		41.11
12	墨西哥		40.75
13	新加坡		40.73
14	巴西		40.20
15	以色列		39.76
16	葡萄牙		38.41
17	挪威		37.80
18	智利		37.59
19	匈牙利		36.35
20	奥地利		36.26
21	印度		35.05
22	德国		33.97
23	阿根廷		31.97
24	日本		31.83
25	新西兰		31.51
26	荷兰		31.44
27	波兰		31.41
28	比利时		30.29
29	斯洛伐克		30.11
30	泰国		29.52
31	芬兰		28.79
32	捷克		28.13
33	马来西亚		25.98
34	中国		25.53
35	南非		18.64
36	韩国		18.16
37	澳大利亚		16.98
38	美国		15.72
39	俄罗斯		14.57
40	加拿大		13.44

图 6-29   主要国家环境创新发展指数排名（2010 年、2019 年）

（1.18%、2.85%）、法国（2.77%、3.07%）。个别国家出现了负增长，如阿根廷（−0.38%、−2.50%）。

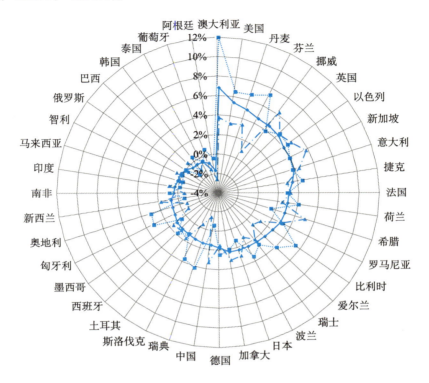

图 6-30　40个国家环境创新发展指数年均增长率（2010 ～ 2019 年）

注：图中国家以 2010 ～ 2019 年年均增长率由高到低顺时针排序

第七章

金砖国家创新发展和能力指数

第一节 印 度

一、指数的相对优势比较

印度创新能力指数排名靠后，2019 年排在第 36 位，在 10 年观测期（2010～2019 年）内仅提升了 1 位。创新实力指数 2019 年表现相对较好，排第 9 位。其创新投入实力指数（第 8 位）、创新条件实力指数（第 4 位）、创新产出实力指数（第 16 位）表现相对较好，但创新影响实力指数（第 28 位）表现相对较差，在 10 年观测期（2010～2019 年）内仅上升了 4 位。2019 年印度创新实力指数排在第 9 位，10 年间排名上升了 7 位。2019 年印度创新效力指数排在第 38 位，且在 10 年观测期（2010～2019 年）内下降了 1 位。从分指数来看，2019 年创新投入效力指数（第 40 位）、创新条件效力指数（第 22 位）、创新产出效力指数（第 32 位）、创新影响效力指数（第 35 位）表现均相对较差。从创新发展指数来看，2019 年排在最后 1 位，且在 10 年观测期（2010～2019 年）内未出现显著进步。其分指数中科学技术发展指数（第 39 位）、产业创新发展指数（第 40 位）、社会创新发展指数（第 40 位）均处于 40 个国家排名的最后。环境创新发展指数 2019 年排在第 21 位，虽较 2010 年下降 6 位，但表现相对较好，如表 7-1 所示。

表 7-1　印度 2010 ～ 2019 年各指数排名及其变化

指数名称	2010年	2014年	2010～2014年排名变化	2015年	2019年	2015～2019年排名变化	2010～2019年排名变化
创新能力指数	37	37	→	37	36	↑ 1	↑ 1
创新实力指数	16	13	↑ 3	13	9	↑ 4	↑ 7
创新投入实力指数	11	10	↑ 1	9	8	↑ 1	↑ 3
创新条件实力指数	10	4	↑ 6	6	4	↑ 2	↑ 6
创新产出实力指数	16	16	→	16	16	→	→
创新影响实力指数	32	26	↑ 6	29	28	↑ 1	↑ 4
创新效力指数	37	37	→	38	38	→	↓ 1
创新投入效力指数	39	39	→	39	40	↓ 1	↓ 1
创新条件效力指数	25	23	↑ 2	22	22	→	↑ 3
创新产出效力指数	34	35	↓ 1	35	32	↑ 3	↑ 2
创新影响效力指数	38	38	→	38	35	↑ 3	↑ 3
创新发展指数	40	40	→	40	40	→	→
科学技术发展指数	40	40	→	40	39	↑ 1	↑ 1
产业创新发展指数	40	40	→	40	40	→	→
社会创新发展指数	40	40	→	40	40	→	→
环境创新发展指数	15	20	↓ 5	19	21	↓ 2	↓ 6

二、分指数的相对优势研究

（一）创新实力指数

从创新实力分指数来看，2019 年，印度创新投入实力指数值为 7.94，略高于 40 个国家的平均值（6.85），远低于 40 个国家的最大值（63.60），排名为第 8 位；相较于 2010 年，指数值有小幅度提升，排名进步 3 位，但与 40 个国家的最大值的差距还在拉大。印度创新条件实力指数值为 15.81，高于 40 个国家的平均值（6.10），与 40 个国家的最大值（57.61）还有较大差距，排名在第 4 位；相较于 2010 年，指数值和排名有明显进步，但是与 40 个国家的最大值的差距依然存在。印度创新产出实力指数值为 3.25，低于 40 个国家的平均值（7.17），与 40 个国家的最大值（71.41）相比有很大差距，排第 16 位；相较于 2010 年，指数值有小幅提升，排名不变，且与 40 个国家的最大值的差距进一步拉大。印度创新影响实力指数值为 0.75，低于 40 个国家的平均值（6.46），与 40 个国家的最大值（73.59）差距较大，排名在第 28 位；相较于 2010 年，指数值和排名有小幅提升，但与 40 个国家的最大值的差距进一步拉大，如图 7-1 和图 7-2 所示。

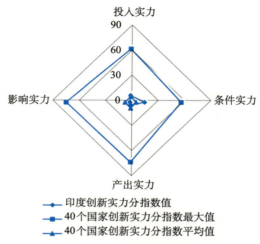

图 7-1   印度创新实力分指数与 40 个国家的最大值、平均值比较（2019 年）

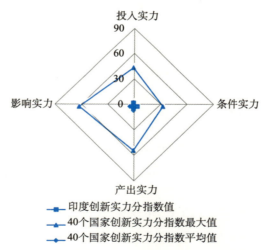

图 7-2   印度创新实力分指数与 40 个国家的最大值、平均值比较（2010 年）

2019 年，印度创新实力指数三级指标中，除研究人员数、教育公共开支总额及互联网用户数这 3 个指标外，其他指标得分均低于 40 个国家相应指标得分的平均水平，且相对较小，如图 7-3 所示。2010 ～ 2019 年，印度创新实力指数各指标除互联网用户数指标外，其他指标得分提升较慢，如图 7-3 和图 7-4 所示。教育公共开支总额指标得分从 2010 年的 4.03，增长至 2019 年的 9.73，超过了 40 个国家指标得分的平均值。互联网用户数指标得分提升较为明显，增长了 3.45 倍，达到 37.65，成为 2019 年印度创新实力指数中的得分最高的指标，但也仅约为 40 个国家指标得分最高值 75.41（中国）的 1/2，如图 7-3 所示。

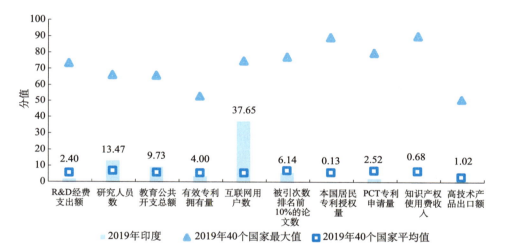

图 7-3　印度创新实力指数三级指标得分对比（2019 年）

注：图中所显示数据为印度创新实力指数三级指标得分

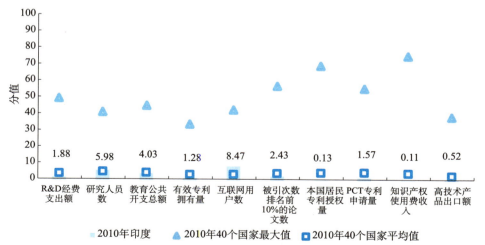

图 7-4　印度创新实力指数三级指标得分对比（2010 年）

注：图中所显示数据为印度创新实力指数三级指标得分

（二）创新效力指数

从创新效力分指数来看，2019 年，印度创新投入效力指数值为 4.73，远低于 40 个国家的平均值（26.97），排名第 40 位；相较于 2010 年，指数值和排名都有所下降，与 40 个国家的最大值的差距进一步拉大。创新条件效力指数值为 38.97，低于 40 个国家的平均值（39.62），名列第 22 位；相较于 2010 年，指数值和排名都有所提升，但与 40 个国家的最大值的差距并没有缩小。创新产出效力指数值为 8.79，远低于 40 个国家的平均值（16.02），排名第 32 位；相较于 2010 年，指数值变化很小，排名上升了 2 位。创新影响效力指数值为 6.59，低于 40 个国家的平均值（13.64），排名第 35 位；相较于 2010 年，指数值有略微增长，排名上升了 3 位，但与 40 个国家的最大值的差距没有缩小，如图 7-5 和图 7-6 所示。

2019 年印度创新效力指数三级指标中，除每百人互联网用户数、每百万美元 R&D 经费被引次数排名前 10% 的论文数及每百万美元 R&D 经费 PCT 专利申请量这 3 个指标得分高于 40 个国家相应指标得分的平均值外，其余指标得分均低于 40 个国家相应指标得分的平均值，且所有指标得分均低于

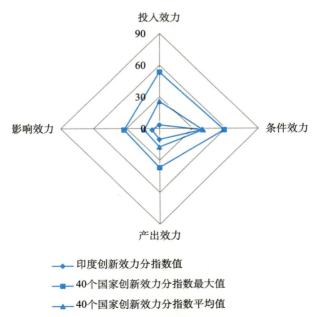

图 7-5　印度创新效力分指数与 40 个国家的最大值、平均值比较（2019 年）

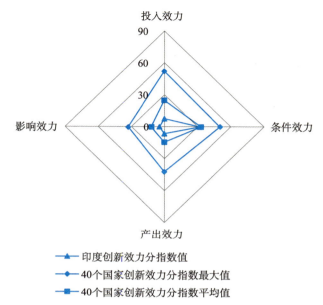

图 7-6 印度创新效力分指数与 40 个国家的最大值、平均值比较（2010 年）

40 个国家相应指标得分的最大值，如图 7-7 所示。相较于 2010 年创新效力指数三级指标，2019 年印度大部分创新效力指数三级指标均有一定程度的进步，但 R&D 经费投入强度、研究人员人均 R&D 经费、每百万研究人员本国居民专利授权量、每百万美元 R&D 经费本国居民专利授权量及每百万研究人员 PCT 专利申请量这 5 个指标得分出现了小幅下降。每百万美元 R&D 经费被引次数排名前 10% 的论文数和每百万美元 R&D 经费 PCT 专利申请量指标得分，分别由 2010 年的 7.99 和 15.93，增加到 2019 年的 17.27 和 20.27，均超过了 40 个国家相应指标得分的平均值。每百万人有效专利拥有量指标得分从 2010 年的 0.01 增长到 2019 年的 0.24，增长了 23 倍。每百万人口中研究人员数指标得分从 2010 年的 0.05 增长到 2019 年的 1.05，增长了 20 倍。2010 ～ 2019 年，印度 R&D 经费投入强度、每百万人口中研究人员数、研究人员人均 R&D 经费、每百万人有效专利拥有量及每百万研究人员被引次数排名前 10% 的论文数这 5 个指标得分均小于 40 个国家相应指标得分平均值，同时与 40 个国家相应指标得分平均值的差距进一步扩大，如图 7-8 所示。

图 7-7 印度创新效力指数三级指标得分对比（2019 年）

注：图中所显示数据为印度创新效力指数三级指标得分

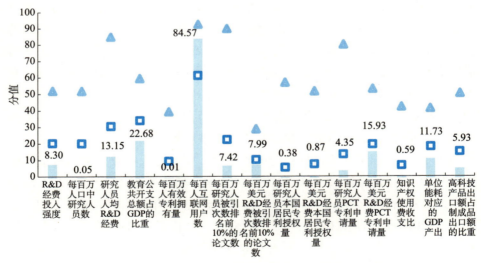

图 7-8 印度创新效力指数三级指标得分对比（2010 年）

注：图中所显示数据为印度创新效力指数三级指标得分

（三）创新发展指数

2019 年，印度科学技术发展指数值为 4.46，远低于 40 个国家的平均值（21.54），排名第 39 位；相较于 2010 年，指数值有略微增长，排名上升 1 位，但与 40 个国家的平均值的差距并没有缩小。产业创新发展指数值为 7.56，远低于 40 个国家的平均值（25.56），排名第 40 位；相较于 2010 年，指数值增长较小，排名始终处于最后一位，与 40 个国家的平均值的差距较大。社会创新发展指数值为 13.21，远低于 40 个国家的平均值（52.65），排名第 40 位；相较于 2010 年，指数值有些许进步，排名始终处于最后一位，与 40 个国家的平均值的差距基本保持不变。环境创新发展指数值为 35.05，略高于 40 个国家的平均值（34.85），但与 40 个国家的最大值（62.13）差距明显，排名第 21 位；相较于 2010 年，指数值增长较小，但排名下降 6 位，2010 年排名为第 15 位，与 40 个国家的最大值的差距不断拉大，如图 7-9 和图 7-10 所示。

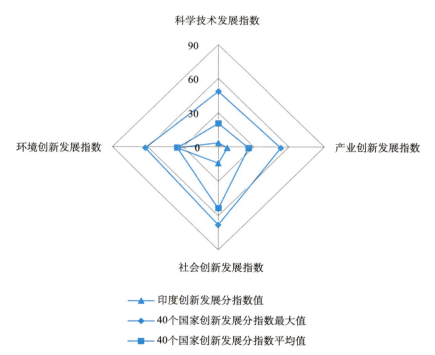

图 7-9　印度创新发展分指数与 40 个国家的最大值、平均值比较（2019 年）

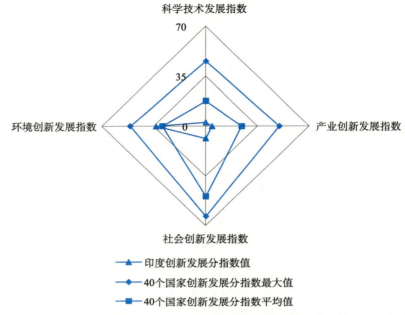

图 7-10　印度创新发展分指数与 40 个国家的最大值、平均值比较（2010 年）

2019 年，印度创新发展指数三级指标中仅有人均 CO_2 排放量指标得分高于 40 个国家相应指标得分的平均值，其他指标得分均低于 40 个国家相应指标得分的平均值，部分指标得分远落后于 40 个国家相应指标得分的最大值，如图 7-11 所示。2010 年印度创新发展指数三级指标中人均 CO_2 排放量指标得分为 40 个国家指标得分的最大值。2010 ～ 2019 年，印度创新发展指数大部分指标得分均有一定幅度的提高，仅每百万研究人员本国居民专利授权量、每百万研究人员 PCT 专利申请量、公共医疗卫生支出占医疗总支出的比重、单位 CO_2 排放量对应的 GDP 产出及人均 CO_2 排放量这 5 个指标得分出现了小幅下降。印度每百万人 R&D 经费支出额、每百万人口中研究人员数、被引次数排名前 10% 的论文百分比、知识产权使用费收入占 GDP 的比重、就业人口人均 GDP 及单位 CO_2 排放量对应的 GDP 产出这 6 个指标得分均小于 40 个国家相应指标得分平均值，同时与 40 个国家相应指标得分平均值的差距进一步扩大，如图 7-12 所示。

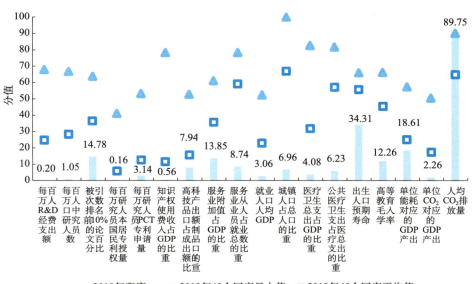

图 7-11　印度创新发展指数三级指标得分对比（2019 年）

注：图中所显示数据为印度创新发展指数三级指标得分

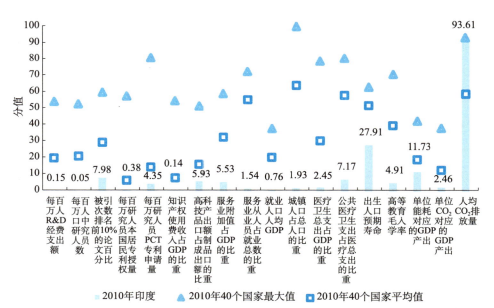

图 7-12　印度创新发展指数三级指标得分对比（2010 年）

注：图中所显示数据为印度创新发展指数三级指标得分

三、面向 2025 年的指数发展趋势

（一）创新实力指数发展趋势

2010～2019 年，印度创新实力指数值呈快速上升趋势，虽低于 40 个国家的平均值，但增长速度显著高于 40 个国家的平均值的增长速度，差距逐年缩小。为刻画印度创新实力指数未来发展趋势，本报告基于 2010～2019 年的指数值，在比较各类模型的拟合优度后，最终采用二次函数模型对印度创新实力指数值进行拟合，拟合曲线如图 7-13 所示。如果保持拟合曲线呈现的增长趋势，印度创新实力指数值将于 2021 年超过 40 个国家的平均值，并持续增长，与 40 个国家的平均值拉开差距。

图 7-13　印度创新实力指数值面向 2025 年的趋势分析

（二）创新效力指数发展趋势

2010～2019 年，印度创新效力指数值呈平缓上升趋势，但显著低于 40 个国家的平均值，增长速度则与 40 个国家的平均值的增长速度基本持平。为刻画印度创新效力指数未来发展趋势，本报告基于 2010～2019 年的指数值，在比较各类模型的拟合优度后，最终采用二次函数模型对印度创新效力指数值进行拟合，拟合曲线如图 7-14 所示。如果保持拟合曲线呈现的趋势，印度创新效力指数值将缓慢增长，但与 40 个国家的平均值差距仍较大。

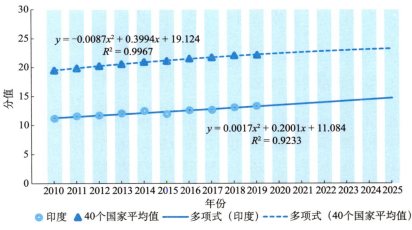

$$y = -0.0087x^2 + 0.3994x + 19.124$$
$$R^2 = 0.9967$$

$$y = 0.0017x^2 + 0.2001x + 11.084$$
$$R^2 = 0.9233$$

图 7-14 印度创新效力指数值面向 2025 年的趋势分析

（三）创新发展指数发展趋势

2010～2019 年，印度创新发展指数值呈平缓上升趋势，但显著低于 40 个国家的平均值，增长速度则与 40 个国家的平均值的增长速度基本持平。为刻画印度创新发展指数未来发展趋势，本报告基于 2010～2019 年的指数值，在比较各类模型的拟合优度后，最终采用二次函数模型对印度创新发展指数值进行拟合，拟合曲线如图 7-15 所示。如果保持拟合曲线呈现的趋势，印度创新发展指数值虽然有所增长，但仍会持续低于 40 个国家的平均值。

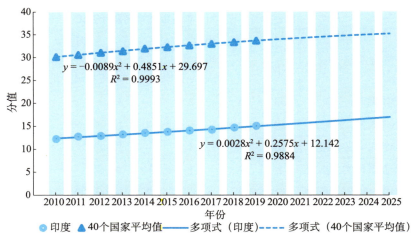

$$y = -0.0089x^2 + 0.4851x + 29.697$$
$$R^2 = 0.9993$$

$$y = 0.0028x^2 + 0.2575x + 12.142$$
$$R^2 = 0.9884$$

图 7-15 印度创新发展指数值面向 2025 年的趋势分析

第二节 巴 西

一、指数的相对优势比较

巴西的创新能力指数排名靠后，2019 年在 40 个国家中排名第 37 位，与 2010 年相比下降了 4 位。创新实力指数 2019 年表现相对较好，排名第 14 位，其中创新投入实力指数（第 10 位）和创新条件实力指数（第 9 位）的排名要显著优于创新产出实力指数（第 19 位）和创新影响实力指数（第 27 位）。2010 年，巴西创新实力指数排在第 14 位，且在 10 年观测期（2010～2019 年）内未出现显著进步。相比创新实力指数而言，巴西创新效力指数表现相对较差，2019 年仅排在 40 个国家中的第 36 位，低于 2010 年（第 35 位）。从分指数来看，2019 年创新产出效力指数排在第 39 位，拉低了创新效力指数排名。其他分指数排名情况是，创新投入效力指数排第 31 位、创新条件效力指数排第 28 位、创新影响效力指数排第 34 位，三个指数虽未有突出表现，但均高于创新效力指数的排名。创新发展指数排名略高于创新能力指数。2019 年巴西创新发展指数排第 31 位，主要受科学技术发展指数（第 37 位）和产业创新发展指数（第 31 位）排名靠后的影响；尽管巴西环境创新发展指数表现相对较好，排在第 14 位，但是相较于 2010 年下降了 12 位，如表 7-2 所示。

表 7-2　巴西 2010～2019 年各指数排名及其变化

指数名称	2010 年	2014 年	2010～2014 年排名变化	2015 年	2019 年	2015～2019 年排名变化	2010～2019 年排名变化
创新能力指数	33	36	↓ 3	35	37	↓ 2	↓ 4
创新实力指数	14	14	→	14	14	→	→
创新投入实力指数	10	9	↑ 1	10	10	→	→
创新条件实力指数	8	9	↓ 1	9	9	→	↓ 1
创新产出实力指数	22	22	→	22	19	↑ 3	↑ 3
创新影响实力指数	30	30	→	27	27	→	↑ 3
创新效力指数	35	36	↓ 1	36	36	→	↓ 1

续表

指数名称	2010年	2014年	2010～2014年排名变化	2015年	2019年	2015～2019年排名变化	2010～2019年排名变化
创新投入效力指数	22	24	↓2	26	31	↓5	↓9
创新条件效力指数	33	34	↓1	33	28	↑5	↑5
创新产出效力指数	40	40	→	40	39	↑1	↑1
创新影响效力指数	31	32	↓1	31	34	↓3	↓3
创新发展指数	29	29	→	29	31	↓2	↓2
科学技术发展指数	38	39	↓1	39	37	↑2	↑1
产业创新发展指数	31	32	↓1	29	31	↓2	→
社会创新发展指数	31	30	↑1	29	29	→	↑2
环境创新发展指数	2	11	↓9	11	14	↓3	↓12

二、分指数的相对优势研究

（一）创新实力指数

2019 年，巴西创新投入实力指数值为 7.00，与 40 个国家的最大值（63.60）差距较大，排名第 10 位；相较于 2010 年，指数值有所提升，排名不变，与 40 个国家的最大值的差距在拉大。创新条件实力指数值为 8.22，排名第 9 位，高于 40 个国家的平均值（6.10），远低于 40 个国家的最大值（57.61）；相较于 2010 年，指数值略有提升，但排名有所下降，与 40 个国家的最大值的差距则在拉大。创新产出实力指数值为 2.08，排名第 19 位，低于 40 个国家的平均值（7.17）；相较于 2010 年，指数值略微增长，排名上升 3 位，与 40 个国家的最大值的差距进一步拉大。创新影响实力指数值为 0.77，排名第 27 位，与 40 个国家的最大值（73.59）差距较大；相较于 2010 年，指数值几乎没有变化，但排名上升了 3 位，与 40 个国家的最大值的差距进一步拉大，如图 7-16 和图 7-17 所示。

2019 年，巴西创新实力指数三级指标中，除研究人员数、教育公共开支总额及互联网用户数这 3 个指标外，其他指标得分均低于 40 个国家相应指标得分的平均水平，且相对较小。有效专利拥有量、本国居民专利授权量、PCT

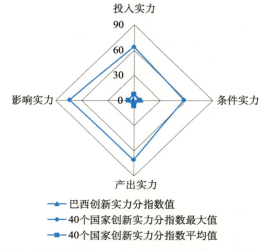

图 7-16　巴西创新实力分指数与 40 个国家的最大值、平均值比较（2019 年）

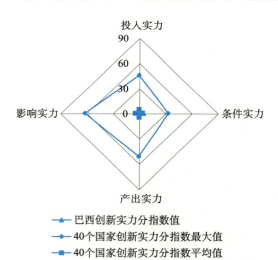

图 7-17　巴西创新实力分指数与 40 个国家的最大值、平均值比较（2010 年）

专利申请量、知识产权使用费收入及高技术产品出口额这 5 个指标得分均在 1.00 以下，与 40 个国家相应指标得分的平均值存在较大差距，如图 7-18 所示。2010 ～ 2019 年，除有效专利拥有量指标得分小幅下降外，其他巴西创新实力指数指标得分均有缓慢提升。研究人员数指标得分从 2010 年的 4.51，增长至 2019 年的 9.29，超过了 40 个国家的平均值。2010 ～ 2019 年，巴西本国居民专利授权量指标得分增长了 4.36 倍，知识产权使用费收入指标得分增长了

3.22 倍，但两个指标得分依然低于 40 个国家相应指标得分的平均值，且与平均值的差距不断扩大。除此两者外，与 40 个国家相应指标得分平均值的分差进一步拉大的指标还有 R&D 经费支出额、有效专利拥有量、被引次数排名前 10% 的论文数、PCT 专利申请量及高技术产品出口额，如图 7-19 所示。

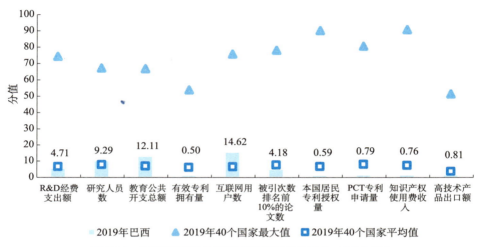

图 7-18　巴西创新实力指数三级指标得分对比（2019 年）

注：图中所显示数据为巴西创新实力指数三级指标得分

图 7-19　巴西创新实力指数三级指标得分对比（2010 年）

注：图中所显示数据为巴西创新实力指数三级指标得分

（二）创新效力指数

2019 年，巴西创新投入效力指数值为 15.88，低于 40 个国家的平均值（26.97），排名第 31 位；相较于 2010 年，指数值有所下降，排名退步了 9 位，与 40 个国家的最大值的差距进一步拉大。创新条件效力指数值为 35.91，低于 40 个国家的平均值（39.62），与 40 个国家的最大值（54.89）差距明显，排名第 28 位；相较于 2010 年，指数值进步幅度较大，排名上升了 5 位，与 40 个国家的最大值的差距有略微缩小。创新产出效力指数值为 3.73，低于 40 个国家的平均值（16.02），排名第 39 位；相较于 2010 年，指数值和排名变化均不明显，与 40 个国家的最大值的差距有所缩小。创新影响效力指数值为 6.60，低于 40 个国家的平均值（13.64），排名第 34 位；相较于 2010 年，指数值略微降低，排名下降 3 位，与 40 个国家的最大值及平均值的差距进一步拉大，如图 7-20 和图 7-21 所示。

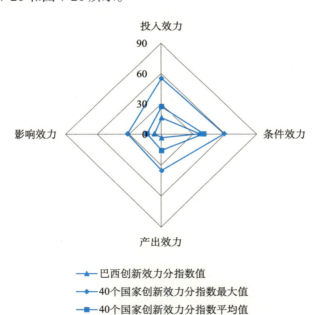

图 7-20　巴西创新效力分指数与 40 个国家的最大值、平均值比较（2019 年）

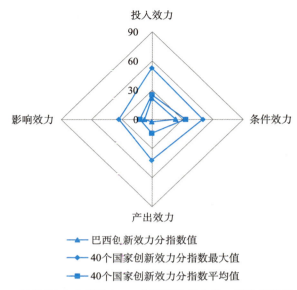

图 7-21　巴西创新效力分指数与 40 个国家的最大值、平均值比较（2010 年）

2019 年巴西创新效力指数三级指标中，除教育公共开支总额占 GDP 的比重指标外，其余指标得分均低于 40 个国家相应指标得分的平均值，且相对较小。其中每百万人口中研究人员数和每百万研究人员被引次数排名前 10%的论文数指标得分与 40 个国家相应指标得分平均值之间的分差大于 20，如图 7-22 所示。相较于 2010 年创新效力指数三级指标，2019 年巴西大部分创新效力指数三级指标均有一定程度的进步，但研究人员人均 R&D 经费、每百万人有效专利拥有量、每百万研究人员 PCT 专利申请量及单位能耗对应的GDP 产出这 4 个指标得分均出现了下降，尤其是研究人员人均 R&D 经费指标得分大幅下降。2010 ～ 2019 年，研究人员人均 R&D 经费和单位能耗对应的 GDP 产出指标得分，分别由 2010 年的 41.06 和 20.70，减少到 2019 年的22.48 和 16.63，均低于 40 个国家相应指标得分的平均值。每百万美元 R&D经费本国居民专利授权量指标得分从 2010 年的 0.31 增长到 2019 年的 1.62，增长了 4.23 倍。2010 ～ 2019 年，巴西 R&D 经费投入强度、每百万人口中研究人员数、每百万人有效专利拥有量、每百万研究人员被引次数排名前10% 的论文数及每百万美元 R&D 经费被引次数排名前 10% 的论文数这 5 个指标得分均小于 40 个国家相应指标得分的平均值，同时与 40 个国家相应指标得分平均值的差距进一步扩大，如图 7-23 所示。

图 7-22　巴西创新效力指数三级指标得分对比（2019 年）

注：图中所显示数据为巴西创新效力指数三级指标得分

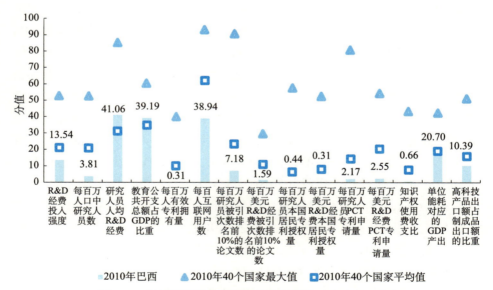

图 7-23　巴西创新效力指数三级指标得分对比（2010 年）

注：图中所显示数据为巴西创新效力指数三级指标得分

（三）创新发展指数

2019 年，巴西科学技术发展指数值为 6.25，远低于 40 个国家的平均值（21.54），排名第 37 位；相较于 2010 年，指数值有所提升，排名上升了 1 位，但与 40 个国家的平均值的差距并没有缩小。产业创新发展指数值为 19.45，低于 40 个国家的平均值（25.56），排名第 31 位；相较于 2010 年，指数值有小幅提升，排名不变，与 40 个国家的平均值的差距略有缩小。社会创新发展指数值为 47.23，低于 40 个国家的平均值（52.65），排名第 29 位；相较于 2010 年，指数值有一定提升，排名上升了 2 位，与 40 个国家的平均值的差距有所缩小但不明显。环境创新发展指数值为 40.20，高于 40 个国家的平均值（34.85），排名第 14 位；相较于 2010 年，指数值略微下降，排名下降了 12 位，与 40 个国家的最大值的差距则进一步拉大，如图 7-24 和图 7-25 所示。

2019 年，巴西创新发展指数三级指标中仅服务业附加值占 GDP 的比重、服务业从业人员占就业总数的比重、城镇人口占总人口的比重、医疗卫生总支出占 GDP 的比重、单位 CO_2 排放量对应的 GDP 产出及人均 CO_2 排放量这 6 个指标得分高于 40 个国家相应指标得分的平均值，其他指标得分均低于 40 个国家相应指标得分的平均值。部分指标得分远落后于 40 个国家相应

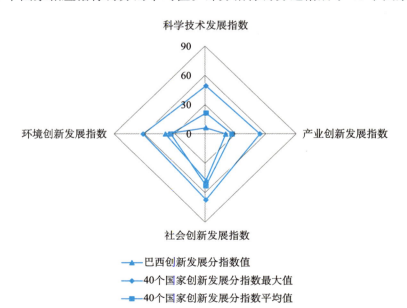

图 7-24　巴西创新发展分指数与 40 个国家的最大值、平均值比较（2019 年）

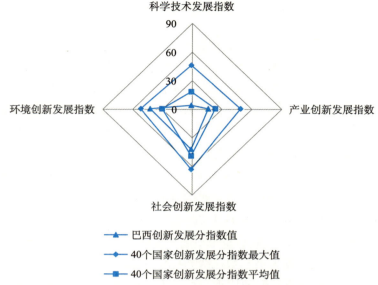

图 7-25　巴西创新发展分指数与 40 个国家的最大值、平均值比较（2010 年）

指标得分的最大值，但人均 CO_2 排放量指标得分为 40 个国家指标得分的最大值（90.42），如图 7-26 所示。2010 ～ 2019 年，巴西创新发展指数大部分指标得分均有一定幅度的提高，仅每百万研究人员 PCT 专利申请量、就业人口人均 GDP、公共医疗卫生支出占医疗总支出的比重及单位能耗对应的 GDP 产出这 4 个指标得分出现了小幅下降。服务业附加值占 GDP 的比重、服务业从业人员占就业总数的比重及医疗卫生总支出占 GDP 的比重指标得分，分别由 2010 年的 27.15、52.75 和 29.72，增加到 2019 年的 36.84、61.05 和 43.98，均超过了 40 个国家相应指标得分的平均值。单位能耗对应的 GDP 产出指标得分由 2010 年的 20.70 减少到 2019 年的 16.63，低于 40 个国家相应指标得分的平均值。巴西每百万人 R&D 经费支出额、每百万人口中研究人员数、知识产权使用费收入占 GDP 的比重、就业人口人均 GDP、公共医疗卫生支出占医疗总支出的比重及单位能耗对应的 GDP 产出这 6 个指标得分均小于40 个国家相应指标得分平均值，同时与 40 个国家相应指标得分平均值的差距进一步扩大，如图 7-27 所示。

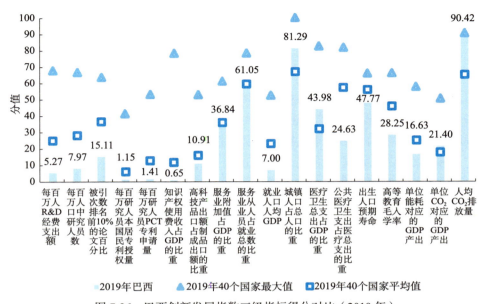

图 7-26　巴西创新发展指数三级指标得分对比（2019 年）

注：图中所显示数据为巴西创新发展指数三级指标得分

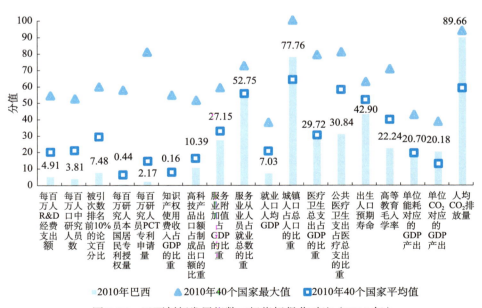

图 7-27　巴西创新发展指数三级指标得分对比（2010 年）

注：图中所显示数据为巴西创新发展指数三级指标得分

三、面向 2025 年的指数发展趋势

（一）创新实力指数发展趋势

2010 ～ 2019 年，巴西创新实力指数值呈稳步上升趋势，但仍显著低于 40 个国家的平均值，且增长速度略低于 40 个国家的平均值的增长速度。为刻画巴西创新实力指数未来发展趋势，本报告基于 2010 ～ 2019 年的指数值，在比较各类模型的拟合优度后，最终选取二次函数模型对巴西创新实力指数值进行拟合，拟合曲线如图 7-28 所示。如果保持拟合曲线呈现的趋势，巴西创新实力指数值将保持增长，但与 40 个国家创新实力指数平均值的差距仍较为显著。

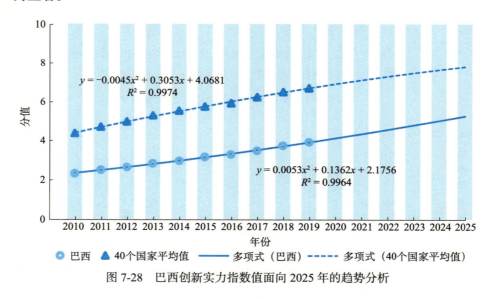

图 7-28　巴西创新实力指数值面向 2025 年的趋势分析

（二）创新效力指数发展趋势

2010 ～ 2019 年，巴西创新效力指数值呈平稳上升趋势，但始终显著低于 40 个国家的平均值，增长速度则与 40 个国家的平均值的增长速度基本持平。为刻画巴西创新效力指数未来发展趋势，本报告基于 2010 ～ 2019 年的指数值，在比较各类模型的拟合优度后，采用二次函数模型对巴西创新效力指数值进行拟合，拟合曲线如图 7-29 所示。如果保持拟合曲线呈现的趋势，巴西创新效力指数值将持续平稳上升。

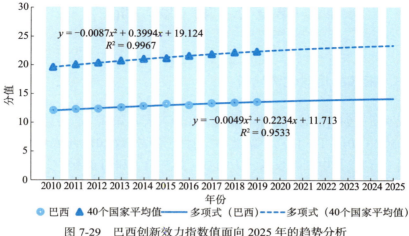

图 7-29　巴西创新效力指数值面向 2025 年的趋势分析

（三）创新发展指数发展趋势

2010 ～ 2019 年，巴西创新发展指数值呈平缓上升趋势，低于 40 个国家创新发展指数平均值，增长速度与 40 个国家的平均值的增长速度基本持平。为刻画巴西创新发展指数未来发展趋势，本报告基于 2010 ～ 2019 年的指数值，在比较各类模型的拟合优度后，最终选择二次函数模型对巴西创新发展指数进行拟合，拟合曲线如图 7-30 所示。如果保持拟合曲线呈现的趋势，巴西创新发展指数将保持增长。

图 7-30　巴西创新发展指数值面向 2025 年的趋势分析

第三节　俄　罗　斯

一、指数的相对优势比较

俄罗斯的创新能力指数排名靠后，2019 年排名第 32 位，且在 10 年观测期（2010 ～ 2019 年）内有小幅波动。创新实力指数 2019 年表现相对较好，排名第 13 位，其中创新投入实力指数（第 9 位）和创新条件实力指数（第 10 位）均处于前 10 位，但创新产出实力指数（第 15 位）和创新影响实力指数（第 29 位）排名相对靠后，且创新产出实力指数在 10 年间出现小幅下降；2010 年俄罗斯创新实力指数排名第 10 位，10 年间排名下降了 3 位。俄罗斯创新效力指数 2019 年排名第 35 位，比 2010 年下降了 5 位。在分指数中，2019 年创新产出效力指数（第 25 位）较 2010 年上升了 2 位。其他分指数中，2019 年创新影响效力指数排名第 39 位，极大地影响了俄罗斯创新效力指数的表现。2019 年，俄罗斯创新发展指数排名第 38 位，且在 10 年观测期（2010 ～ 2019 年）内下降了 1 位。分指数中，2019 年产业创新发展指数（第 35 位）和社会创新发展指数（第 30 位）在 10 年观测期（2010 ～ 2019 年）内未出现明显波动，但其他分指数较 2010 年均有不同程度的下降，需在一定程度上予以关注，如表 7-3 所示。

表 7-3　俄罗斯 2010 ～ 2019 年各指数排名及其变化

指数名称	2010 年	2014 年	2010 ～ 2014 年排名变化	2015 年	2019 年	2015 ～ 2019 年排名变化	2010 ～ 2019 年排名变化
创新能力指数	29	32	↓ 3	30	32	↓ 2	↓ 3
创新实力指数	10	10	→	12	13	↓ 1	↓ 3
创新投入实力指数	5	6	↓ 1	7	9	↓ 2	↓ 4
创新条件实力指数	11	10	↑ 1	10	10	→	↑ 1
创新产出实力指数	11	14	↓ 3	14	15	↓ 1	↓ 4
创新影响实力指数	29	28	↑ 1	28	29	↓ 1	→
创新效力指数	30	35	↓ 5	31	35	↓ 4	↓ 5

续表

指数名称	2010年	2014年	2010～2014年排名变化	2015年	2019年	2015～2019年排名变化	2010～2019年排名变化
创新投入效力指数	32	33	↓1	34	35	↓1	↓3
创新条件效力指数	23	25	↓2	24	27	↓3	↓4
创新产出效力指数	27	30	↓3	24	25	↓1	↑2
创新影响效力指数	39	39	→	39	39	→	→
创新发展指数	37	38	↓1	38	38	→	↓1
科学技术发展指数	34	35	↓1	36	35	↑1	↓1
产业创新发展指数	35	30	↑5	33	35	↓2	→
社会创新发展指数	30	29	↑1	30	30	→	→
环境创新发展指数	37	38	↓1	37	39	↓2	↓2

二、分指数的相对优势研究

（一）创新实力指数

2019 年，俄罗斯创新投入实力指数值为 7.75，高于 40 个国家的平均值（6.85）但远低于 40 个国家的最大值（63.60），排名第 9 位；相较于 2010 年，指数值略有下降，排名下降了 4 位，与 40 个国家的最大值的差距则进一步拉大。创新条件实力指数值为 5.95，低于 40 个国家的平均值（6.10），远低于 40 个国家的最大值（57.61），排名第 10 位；相较于 2010 年，指数值和排名均略有进步，但与 40 个国家的最大值的差距明显拉大。创新产出实力指数值为 3.55，低于 40 个国家的平均值（7.17），排名第 15 位；相较于 2010 年，指数值有略微提升，但排名下降了 4 位，与 40 个国家的最大值的差距进一步拉大。创新影响实力指数值为 0.65，低于 40 个国家的平均值（6.46），排名第 29 位；相较于 2010 年，指数值提升很小，排名不变，与 40 个国家的最大值的差距进一步拉大，如图 7-31 和图 7-32 所示。

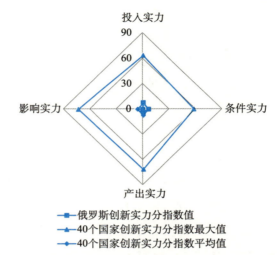

图 7-31　俄罗斯创新实力分指数与 40 个国家的最大值、平均值比较（2019 年）

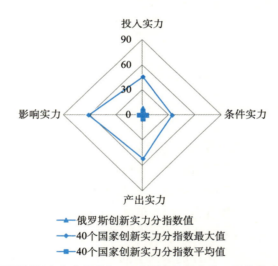

图 7-32　俄罗斯创新实力分指数与 40 个国家的最大值、平均值比较（2010 年）

2019 年，俄罗斯创新实力指数三级指标中，除研究人员数、互联网用户数及本国居民专利授权量这 3 个指标外，其他指标得分均低于 40 个国家相应指标得分的平均水平，且相对较小。被引次数排名前 10% 的论文数、PCT 专利申请量及知识产权使用费收入这 3 个指标得分与 40 个国家相应指标得分的平均值相差超过 5，如图 7-33 所示。2010 ～ 2019 年，俄罗斯创新实力指数各指标得分提升较慢，R&D 经费支出额、研究人员数、教育公共开支总额及本国居民专利授权量这 4 个指标得分小幅下降。2010～2019 年，俄罗斯创新实力指数三级指标中，低于 40 个国家相应指标得分平均值的指标，其分值与平均值之间的差距均不断拉大。从整体上看，俄罗斯创新实力指数各指标得分仍与 40 个国家相应指标得分的最大值有较大差距，如图 7-34 所示。

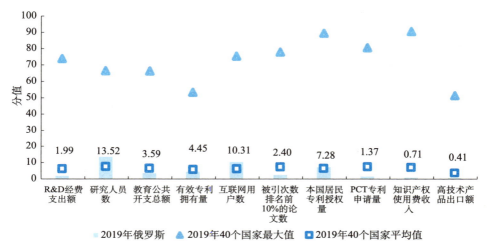

图 7-33　俄罗斯创新实力指数三级指标得分对比（2019 年）

注：图中所显示数据为俄罗斯创新实力指数三级指标得分

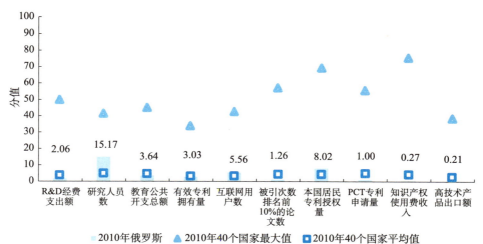

图 7-34　俄罗斯创新实力指数三级指标得分对比（2010 年）

注：图中所显示数据为俄罗斯创新实力指数三级指标得分

（二）创新效力指数

2019 年，俄罗斯创新投入效力指数值为 10.68，低于 40 个国家的平均值（26.97），排名第 35 位；相较于 2010 年，指数值有略微下降，排名落后了 3 位，与 40 个国家的平均值的差距也进一步拉大。创新条件效力指数值为 36.18，低于 40 个国家的平均值（39.62），与 40 个国家的最大值（54.89）的差距明显，排名第 27 位；相较于 2010 年，指数值落后幅度较小，排名下降了 4 位，与 40 个国家的最大值的差距进一步拉大。创新产出效力指数值为 13.05，低于 40 个国家的平均值（16.02），排名第 25 位；相较于 2010 年，指数值变化有略微上升，排名上升了 2 位，与 40 个国家的最大值的差距有所缩小。创新影响效力指数值为 4.29，低于 40 个国家的平均值（13.64），排名第 39 位；相较于 2010 年，指数值略微上升，排名始终处于第 39 位，与 40 个国家的最大值及平均值的差距变化不明显，如图 7-35 和图 7-36 所示。

2019 年俄罗斯创新效力指数三级指标中，除每百人互联网用户数、每百万研究人员本国居民专利授权量及每百万美元 R&D 经费本国居民专利授权量这 3 个指标得分高于 40 个国家相应指标得分的平均值外，其余指标得分均低于 40 个国家相应指标得分的平均值。其中，每百万美元 R&D 经费本国居民专利授权量指标得分为 40 个国家指标得分的最高值。研究人员人均 R&D 经费和每百万研究人员被引次数排名前 10% 的论文数指标得分与 40 个国家相应指标得分平均值之间的分差大于 20，如图 7-37 所示。相较于 2010

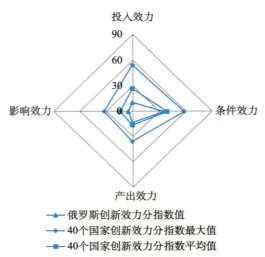

图 7-35　俄罗斯创新效力分指数与 40 个国家的最大值、平均值比较（2019 年）

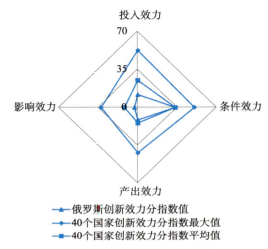

图 7-36 俄罗斯创新效力分指数与 40 个国家的最大值、平均值比较（2010 年）

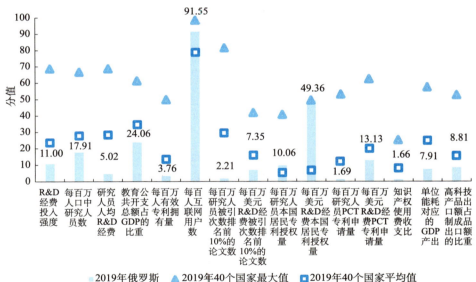

图 7-37 俄罗斯创新效力指数三级指标得分对比（2019 年）

注：图中所显示数据为俄罗斯创新效力指数三级指标得分

年创新效力指数三级指标，2019 年俄罗斯大部分创新效力指数三级指标得分均有一定程度的提升，但 R&D 经费投入强度、每百万人口中研究人员数、教育公共开支总额占 GDP 的比重及每百万美元 R&D 经费本国居民专利授权量这 4 个指标得分出现了小幅下降。2010 ～ 2019 年，每百万研究人员被引次数排名前 10% 的论文数指标得分从 0.07 增长到 2.21，增长了 30.57 倍。俄罗斯 R&D 经费投入强度、每百万人口中研究人员数、教育公共开支总额占 GDP 的比重、每百万人有效专利拥有量、每百万美元 R&D 经费被引次数排名前 10% 的论文数及单位能耗对应的 GDP 产出这 6 个指标得分均小于 40 个国家相应指标得分平均值，同时与 40 个国家相应指标得分平均值的差距进一步扩大，如图 7-38 所示。

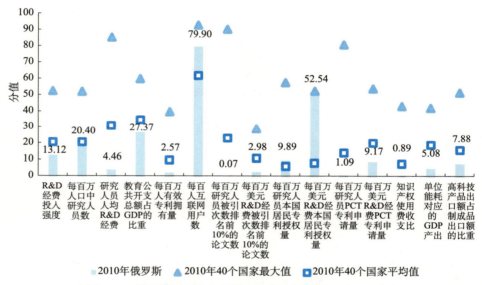

图 7-38   俄罗斯创新效力指数三级指标得分对比（2010 年）

注：图中所显示数据为俄罗斯创新效力指数三级指标得分

（三）创新发展指数

2019 年，俄罗斯科学技术发展指数值为 6.43，低于 40 个国家的平均值（21.54），排名第 35 位；相较于 2010 年，指数值有略微提升，排名下降了 1 位，与 40 个国家的平均值的差距进一步拉大。产业创新发展指数值为 17.61，低于 40 个国家的平均值（25.56），排名第 35 位；相较于 2010 年，指数值有小幅提升，排名不变，与 40 个国家的平均值的差距有略微缩小。社会创新发展指数值为 46.80，低于 40 个国家的平均值（52.65），排名第 30 位；相较于 2010 年，指数值有小幅提升，但排名不变，与 40 个国家的平均值的差距无明显变化。环境创新发展指数值为 14.57，低于 40 个国家的平均值（34.85），排名第 39 位；相较于 2010 年，指数值几乎不变，但排名下降了 2 位，与 40 个国家的最大值的差距扩大，如图 7-39 和图 7-40 所示。

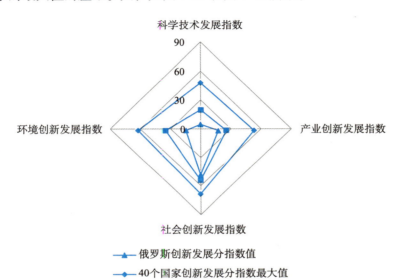

图 7-39 俄罗斯创新发展分指数与 40 个国家的最大值、平均值比较（2019 年）

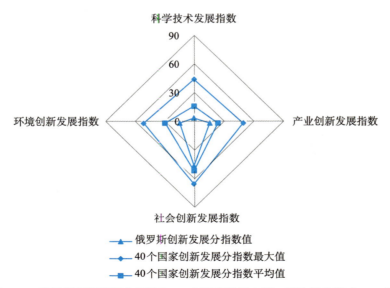

图 7-40 俄罗斯创新发展分指数与 40 个国家的最大值、平均值比较（2010 年）

　　2019 年，俄罗斯创新发展指数三级指标中仅每百万研究人员本国居民专利授权量和高等教育毛入学率指标得分高于 40 个国家相应指标得分的平均值，其他指标得分均低于 40 个国家相应指标得分的平均值，所有指标得分远落后于 40 个国家相应指标得分的最大值，如图 7-41 所示。2010 ~ 2019 年，俄罗斯创新发展指数大部分指标得分均有一定幅度的提高，仅每百万人 R&D 经费支出额、每百万人口中研究人员数、公共医疗卫生支出占医疗总支出的比重及人均 CO_2 排放量这 4 个指标得分出现了下降。被引次数排名前 10% 的论文百分比指标得分由 2010 年的 0.00 增加到 2019 年的 5.35。知识产权使用费收入占 GDP 的比重指标得分由 2010 年的 0.47 增加到 2019 年的 1.11。俄罗斯每百万研究人员 PCT 专利申请量、高科技产品出口额占制成品出口额的比重、服务业从业人员占就业总数的比重、医疗卫生总支出占 GDP 的比重及出生人口预期寿命这 5 个指标得分均小于 40 个国家相应指标得分的平均值，同时与 40 个国家相应指标得分平均值的差距有所缩小，如图 7-42 所示。

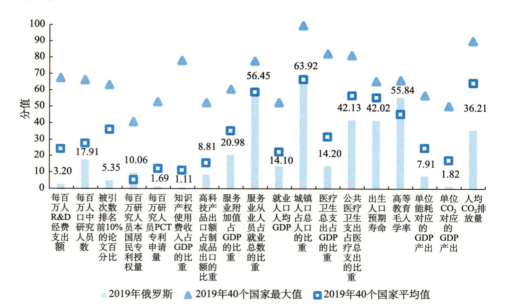

图 7-41　俄罗斯创新发展指数三级指标得分对比（2019 年）

注：图中所显示数据为俄罗斯创新发展指数三级指标得分

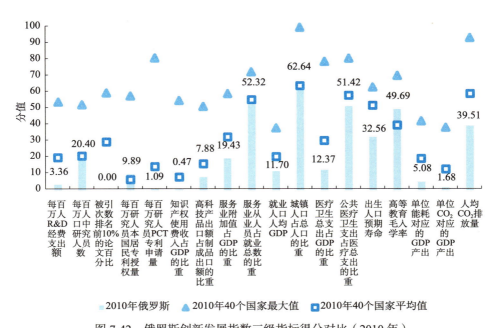

图 7-42　俄罗斯创新发展指数三级指标得分对比（2010 年）

注：图中所显示数据为俄罗斯创新发展指数三级指标得分

三、面向 2025 年的指数发展趋势

（一）创新实力指数发展趋势

2010～2019 年，俄罗斯创新实力指数值呈缓慢上升趋势，但仍低于 40 个国家创新实力指数平均值，其增长速度明显低于 40 个国家创新实力指数平均值的增长速度。为刻画俄罗斯创新实力指数未来发展趋势，本报告基于 2010～2019 年的指数值，在比较各类模型的拟合优度后，最终选取幂律函数模型对俄罗斯创新实力指数值进行拟合，拟合曲线如图 7-43 所示。如果保持拟合曲线呈现的趋势，俄罗斯创新实力指数虽然持续增长，但增长缓慢，与 40 个国家的平均值的差距将继续拉大。

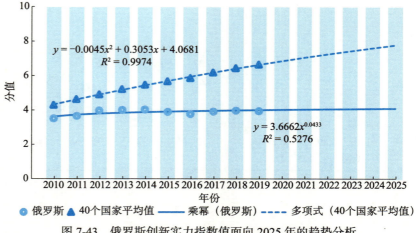

图 7-43　俄罗斯创新实力指数值面向 2025 年的趋势分析

（二）创新效力指数发展趋势

2010～2019 年，俄罗斯创新效力指数值呈缓慢上升趋势，显著低于 40 个国家的平均值，增长速度则与 40 个国家的平均值的增长速度基本持平。为刻画俄罗斯创新效力指数未来发展趋势，本报告基于 2010～2019 年的指数值，在比较各类模型的拟合优度后，最终采用二次函数模型对俄罗斯创新效力指数值进行拟合，拟合曲线如图 7-44 所示。如果保持拟合曲线呈现的趋势，俄罗斯创新效力指数值会持续增长，但与 40 个国家的平均值之间仍会存在一定的差距。

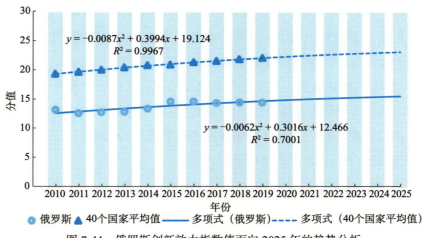

图 7-44　俄罗斯创新效力指数值面向 2025 年的趋势分析

（三）创新发展指数发展趋势

2010～2019 年，俄罗斯创新发展指数呈缓慢上升趋势，显著低于 40 个国家的平均值，且增长速度略低于 40 个国家的平均值的增长速度。为刻画俄罗斯创新发展指数未来发展趋势，本报告基于 2010～2019 年的指数值，在比较各类模型的拟合优度后，最终采用幂律函数模型对俄罗斯创新发展指数值进行拟合，拟合曲线如图 7-45 所示。如果保持拟合曲线呈现的趋势，俄罗斯创新发展指数值虽会持续增长，但与 40 个国家的平均值之间的差距将会逐渐增大。

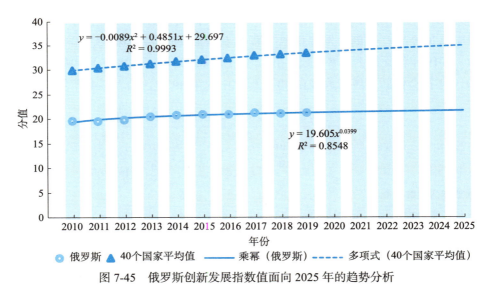

图 7-45　俄罗斯创新发展指数值面向 2025 年的趋势分析

第四节　南　　非

一、指数的相对优势比较

南非的创新能力指数排名靠后，2019 年排名第 34 位，在 10 年观测期（2010～2019 年）内有小幅波动。创新实力指数 2019 年排名第 34 位，其中创新条件实力指数（第 21 位）表现相对较好，且相较于 2010 年（第 24 位）上升了 3 位。2019 年创新投入实力指数（第 35 位）和创新影响实力指数（第 38 位）表现相对较差，相较于 2010 年创新投入实力指数未出现明显波动，创新影响实力指数下降了 3 位。南非创新效力指数 2019 年排名第 32 位，比 2010 年上升了 2 位。从分指数来看，仅创新产出效力指数表现较为突出，在 10 年观测期（2010～2019 年）内由 2010 年的第 22 位上升至 2019 年的第 17 位。其他分指数表现较差，创新投入效力指数由 2010 年的第 31 位下降至 2019 年的第 38 位；创新影响效力指数 2019 年排在 40 个国家的末位，且在 10 年观测期（2010～2019 年）内未出现明显波动。2019 年南非创新发展指数排名第 39 位，且在 10 年观测期（2010～2019 年）内未出现明显波动。在分指数中，2019 年产业创新发展指数（第 38 位）较 2010 年（第 33 位）下降了 5 位，2019 年科学技术发展指数（第 32 位）较 2010 年（第 28 位）下降了 4 位，2019 年社会创新发展指数排在 40 个国家中的第 39 位，如表 7-4 所示。

表 7-4　南非 2010～2019 年各指数排名及其变化

指数名称	2010 年	2014 年	2010～2014 年排名变化	2015 年	2019 年	2015～2019 年排名变化	2010～2019 年排名变化
创新能力指数	35	35	→	36	34	↑ 2	↑ 1
创新实力指数	35	34	↑ 1	34	34	→	↑ 1
创新投入实力指数	35	36	↓ 1	36	35	↑ 1	→
创新条件实力指数	24	23	↑ 1	22	21	↑ 1	↑ 3
创新产出实力指数	30	31	↓ 1	31	29	↑ 2	↑ 1
创新影响实力指数	35	36	↓ 1	36	38	↓ 2	↓ 3
创新效力指数	34	33	↑ 1	35	32	↑ 3	↑ 2
创新投入效力指数	31	37	↓ 6	38	38	→	↓ 7
创新条件效力指数	32	33	↓ 1	34	29	↑ 5	↑ 3
创新产出效力指数	22	18	↑ 4	15	17	↓ 2	↑ 5
创新影响效力指数	40	40	→	40	40	→	→
创新发展指数	39	39	→	39	39	→	→
科学技术发展指数	28	29	↓ 1	30	32	↓ 2	↓ 4
产业创新发展指数	33	34	↓ 1	36	38	↓ 2	↓ 5
社会创新发展指数	39	39	→	39	39	→	→
环境创新发展指数	36	36	→	35	35	→	↑ 1

二、分指数的相对优势研究

（一）创新实力指数

2019 年，南非创新投入实力指数值为 0.68，低于 40 个国家的平均值（6.85），远低于 40 个国家的最大值（63.60），排名第 35 位；相较于 2010 年，指数值略有上升，排名不变，与 40 个国家的最大值的差距则进一步拉大。创新条件实力指数值为 1.86，低于 40 个国家的平均值（6.10），远低于 40 个国家的最大值（57.61），排名第 21 位；相较于 2010 年，指数值和排名均略有进步，但与 40 个国家的最大值的差距明显拉大。创新产出实力指数值为 0.90，低于 40 个国家的平均值（7.17），排名第 29 位；相较于 2010 年，指数值和排名均有略微提升，但与 40 个国家的最大值的差距明显拉大。创新影响实力指数值为 0.07，低于 40 个国家的平均值（6.46），排名第 38 位；相较于 2010 年，指数值没有提升，但排名下降了 3 位，与 40 个国家的最大值的差距进一步拉大，如图 7-46 和图 7-47 所示。

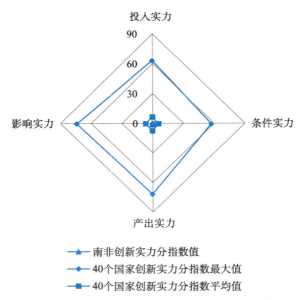

图 7-46　南非创新实力分指数与 40 个国家的最大值、平均值比较（2019 年）

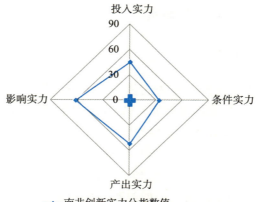

图 7-47　南非创新实力分指数与 40 个国家的最大值、平均值比较（2010 年）

2019 年，南非创新实力指数三级指标得分均低于 40 个国家相应指标得分的平均水平，且相对较小。其中 R&D 经费支出额、本国居民专利授权量、PCT 专利申请量、知识产权使用费收入及高技术产品出口额这 5 个指标得分均小于 1，同期 40 个国家相应指标得分的平均值均在 3 以上，如图 7-48 所示。2010 ～ 2019 年，在南非创新实力指数各指标中，除本国居民专利授权量、PCT 专利申请量、知识产权使用费收入及高技术产品出口额这 4 个指标得分基本持平或小幅下降外，其他指标得分均有小幅提升，但所有指标得分与 40 个国家相应指标得分的平均值之间的差距不断拉大，如图 7-49 所示。

图 7-48　南非创新实力指数三级指标得分对比（2019 年）

注：图中所显示数据为南非创新实力指数三级指标得分

图 7-49　南非创新实力指数三级指标得分对比（2010 年）

注：图中所显示数据为南非创新实力指数三级指标得分

（二）创新效力指数

2019 年，南非创新投入效力指数值为 9.12，低于 40 个国家的平均值（26.97），排名第 38 位；相较于 2010 年，指数值有小幅下降，排名下降了 7 位，与 40 个国家的平均值的差距也进一步拉大。创新条件效力指数值为 35.78，低于 40 个国家的平均值（39.62），排名第 29 位；相较于 2010 年，指数值有明显提升，排名上升了 3 位，与 40 个国家的最大值的差距有所缩小。创新产出效力指数值为 19.25，高于 40 个国家的平均值（16.02），排名第 17 位；相较于 2010 年，指数值变化有明显上升，排名上升了 5 位，与 40 个国家的最大值的差距有所缩小。创新影响效力指数值为 1.61，低于 40 个国家的平均值（13.64），排名第 40 位；相较于 2010 年，指数值略微下降，排名始终处于第 40 位，与 40 个国家的平均值的差距进一步拉大，如图 7-50 和图 7-51 所示。

2019 年南非创新效力指数三级指标中，除教育公共开支总额占 GDP 的比重、每百万研究人员被引次数排名前 10% 的论文数及每百万美元 R&D 经费被引次数排名前 10% 的论文数这 3 个指标得分高于 40 个国家相应指标得分的平均值外，其余指标得分均低于 40 个国家相应指标得分的平均值，如图 7-52 所示。相较于 2010 年创新效力指数三级指标，2019 年南非约一半的创新效力指数三级指标得分有一定程度的提升，但研究人员人均 R&D 经费、

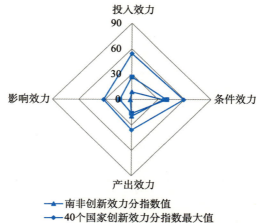

图 7-50　南非创新效力分指数与 40 个国家的最大值、平均值比较（2019 年）

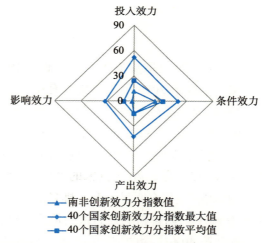

图 7-51　南非创新效力分指数与 40 个国家的最大值、平均值比较（2010 年）

每百万研究人员本国居民专利授权量、每百万美元 R&D 经费本国居民专利授权量、每百万研究人员 PCT 专利申请量、每百万美元 R&D 经费 PCT 专利申请量、单位能耗对应的 GDP 产出及高科技产品出口额占制成品出口额的比重这 7 个指标得分出现了下降。2010 ～ 2019 年，每百万研究人员被引次数排名前 10% 的论文数指标得分由 23.05 增加到 35.55，超过 40 个国家相应指标得分的平均值；但每百万美元 R&D 经费 PCT 专利申请量指标得分由 20.85 减少到 17.94，低于 40 个国家相应指标得分的平均值。2010 ～ 2019 年，除上述指标外，每百人互联网用户数指标得分与 40 个国家相应指标得分平均值的差距有所缩小；剩下指标得分均小于 40 个国家相应指标得分平均值，同时与 40 个国家相应指标得分平均值的差距进一步扩大，如图 7-53 所示。

图 7-52 南非创新效力指数三级指标得分对比（2019 年）

注：图中所显示数据为南非创新效力指数三级指标得分

图 7-53 南非创新效力指数三级指标得分对比（2010 年）

注：图中所显示数据为南非创新效力指数三级指标得分

（三）创新发展指数

2019 年，南非科学技术发展指数值为 9.68，低于 40 个国家的平均值（21.54），排名第 32 位；相较于 2010 年，指数值有略微提升，排名下降了 4位，与 40 个国家的平均值的差距进一步拉大。产业创新发展指数值为 16.04，低于 40 个国家的平均值（25.56），排名第 38 位；相较于 2010 年，指数值有小幅下降，排名下降了 5 位，与 40 个国家的平均值的差距进一步拉大。社会创新发展指数值为 30.83，低于 40 个国家的平均值（52.65），排名第 39位；相较于 2010 年，指数值有小幅提升，但排名不变，与 40 个国家的平均值的差距有所缩小。环境创新发展指数值为 18.64，低于 40 个国家的平均值（34.85），排名第 35 位；相较于 2010 年，指数值略微提升，排名上升了 1 位，与 40 个国家的平均值的差距进一步拉大，如图 7-54 和图 7-55 所示。

2019 年，南非创新发展指数三级指标中仅服务业从业人员占就业总数的比重指标得分高于 40 个国家相应指标得分的平均值，其他指标得分均低于 40 个国家相应指标得分的平均值，所有指标得分远落后于 40 个国家相应指标得分的最大值，如图 7-56 所示。2010 ～ 2019 年，南非约一半的创新发展指数指标得分有所提升，每百万人 R&D 经费支出额、每百万研究人员本国居民专利授权量、每百万研究人员 PCT 专利申请量、高科技产品出口额占制成品出口额的比重、就业人口人均 GDP、公共医疗卫生支出占医疗总支出的比重、单位能耗对应的 GDP 产出及单位 CO_2 排放量对应的 GDP 产

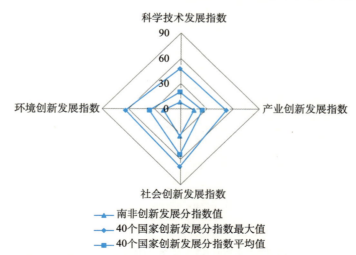

图 7-54　南非创新发展分指数与 40 个国家的最大值、平均值比较（2019 年）

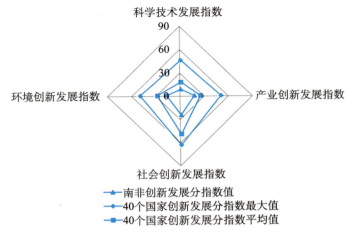

图 7-55　南非创新发展分指数与 40 个国家的最大值、平均值比较（2010 年）

出这 8 个指标得分出现了小幅下降。知识产权使用费收入占 GDP 的比重指标得分由 2010 年的 0.56 增加到 2019 年的 0.57。服务业附加值占 GDP 的比重指标得分由 2010 年的 33.00 增加到 2019 年的 33.32。南非被引次数排名前 10% 的论文百分比、城镇人口占总人口的比重、医疗卫生总支出占 GDP 的比重及出生人口预期寿命这 4 个指标得分均小于 40 个国家相应指标得分

图 7-56　南非创新发展指数三级指标得分对比（2019 年）

注：图中所显示数据为南非创新发展指数三级指标得分

平均值，同时与 40 个国家相应指标得分平均值的差距有所缩小，如图 7-57 所示。

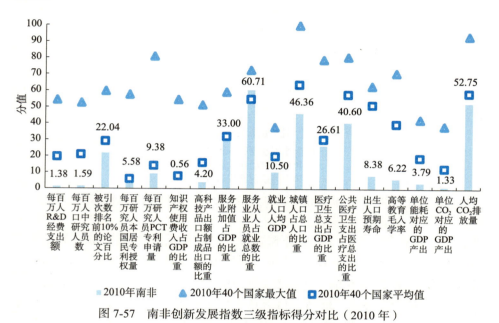

图 7-57　南非创新发展指数三级指标得分对比（2010 年）

注：图中所显示数据为南非创新发展指数三级指标得分

三、面向 2025 年的指数发展趋势

（一）创新实力指数发展趋势

2010 ～ 2019 年，南非创新实力指数值呈缓慢上升趋势，远低于 40 个国家的平均值，且增长速度显著低于 40 个国家创新实力指数平均值的增长速度。为刻画南非创新实力指数未来发展趋势，本报告基于 2010 ～ 2019 年的指数值，在比较各类模型的拟合优度后，最终采用二次函数模型对南非创新实力指数进行拟合，拟合曲线如图 7-58 所示。如果保持拟合曲线呈现的趋势，南非创新实力指数值虽将有所增长，但仍会持续低于 40 个国家的平均值，且差距会逐步扩大。

图 7-58　南非创新实力指数值面向 2025 年的趋势分析

（二）创新效力指数发展趋势

2010 ～ 2019 年，南非创新效力指数值呈稳步上升趋势，但始终低于 40 个国家的平均值，其增长速度基本与 40 个国家创新效力指数平均值的增长速度持平。为刻画南非创新效力指数未来发展趋势，本报告基于 2010 ～ 2019 年的指数值，在比较各类模型的拟合优度后，最终采用二次函数模型对南非创新效力指数值进行拟合，拟合曲线如图 7-59 所示。如果保持拟合曲线呈现的趋势，南非创新效力指数将持续增长，但与 40 个国家的平均值仍有一定差距。

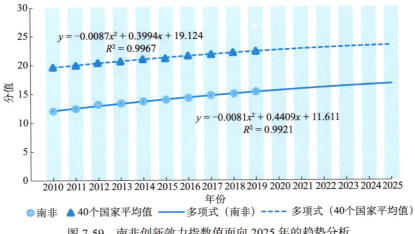

图 7-59　南非创新效力指数值面向 2025 年的趋势分析

（三）创新发展指数发展趋势

2010 ～ 2019 年，南非创新发展指数值呈现缓慢上升趋势，与 40 个国家的平均值之间始终存在一定差距，且其增长速度略低于 40 个国家创新发展指数平均值的增长速度。基于 2010 ～ 2019 年的指数值，在比较各类模型的拟合优度后，本报告采用幂律函数模型对南非创新发展指数值进行拟合，拟合曲线如图 7-60 所示。如果保持拟合曲线呈现的趋势，南非创新发展指数值仍将保持小幅增长，但与 40 个国家的平均值之间的差距将进一步拉大。

图 7-60　南非创新发展指数值面向 2025 年的趋势分析

第八章

主要发达国家创新发展和能力指数

第一节　美　国

一、指数的相对优势比较

美国创新能力指数排名名列前茅，2019 年在 40 个国家中位列第一，在 10 年观测期（2010～2019 年）内无显著波动。美国创新实力指数在 40 个国家中稳居第 1 位。各分指数中，仅有创新投入实力指数和创新条件实力指数在 2019 年排名第 2 位，其他分指数均排名第 1 位，与 2010 年表现一致。美国创新效力指数表现稍逊于创新实力指数，2019 年在 40 个国家中排在第 7 位，在 10 年观测期（2010～2019 年）内未出现明显波动；从分指数来看，两极分化现象较为明显，创新投入效力指数和创新影响效力指数在 2019 年均排在前 5 名，但其创新条件效力指数和创新产出效力指数在 2019 年分别位于第 25 位和第 15 位，拉低了其创新效力指数排名。美国创新发展指数表现稍逊于创新能力指数。2019 年，美国创新发展指数排名第 17 位，相较于 2010 年下降了 4 位。分指数中，科学技术发展指数和产业创新发展指数在 2019 年表现相对较好，虽然两个指数在 10 年观测期（2010～2019 年）内出现了小幅波动，但其排名仍在前十位。社会创新发展指数的表现虽不及科学技术发展指数和产业创新发展指数，但仍显著优于环境创新发展指数。2019 年环境创新发展指数排名第 38 位，虽较 2010 年上升了 1 位，但仍拉低了美国创新发展指数的排名次序，如表 8-1 所示。

表 8-1　美国 2010 ～ 2019 年各指数排名及其变化

指数名称	2010年	2014年	2010～2014年排名变化	2015年	2019年	2015～2019年排名变化	2010～2019年排名变化
创新能力指数	1	1	→	1	1	→	→
创新实力指数	1	1	→	1	1	→	→
创新投入实力指数	1	1	→	1	2	↓ 1	↓ 1
创新条件实力指数	1	1	→	2	2	→	↓ 1
创新产出实力指数	1	1	→	1	1	→	→
创新影响实力指数	1	1	→	1	1	→	→
创新效力指数	7	7	→	5	7	↓ 2	→
创新投入效力指数	5	6	↓ 1	5	4	↑ 1	↑ 1
创新条件效力指数	35	30	↑ 5	30	25	↑ 5	↑ 10
创新产出效力指数	8	10	↓ 2	10	15	↓ 5	↓ 7
创新影响效力指数	2	1	↑ 1	1	5	↓ 4	↓ 3
创新发展指数	13	16	↓ 3	16	17	↓ 1	↓ 4
科学技术发展指数	7	7	→	6	7	↓ 1	→
产业创新发展指数	2	7	↓ 5	5	5	→	↓ 3
社会创新发展指数	4	6	↓ 2	5	10	↓ 5	↓ 6
环境创新发展指数	39	39	→	39	38	↑ 1	↑ 1

二、分指数的相对优势研究

（一）创新实力指数

2019 年，美国创新投入实力指数值为 62.27，远高于 40 个国家的平均值（6.85），排名第 2 位；相较于 2010 年，指数值有明显提升，但排名下降了 1 位。创新条件实力指数值为 48.21，远高于 40 个国家的平均值（6.10），排名第 2 位；相较于 2010 年，指数值有明显提升，但排名下降了 1 位。创新产出实力指数值为 71.41，为 40 个国家中的最大值，远高于 40 个国家的平均值（7.17）；相较于 2010 年，指数值有明显提升，排名始终保持第 1 位。创新影响实力指数值为 73.59，为 40 个国家中的最大值，远高于 40 个国家的平均值（6.46）；相较于 2010 年，指数值有明显提升，排名始终保持第 1 位，如图 8-1

和图 8-2 所示。

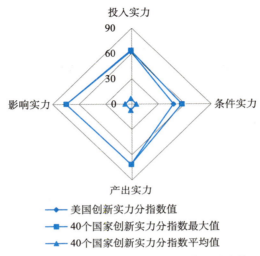

图 8-1　美国创新实力分指数与 40 个国家的最大值、平均值比较（2019 年）

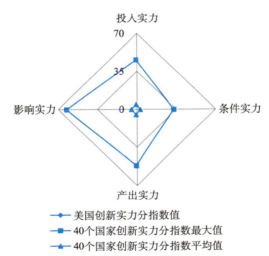

图 8-2　美国创新实力分指数与 40 个国家的最大值、平均值比较（2010 年）

2019 年，美国创新实力指数三级指标得分均高于 40 个国家相应指标得分的平均水平，且相对较大。R&D 经费支出额、教育公共开支总额、有效专利拥有量、被引次数排名前 10% 的论文数、PCT 专利申请及知识产权使用费收入这 6 个指标得分均为 40 个国家相应指标得分的最大值。但互联网用户数和高技术产品出口额指标得分与 40 个国家相应指标得分的最大值之间仍有较大差距，如图 8-3 所示。2010 ～ 2019 年，在美国创新实力指数各指标中，除高技术产品出口额指标得分外，其他指标得分均有提升，且表现较为突出。但研究人员数指标得分从 2010 年的 40 个国家指数得分的最大值位置上滑落，且与互联网用户数、高技术产品出口额、本国居民专利授权量这 3 个指标得分一样，与 40 个国家相应指标得分最大值之间的差距不断拉大，如图 8-4 所示。

图 8-3　美国创新实力指数三级指标得分对比（2019 年）

注：图中所显示数据为美国创新实力指数三级指标得分

图 8-4　美国创新实力指数三级指标得分对比（2010 年）

注：图中所显示数据为美国创新实力指数三级指标得分

（二）创新效力指数

2019 年，美国创新投入效力指数值为 47.77，高于 40 个国家的平均值（26.97），低于 40 个国家的最大值（54.89），排名第 4 位；相较于 2010 年，指数值略有提升，排名上升了 1 位，与 40 个国家的最大值的差距有所缩小。创新条件效力指数值为 37.12，低于 40 个国家的平均值（39.62），低于 40 个国家的最大值（58.88），排名第 25 位；相较于 2010 年，指数值有明显提升，排名上升了 10 位，与 40 个国家的最大值的差距有所缩小。创新产出效力指数值为 19.56，高于 40 个国家的平均值（16.02），低于 40 个国家的最大值（35.47），排名第 15 位；相较于 2010 年，指数值略有提升，但排名下降了 7 位，与 40 个国家的最大值的差距有所缩小。创新影响效力指数值为 21.77，高于 40 个国家的平均值（13.64），低于 40 个国家的最大值（31.89），排名第 5 位；相较于 2010 年，指数值有小幅下降，排名下降了 3 位，与 40 个国家的最大值的差距进一步拉大，如图 8-5 和图 8-6 所示。

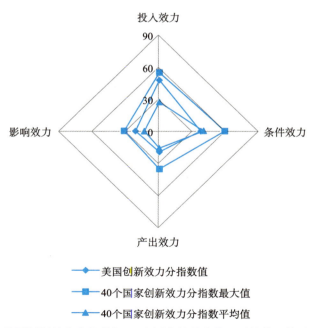

图 8-5　美国创新效力分指数与 40 个国家的最大值、平均值比较（2019 年）

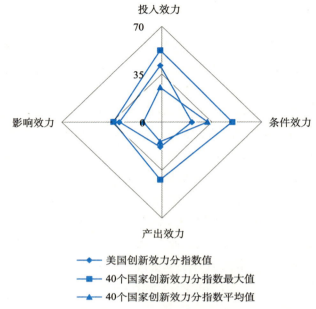

图 8-6　美国创新效力分指数与 40 个国家的最大值、平均值比较（2010 年）

　　2019 年美国创新效力指数三级指标中，除教育公共开支总额占 GDP 的比重、每百人互联网用户数、每百万美元 R&D 经费被引次数排名前 10% 的论文数及单位能耗对应的 GDP 产出这 4 个指标得分低于 40 个国家相应指标得分的平均值外，其余指标得分均高于 40 个国家相应指标得分的平均值，且研究人员人均 R&D 经费和知识产权使用费收支比指标得分为 40 个国家相应指标得分的最大值，如图 8-7 所示。相较于 2010 年创新效力指数三级指标，2019 年美国大部分创新效力指数三级指标得分均有一定程度的提升，但每百万美元 R&D 经费被引次数排名前 10% 的论文数、每百万美元 R&D 经费本国居民专利授权量、每百万美元 R&D 经费 PCT 专利申请量、知识产权使用费收支比及高科技产品出口额占制成品出口额的比重这 5 个指标得分出现了下降。2010 ～ 2019 年，美国每百万美元 R&D 经费被引次数排名前 10% 的论文数和单位能耗对应的 GDP 产出指标得分均小于 40 个国家相应指标得分平均值，且差距进一步扩大，如图 8-8 所示。

图 8-7　美国创新效力指数三级指标得分对比（2019 年）

注：图中所显示数据为美国创新效力指数三级指标得分

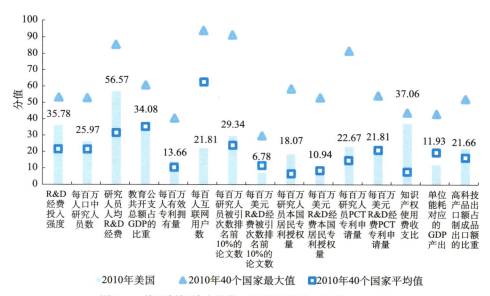

图 8-8　美国创新效力指数三级指标得分对比（2010 年）

注：图中所显示数据为美国创新效力指数三级指标得分

（三）创新发展指数

2019 年，美国科学技术发展指数值为 33.34，高于 40 个国家的平均值（21.54），低于 40 个国家的最大值（49.53），排名第 7 位；相较于 2010 年，指数值略有提升，排名保持不变，与 40 个国家的最大值的差距无明显变化。产业创新发展指数值为 34.20，高于 40 个国家的平均值（25.56），低于 40 个国家的最大值（53.13），排名第 5 位；相较于 2010 年，指数值略有下降，排名下降了 3 位，与 40 个国家的最大值的差距扩大。社会创新发展指数值为61.61，高于 40 个国家的平均值（52.65），低于 40 个国家的最大值（66.92），排名第 10 位；相较于 2010 年，指数值无明显变化，排名下降了 6 位，与 40 个国家的最大值的差距扩大。环境创新发展指数值为 15.72，低于 40 个国家的平均值（34.85），低于 40 个国家的最大值（62.13），排名第 38 位；相较于2010 年，指数值有明显提升，排名上升了 1 位，与 40 个国家的最大值的差距扩大，如图 8-9 和图 8-10 所示。

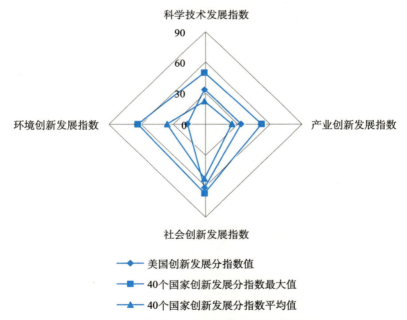

图 8-9　美国创新发展分指数与 40 个国家的最大值、平均值比较（2019 年）

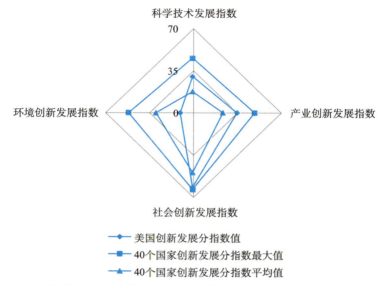

图 8-10　美国创新发展分指数与 40 个国家的最大值、平均值比较（2010 年）

2019 年，美国创新发展指数三级指标中，除知识产权使用费收入占 GDP 的比重、公共医疗卫生支出占医疗总支出的比重、出生人口预期寿命、单位能耗对应的 GDP 产出、单位 CO_2 排放量对应的 GDP 产出及人均 CO_2 排放量这 6 个指标得分低于 40 个国家相应指标得分的平均值外，其他指标得分均高于 40 个国家相应指标得分的平均值。服务业附加值占 GDP 的比重和医疗卫生总支出占 GDP 的比重指标得分为 40 个国家相应指标得分的最大值，如图 8-11 所示。2019 年美国创新发展指数三级指标中，服务业附加值占 GDP 的比重和医疗卫生总支出占 GDP 的比重指标得分为 40 个国家相应指标得分的最大值。2010 ～ 2019 年，美国创新发展指数大部分三级指标得分均有一定幅度的提高，仅被引次数排名前 10% 的论文百分比、知识产权使用费收入占 GDP 的比重、高科技产品出口额占制成品出口额的比重、服务业从业人员占就业总数的比重、出生人口预期寿命及高等教育毛入学率这 6 个指标得分出现了小幅下降。知识产权使用费收入占 GDP 的比重和出生人口预期寿命指标得分，分别由 2010 年的 13.30 和 53.56，减少到 2019 年的 11.16 和 53.39，均低于 40 个国家相应指标得分的平均值。美国单位能耗对应的 GDP 产出和单位 CO_2 排放量对应的 GDP 产出指标得分均小于 40 个国家相应指标得分平均值，同时与 40 个国家相应指标得分平均值的差距进一步扩大，如图 8-12 所示。

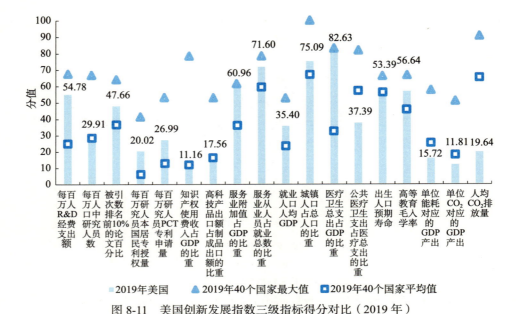

图 8-11　美国创新发展指数三级指标得分对比（2019 年）

注：图中所显示数据为美国创新发展指数三级指标得分

图 8-12　美国创新发展指数三级指标得分对比（2010 年）

注：图中所显示数据为美国创新发展指数三级指标得分

三、面向 2025 年的指数发展趋势

（一）创新实力指数发展趋势

2010 ～ 2019 年，美国创新实力指数值呈稳步上升趋势，远远高于 40 个国家的平均值，且增长速度略高于 40 个国家的平均值的增长速度。为刻画美国创新实力指数未来发展趋势，本报告基于 2010 ～ 2019 年的指数值，在比较各类模型的拟合优度后，最终采用幂律函数模型对美国创新实力指数值进行拟合，拟合曲线如图 8-13 所示。如果保持拟合曲线呈现的趋势，美国创新实力指数值将持续增长，且其相较于 40 个国家的平均值的优势将进一步增大。

图 8-13 美国创新实力指数值面向 2025 年的趋势分析

（二）创新效力指数发展趋势

2010 ～ 2019 年，美国创新效力指数值呈小幅波动上升趋势，虽高于 40 个国家的平均值，但其增长速度略低于 40 个国家的平均值的增长速度。为刻画美国创新效力指数未来发展趋势，本报告基于 2010 ～ 2019 年的指数值，在比较各类模型的拟合优度后，最终采用幂律函数模型对美国创新效力指数值进行拟合，拟合曲线如图 8-14 所示。如果保持拟合曲线呈现的趋势，美国创新效力指数值虽无显著增长，但依然会持续高于 40 个国家的平均值。

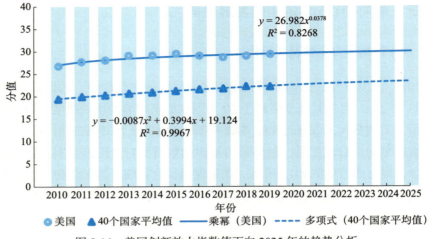

图 8-14　美国创新效力指数值面向 2025 年的趋势分析

（三）创新发展指数发展趋势

2010 ～ 2019 年，美国创新发展指数值呈波动上升趋势，高于 40 个国家的平均值，但增长速度略低于 40 个国家的平均值的增长速度。为刻画美国创新发展指数未来发展趋势，本报告基于 2010 ～ 2019 年的指数值，在比较各类模型的拟合优度后，最终采用指数模型对美国创新发展指数值进行拟合，拟合曲线如图 8-15 所示。如果保持拟合曲线呈现的趋势，美国创新发展指数值将持续增长，但相较于 40 个国家的平均值的优势有缩小趋势。

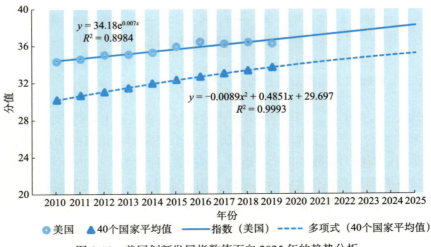

图 8-15　美国创新发展指数值面向 2025 年的趋势分析

第二节　日　　本

一、指数的相对优势比较

日本创新能力指数排名名列前茅，2019年在40个国家中居第3位，在10年观测期（2010～2019年）内未出现明显波动。创新实力指数2019年表现相对较好，排名第3位，其创新投入实力指数（第3位）、创新条件实力指数（第3位）、创新产出实力指数（第3位）和创新影响实力指数（第2位）均有突出表现，且10年观测期（2010～2019年）内未出现明显波动；2010年，日本创新实力指数排在第2位，10年间排名下降了1位。日本创新效力指数表现与创新实力指数表现相似，其创新效力指数2019年排名第3位，10年观测期（2010～2019年）内未出现大幅波动。从分指数看，2019年创新投入效力指数（第10位）和创新产出效力指数（第3位）较2010年未出现明显波动，创新条件效力指数（第14位）和创新影响效力指数（第7位）较2010年均有小幅提升。从创新发展指数来看，排名和表现均低于创新能力指数，2019年排名第12位，且在10年观测期（2010～2019年）内下降了5位。分指数中，产业创新发展指数（第18位）和环境创新发展指数（第24位）表现相对较差，拉低了日本创新发展指数的排名次序。其他分指数中，科学技术发展指数（第9位）和社会创新发展指数（第3位）在2019年表现相对较好，虽然两个指数在10年观测期（2010～2019年）内出现了小幅波动，但其排名仍在前10位，如表8-2所示。

表8-2　日本2010～2019年各指数排名及其变化

指数名称	2010年	2014年	2010～2014年排名变化	2015年	2019年	2015～2019年排名变化	2010～2019年排名变化
创新能力指数	3	3	→	3	3	→	→
创新实力指数	2	3	↓1	3	3	→	↓1
创新投入实力指数	3	3	→	3	3	→	→
创新条件实力指数	3	3	→	3	3	→	→
创新产出实力指数	2	2	→	3	3	→	↓1
创新影响实力指数	3	2	↑1	3	2	↑1	↑1

续表

指数名称	2010年	2014年	2010～2014年排名变化	2015年	2019年	2015～2019年排名变化	2010～2019年排名变化
创新效力指数	3	2	↑1	2	3	↓1	→
创新投入效力指数	10	8	↑2	9	10	↓1	→
创新条件效力指数	15	9	↑6	10	14	↓4	↑1
创新产出效力指数	3	3	→	3	3	→	→
创新影响效力指数	8	7	↑1	5	7	↓2	↑1
创新发展指数	7	10	↓3	10	12	↓2	↓5
科学技术发展指数	6	6	→	8	9	↓1	↓3
产业创新发展指数	14	16	↓2	18	18	→	↓4
社会创新发展指数	5	3	↑2	3	3	→	↑2
环境创新发展指数	26	30	↓4	30	24	↑6	↑2

二、分指数的相对优势研究

（一）创新实力指数

2019 年，日本创新投入实力指数值为 22.11，高于 40 个国家的平均值（6.85），低于 40 个国家的最大值（63.60），排名第 3 位；相较于 2010 年，指数值略有提升，排名始终保持在第 3 位，与 40 个国家的最大值的差距扩大。创新条件实力指数值为 19.71，高于 40 个国家的平均值（6.10），低于 40 个国家的最大值（57.61），排名第 3 位；相较于 2010 年，指数值有明显提升，排名始终保持在第 3 位，与 40 个国家的最大值的差距扩大。创新产出实力指数值为 38.14，高于 40 个国家的平均值（7.17），低于 40 个国家的最大值（71.41），排名第 3 位；相较于 2010 年，指数值有小幅提升，但排名下降了 1 位，与 40 个国家的最大值的差距扩大。创新影响实力指数值为 27.93，高于 40 个国家的平均值（6.46），低于 40 个国家的最大值（73.59），排名第 2 位；相较于 2010 年，指数值有明显提升，排名上升了 1 位，与 40 个国家的最大值的差距有所缩小，如图 8-16 和图 8-17 所示。

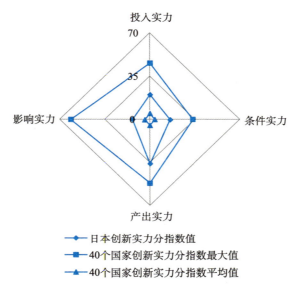

图 8-16　日本创新实力分指数与 40 个国家的最大值、平均值比较（2019 年）

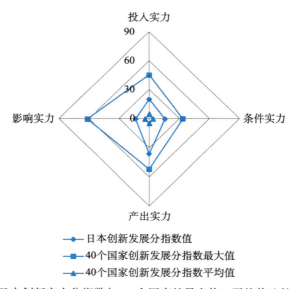

图 8-17　日本创新实力分指数与 40 个国家的最大值、平均值比较（2010 年）

　　2019 年日本创新实力指数三级指标表现均相对较好，所有指标得分均高于 40 个国家的平均水平，但仍与相应指标的 40 个国家的最大值有一定的差距。具体指标方面，有效专利拥有量、本国居民专利授权量、PCT 专利申请量、知识产权使用费收入均相对较好，如图 8-18 所示。日本 2010 年创新实力指数三级指标得分均远高于 40 个国家的平均水平，但互联网用户数、被引次数排名前 10% 的论文数、高技术产品出口额这三个指标得分在 10 年间未有明显提升，其分值与 40 个国家的最大值仍存在较大的差距，如图 8-19 所示。

图 8-18   日本创新实力指数三级指标得分对比（2019 年）

注：图中所显示数据为日本创新实力指数三级指标得分

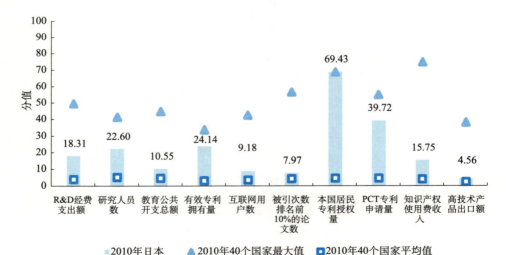

图 8-19   日本创新实力指数三级指标得分对比（2010 年）

注：图中所显示数据为日本创新实力指数三级指标得分

（二）创新效力指数

2019 年，日本创新投入效力指数值为 39.96，高于 40 个国家的平均值（26.97），低于 40 个国家的最大值（54.89），排名第 10 位；相较于 2010 年，指数值略有提升，排名保持不变，与 40 个国家的最大值的差距无明显变化。创新条件效力指数值为 43.11，高于 40 个国家的平均值（39.62），低于 40 个国家的最大值（58.88），排名第 14 位；相较于 2010 年，指数值有小幅提升，排名上升了 1 位，但与 40 个国家的最大值的差距拉大。创新产出效力指数值为 29.05，高于 40 个国家的平均值（16.02），低于 40 个国家的最大值（35.47），排名第 3 位；相较于 2010 年，指数值略有提升，排名保持不变，与 40 个国家的最大值的差距有所缩小。创新影响效力指数值为 21.08，高于 40 个国家的平均值（13.64），低于 40 个国家的最大值（31.89），排名第 7 位；相较于 2010 年，指数值有明显提升，排名上升了 1 位，与 40 个国家的最大值的差距有所缩小，如图 8-20 和图 8-21 所示。

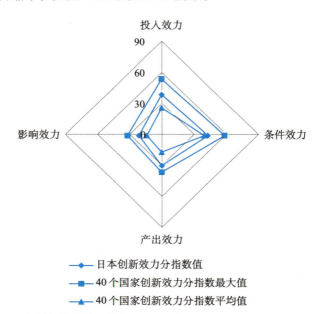

图 8-20　日本创新效力分指数与 40 个国家的最大值、平均值比较（2019 年）

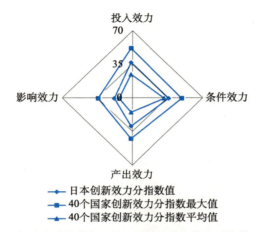

图 8-21　日本创新效力分指数与 40 个国家的最大值、平均值比较（2010 年）

　　2019 年，日本创新效力指数三级指标得分两极分化严重。每百万美元 R&D 经费 PCT 专利申请量等指标表现相对较好，但每百万美元 R&D 经费被引次数排名前 10% 的论文数得分仅为 1.11；同期 40 个国家的平均值为 16.25，最大值为 42.32，说明日本单位研发投入的高水平专利产出和单位研发投入的高水平论文产出表现明显落后，如图 8-22 所示。2010 年日本每百万美元 R&D 经费被引次数排名前 10% 的论文数得分仅为 1.48，每百万研究人员被引次数排名前 10% 的论文数指标得分与 40 个国家的平均值之间存在较大差距，且这一差距在 2019 年进一步扩大，如图 8-23 所示。

图 8-22　日本创新效力指数三级指标得分对比（2019 年）

注：图中所显示数据为日本创新效力指数三级指标得分

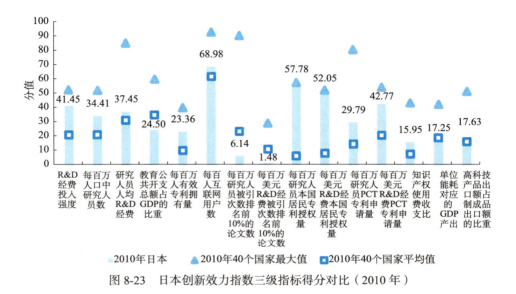

图 8-23　日本创新效力指数三级指标得分对比（2010 年）

注：图中所显示数据为日本创新效力指数三级指标得分

（三）创新发展指数

2019 年，日本科学技术发展指数值为 32.02，高于 40 个国家的平均值（21.54），低于 40 个国家的最大值（49.53），排名第 9 位；相较于 2010 年，指数值略有提升，但排名下降了 3 位，与 40 个国家的最大值的差距扩大。产业创新发展指数值为 26.48，高于 40 个国家的平均值（25.56），低于 40 个国家的最大值（53.13），排名第 18 位；相较于 2010 年，指数值有小幅下降，排名下降了 4 位，与 40 个国家的最大值的差距扩大。社会创新发展指数值为 64.62，高于 40 个国家的平均值（52.65），低于 40 个国家的最大值（66.92），排名第 3 位；相较于 2010 年，指数值有小幅提升，排名上升了 2 位，与 40 个国家的最大值的差距有所缩小。环境创新发展指数值为 31.83，低于 40 个国家的平均值（34.85）和最大值（62.13），排名第 24 位；相较于 2010 年，指数值有小幅提升，排名上升了 2 位，与 40 个国家的最大值的差距扩大，如图 8-24 和图 8-25 所示。

2019 年，日本创新发展指数各三级指标表现总体上相对较好，仅有被引次数排名前 10% 的论文百分比、高科技产品出口额占制成品出口额的比重、就业人口人均 GDP、高等教育毛入学率和单位 CO_2 排放量对应的 GDP 产出

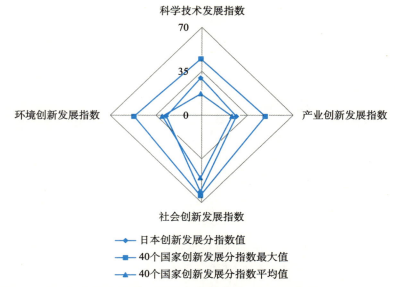

图 8-24　日本创新发展分指数与 40 个国家的最大值、平均值比较（2019 年）

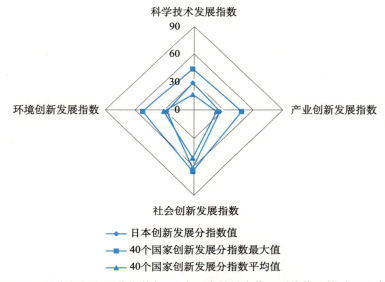

图 8-25　日本创新发展分指数与 40 个国家的最大值、平均值比较（2010 年）

这 5 个指标得分低于 40 个国家相应指标得分平均值，其余指标得分均高于 40 个国家的平均值。2010 ～ 2019 年，日本被引次数排名前 10% 的论文百分比、每百万研究人员本国居民专利授权量、高科技产品出口额占制成品出口

额的比重和服务业附加值占 GDP 的比重这 4 个指标得分均有所下降，如图
8-26 和图 8-27 所示。

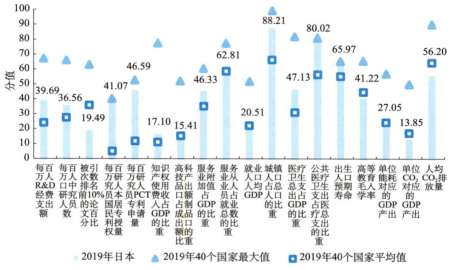

图 8-26　日本创新发展指数三级指标得分对比（2019 年）

注：图中所显示数据为日本创新发展指数三级指标得分

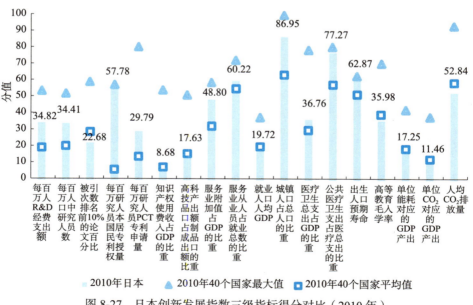

图 8-27　日本创新发展指数三级指标得分对比（2010 年）

注：图中所显示数据为日本创新发展指数三级指标得分

三、面向 2025 年的指数发展趋势

（一）创新实力指数发展趋势

2010～2019 年，日本创新实力指数值呈波动上升趋势，远高于 40 个国家的平均值，且增长速度略高于 40 个国家的平均值的增长速度。为刻画日本创新实力指数未来发展趋势，本报告基于 2010～2019 年的指数值，在比较各类模型的拟合优度后，最终选取幂律函数模型对日本创新实力指数值进行拟合，拟合曲线如图 8-28 所示。如果保持拟合曲线呈现的趋势，日本创新实力指数值将持续增长。

（二）创新效力指数发展趋势

2010～2019 年，日本创新效力指数值呈小幅波动上升趋势，高于 40 个国家的平均值，增长速度则与 40 个国家的平均值的增长速度基本持平。为刻画日本创新效力指数未来发展趋势，本报告基于 2010～2019 年的指数值，在比较各类模型的拟合优度后，最终采用幂律函数模型对日本创新效力指数值进行拟合，拟合曲线如图 8-29 所示。如果保持拟合曲线呈现的趋势，日本创新效力指数值将持续增长，但增长幅度较小。

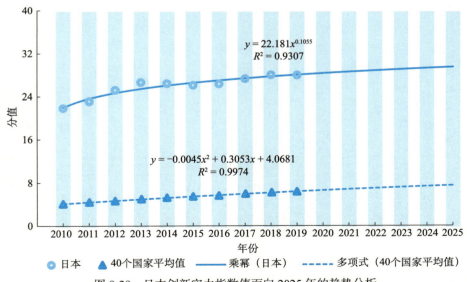

图 8-28 日本创新实力指数值面向 2025 年的趋势分析

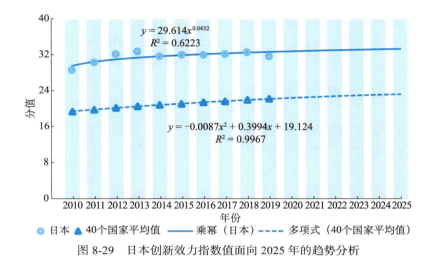

图 8-29　日本创新效力指数值面向 2025 年的趋势分析

（三）创新发展指数发展趋势

2010～2019 年，日本创新发展指数值整体呈波动上升趋势，显著高于 40 个国家的平均值，但增长速度低于 40 个国家的平均值的增长速度。为刻画日本创新发展指数未来发展趋势，本报告基于 2010～2019 年的指数值，在比较各类模型的拟合优度后，最终选择幂律函数模型对日本创新发展指数值进行拟合，拟合曲线如图 8-30 所示。如果保持拟合曲线呈现的趋势，日本创新发展指数值将保持增长，但其相较于 40 个国家的平均值的优势将持续减小。

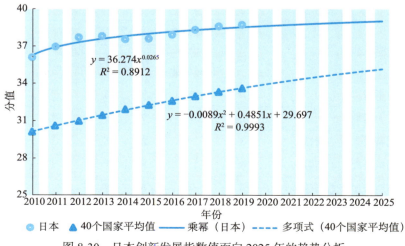

图 8-30　日本创新发展指数值面向 2025 年的趋势分析

第三节 英　　国

一、指数的相对优势比较

2019 年英国的创新能力指数排名第 11 位，且在 10 年观测期（2010～2019年）内有小幅波动。英国创新实力指数 2019 年在 40 个国家中排在第 6 位，较 2010 年下降了 1 位。从创新实力分指数来看，2019 年英国创新投入实力指数、创新条件实力指数、创新产出实力指数和创新影响实力指数均进前 10名，但相较于 2010 年各指数排名有小幅波动。英国创新效力指数在 2019 年排名第 14 位，且在 10 年观测期（2010～2019 年）内排名波动较小。从分指数来看，创新影响效力指数表现相对较好，在 2019 年排名第 4 位，但创新投入效力指数和创新条件效力指数表现相对较差，在 2019 年仅排名第 19位和第 20 位。从创新发展指数来看，其表现与创新能力指数大体相当，在2019 年排名第 8 位，且在 10 年观测期（2010～2019 年）内未出现明显波动。分指数中，2019 年英国科学技术发展指数和社会创新发展指数的表现要稍逊于其他指数，分别排在第 16 位和第 19 位，相较于 2010 年均有小幅波动；其他创新发展分指数在 2019 年均排在 40 个国家中的前 10 位，尤其是环境创新发展指数进步明显，由 2010 年的第 19 位上升至 2019 年的第 4 位，上升了15 位，如表 8-3 所示。

表 8-3　英国 2010～2019 年各指数排名及其变化

指数名称	2010年	2014年	2010～2014 年排名变化	2015年	2019年	2015～2019 年排名变化	2010～2019 年排名变化
创新能力指数	10	11	↓ 1	9	11	↓ 2	↓ 1
创新实力指数	5	6	↓ 1	7	6	↑ 1	↓ 1
创新投入实力指数	8	8	→	8	7	↑ 1	↑ 1
创新条件实力指数	6	8	↓ 2	8	7	↑ 1	↓ 1
创新产出实力指数	6	6	→	6	6	→	→
创新影响实力指数	4	5	↓ 1	5	5	→	↓ 1
创新效力指数	13	13	→	12	14	↓ 2	↓ 1

续表

指数名称	2010年	2014年	2010～2014年排名变化	2015年	2019年	2015～2019年排名变化	2010～2019年排名变化
创新投入效力指数	20	21	↓1	20	19	↑1	↑1
创新条件效力指数	11	18	↓7	17	20	↓3	↓9
创新产出效力指数	15	13	↑2	12	14	↓2	↑1
创新影响效力指数	5	4	↑1	4	4	→	↑1
创新发展指数	8	8	→	8	8	→	→
科学技术发展指数	17	17	→	17	16	↑1	↑1
产业创新发展指数	8	8	→	8	8	→	→
社会创新发展指数	17	19	↓2	19	19	→	↓2
环境创新发展指数	19	10	↑9	8	4	↑4	↑15

二、分指数的相对优势研究

（一）创新实力指数

2019 年，英国创新投入实力指数值为 8.87，高于 40 个国家的平均值（6.85），低于 40 个国家的最大值（63.60），排名第 7 位；相较于 2010 年，指数值有小幅提升，排名上升了 1 位，与 40 个国家的最大值的差距扩大。创新条件实力指数值为 8.71，高于 40 个国家的平均值（6.10），低于 40 个国家的最大值（57.61），排名第 7 位；相较于 2010 年，指数值有小幅提升，但排名下降了 1 位，与 40 个国家的最大值的差距扩大。创新产出实力指数值为 11.98，高于 40 个国家的平均值（7.17），低于 40 个国家的最大值（71.41），排名第 6 位；相较于 2010 年，指数值有小幅提升，排名始终保持在第 6 位，与 40 个国家的最大值的差距扩大。创新影响实力指数值为 16.37，高于 40 个国家的平均值（6.46），低于 40 个国家的最大值（73.59），排名第 5 位；相较于 2010 年，指数值有明显提升，但排名下降了 1 位，与 40 个国家的最大值的差距扩大，如图 8-31 和图 8-32 所示。

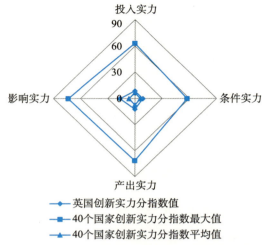

图 8-31　英国创新实力分指数与 40 个国家的最大值、平均值比较（2019 年）

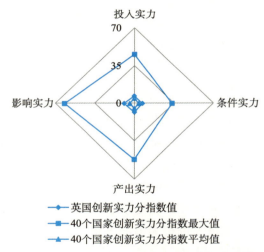

图 8-32　英国创新实力分指数与 40 个国家的最大值、平均值比较（2010 年）

　　2019 年，英国创新实力指数三级指标表现并不突出，除本国居民专利授予量指标得分低于相应指标 40 个国家的平均值（6.37）外，其他指标得分均高于相应指标 40 个国家的平均值，但显著低于相应指标 40 个国家的最大值。对比来看，2010 年英国创新实力指数三级指标表现与 2019 年表现大体一致，仅有本国居民专利授权量这 1 个指标得分低于 40 个国家的平均值（4.65）。PCT 专利申请量指标得分高于相应指标 40 个国家的平均值（5.01），但在 10 年观测期（2010～2019 年）内提升相对缓慢，如图 8-33 和图 8-34 所示。

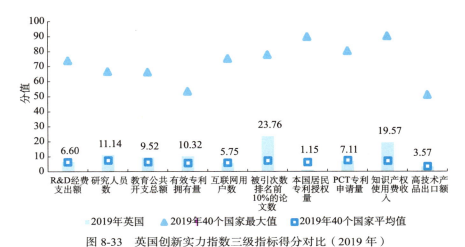

图 8-33　英国创新实力指数三级指标得分对比（2019 年）

注：图中所显示数据为英国创新实力指数三级指标得分

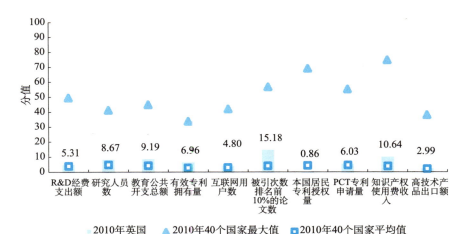

图 8-34　英国创新实力指数三级指标得分对比（2010 年）

注：图中所显示数据为英国创新实力指数三级指标得分

（二）创新效力指数

2019 年，英国创新投入效力指数值为 27.03，高于 40 个国家的平均值（26.97），低于 40 个国家的最大值（54.89），排名第 19 位；相较于 2010 年，指数值略有提升，排名上升了 1 位，与 40 个国家的最大值的差距无明显变化。创新条件效力指数值为 40.72，高于 40 个国家的平均值（39.62），低于

40个国家的最大值（58.88），排名第 20 位；相较于 2010 年，指数值略有提升，但排名下降了 9 位，与 40 个国家的最大值的差距进一步拉大。创新产出效力指数值为 19.64，高于 40 个国家的平均值（16.02），低于 40 个国家的最大值（35.47），排名第 14 位；相较于 2010 年，指数值略有提升，排名上升了 1 位，与 40 个国家的最大值的差距有所缩小。创新影响效力指数值为 24.36，高于 40 个国家的平均值（13.64），低于 40 个国家的最大值（31.89），排名第 4 位；相较于 2010 年，指数值有小幅提升，排名上升了 1 位，与 40 个国家的最大值的差距有所缩小，如图 8-35 和图 8-36 所示。

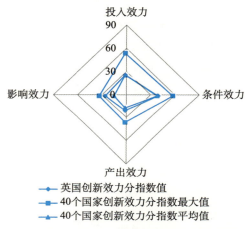

图 8-35　英国创新效力分指数与 40 个国家的最大值、平均值比较（2019 年）

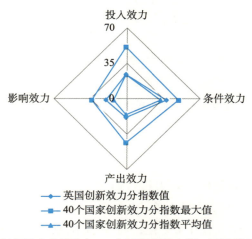

图 8-36　英国创新效力分指数与 40 个国家的最大值、平均值比较（2010 年）

　　2019 年，英国创新效力指数三级指标得分出现较大的两极分化现象。每百万研究人员被引次数排名前 10% 的论文数、每百万美元 R&D 经费被引次数排名前 10% 的论文数、知识产权使用费收支比、单位能耗对应的 GDP 产出这 4 个指标得分均远超相应指标 40 个国家的平均值，但 R&D 经费投入强度、每百万研究人员本国居民专利授权量、每百万美元 R&D 经费本国居民专利授权量、每百万研究人员 PCT 专利申请量、研究人员人均 R&D 经费等指标得分明显小于相应指标 40 个国家的平均值。研究人员人均 R&D 经费、教育公共开支总额占 GDP 的比重、每百万研究人员 PCT 专利申请量、每百万美元 R&D 经费 PCT 专利申请量和高科技产品出口额占制成品出口额的比重指标得分分别由 2010 年的 27.57、39.86、11.63、22.09、22.10 下降至 2019 年的 26.68、34.77、10.73、21.00、21.97，分别下降了 0.89、5.09、0.90、1.09 和 0.13，如图 8-37 和图 8-38 所示。

图 8-37　英国创新效力指数三级指标得分对比（2019 年）

注：图中所显示数据为英国创新效力指数三级指标得分

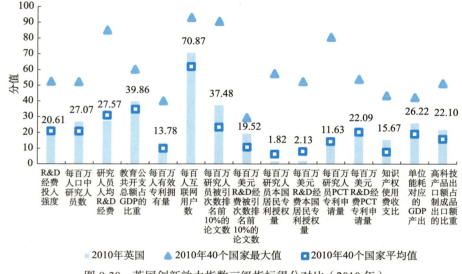

图 8-38　英国创新效力指数三级指标得分对比（2010 年）

注：图中所显示数据为英国创新效力指数三级指标得分

（三）创新发展指数

2019 年，英国科学技术发展指数值为 25.94，高于 40 个国家的平均值（21.54），低于 40 个国家的最大值（49.53），排名第 16 位；相较于 2010 年，指数值略有提升，排名上升了 1 位，与 40 个国家的最大值的差距无明显变化。产业创新发展指数值为 32.91，高于 40 个国家的平均值（25.56），低于 40 个国家的最大值（53.13），排名第 8 位；相较于 2010 年，指数值无明显变化，排名保持不变，与 40 个国家的最大值的差距扩大。社会创新发展指数值为 57.02，高于 40 个国家的平均值（52.65），低于 40 个国家的最大值（66.92），排名第 19 位；相较于 2010 年，指数值略有提升，但排名下降了 2 位，与 40 个国家的最大值的差距扩大。环境创新发展指数值为 48.46，高于 40 个国家的平均值（34.85），低于 40 个国家的最大值（62.13），排名第 4 位；相较于 2010 年，指数值有明显提升，排名上升了 15 位，与 40 个国家的最大值的差距有所缩小，如图 8-39 和图 8-40 所示。

2019 年，英国创新发展指数三级指标得分两极分化严重，每百万研究人员本国居民专利授权量指标得分低于同期相应指标 40 个国家的平均值（5.89），服务业附加值占 GDP 的比重指标得分则高于同期相应指标 40 个国

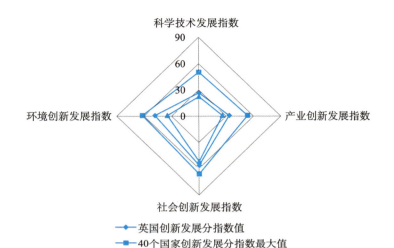

图 8-39　英国创新发展分指数与 40 个国家的最大值、平均值比较（2019 年）

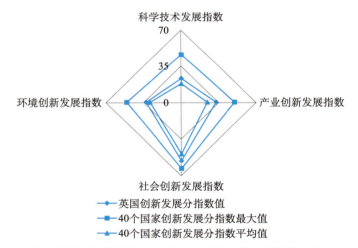

图 8-40　英国创新发展分指数与 40 个国家的最大值、平均值比较（2010 年）

家的平均值（35.75）。可以看出，影响 2019 年英国创新发展指数值的主要指标是每百万研究人员本国居民专利授权量、每百万研究人员 PCT 专利申请量和高等教育毛入学率 3 个指标。相较于 2010 年，服务业附加值占 GDP 的比重、服务业从业人员占就业总数的比重、公共医疗卫生支出占医疗总支出的比重等指标表现较好，每百万研究人员本国居民专利授权量和每百万研究人员 PCT 专利申请量这 2 个指标仍表现不佳，如图 8-41 和图 8-42 所示。

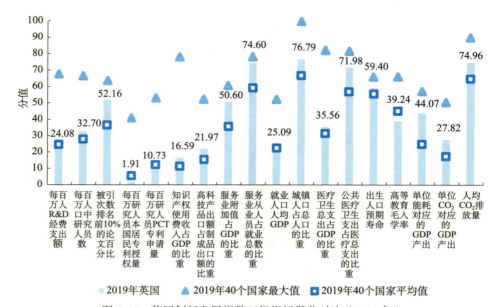

图 8-41　英国创新发展指数三级指标得分对比（2019 年）

注：图中所显示数据为英国创新发展指数三级指标得分

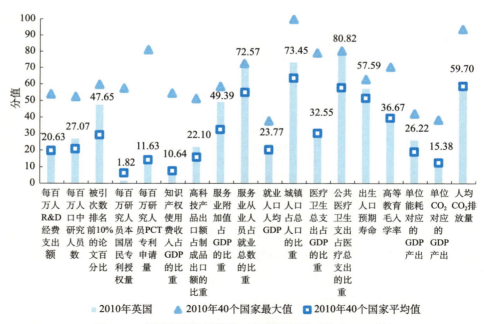

图 8-42　英国创新发展指数三级指标得分对比（2010 年）

注：图中所显示数据为英国创新发展指数三级指标得分

三、面向 2025 年的指数发展趋势

（一）创新实力指数发展趋势

2010 ～ 2019 年，英国创新实力指数值呈稳定增长趋势，明显高于 40 个国家的平均值，且增长速度略高于 40 个国家的平均值的增长速度。为刻画英国创新实力指数未来发展趋势，本报告基于 2010 ～ 2019 年的指数值，在比较各类模型的拟合优度后，最终采用二次函数模型对英国创新实力指数值进行拟合，拟合曲线如图 8-43 所示。如果保持拟合曲线呈现的趋势，英国创新实力指数将保持增长，且其相较于 40 个国家的平均值的优势将持续拉大。

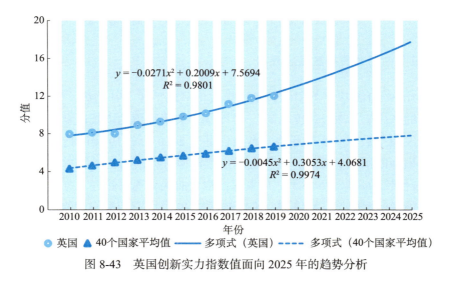

$$y = -0.0271x^2 + 0.2009x + 7.5694$$
$$R^2 = 0.9801$$

$$y = -0.0045x^2 + 0.3053x + 4.0681$$
$$R^2 = 0.9974$$

图 8-43　英国创新实力指数值面向 2025 年的趋势分析

（二）创新效力指数发展趋势

2010 ～ 2019 年，英国创新效力指数值呈平缓上升趋势，且始终略高于 40 个国家的平均值，增长速度与 40 个国家的平均值的增长速度基本持平。为刻画英国创新效力指数未来发展趋势，本报告基于 2010 ～ 2019 年的指数值，在比较各类模型的拟合优度后，最终采用指数模型对英国创新效力指数值进行拟合，拟合曲线如图 8-44 所示。如果保持拟合曲线呈现的趋势，英国创新效力指数值将持续增长，且会进一步扩大其相较于 40 个国家的平均值的优势。

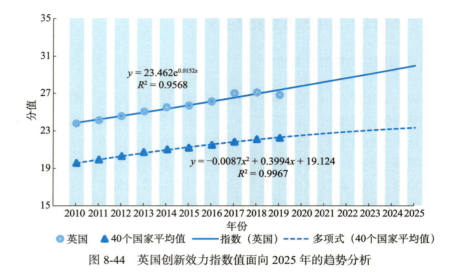

图 8-44　英国创新效力指数值面向 2025 年的趋势分析

（三）创新发展指数发展趋势

2010 ～ 2019 年，英国创新发展指数值呈现平缓上升趋势，显著高于 40 个国家的平均值，增长速度略高于 40 个国家的平均值的增长速度。为刻画英国创新发展指数未来发展趋势，本报告基于 2010 ～ 2019 年的指数值，在比较各类模型的拟合优度后，最终选择指数模型对英国创新发展指数值进行拟合，拟合曲线如图 8-45 所示。如果保持拟合曲线呈现的趋势，英国创新发展指数值仍将持续增长，且将进一步拉开其与 40 个国家的平均值的距离。

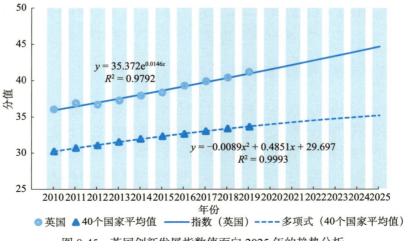

图 8-45　英国创新发展指数值面向 2025 年的趋势分析

第四节　法　　国

一、指数的相对优势比较

　　法国的创新能力指数排名处于中上游，2019 年在 40 个国家中居第 16 位，在 10 年观测期（2010～2019 年）内下降了 7 位。2019 年，法国创新实力指数表现相对较好，在 40 个国家中排第 8 位，创新投入实力指数（第 6 位）、创新条件实力指数（第 8 位）、创新产出实力指数（第 7 位）和创新影响实力指数（第 8 位）在 10 年观测期（2010～2019 年）内波动较小；2010 年，法国创新实力指数排在第 6 位，10 年间仅下降了 2 位。法国创新效力指数表现稍逊于创新实力指数，2019 年排在 40 个国家中的第 16 位，10 年观测期（2010～2019 年）内排名下降了 6 位。从分指数来看，2019 年创新产出效力指数仅为第 24 位，比 2010 年下降了 1 位，在一定程度上拉低了创新效力指数总体排名。其他分指数排名情况是，创新投入效力指数排在第 14 位、创新条件效力指数排在第 8 位，两个指数在 10 年观测期（2010～2019 年）内未出现明显波动；创新影响效力指数表现相对较好，排在第 12 位，但是相较于 2010 年下降了 6 位。法国创新发展指数 2019 年排在 40 个国家中的第 7 位。从分指数来看，产业创新发展指数和环境创新发展指数在 2019 年均排在第 6 位，表现相对突出；但科学技术发展指数在 2019 年仅排在第 17 位，表现相对较差，如表 8-4 所示。

表 8-4　法国 2010～2019 年各指数排名及其变化

指数名称	2010 年	2014 年	2010～2014 年排名变化	2015 年	2019 年	2015～2019 年排名变化	2010～2019 年排名变化
创新能力指数	9	12	↓ 3	12	16	↓ 4	↓ 7
创新实力指数	6	8	↓ 2	8	8	→	↓ 2
创新投入实力指数	7	7	→	6	6	→	↑ 1
创新条件实力指数	5	7	↓ 2	7	8	↓ 1	↓ 3
创新产出实力指数	7	7	→	7	7	→	→
创新影响实力指数	5	7	↓ 2	6	8	↓ 2	↓ 3

续表

指数名称	2010年	2014年	2010~2014年排名变化	2015年	2019年	2015~2019年排名变化	2010~2019年排名变化
创新效力指数	10	12	↓2	15	16	↓1	↓6
创新投入效力指数	13	13	→	14	14	→	↓1
创新条件效力指数	5	4	↑1	5	8	↓3	↓3
创新产出效力指数	23	24	↓1	23	24	↓1	↓1
创新影响效力指数	6	10	↓4	10	12	↓2	↓6
创新发展指数	6	6	→	7	7	→	↓1
科学技术发展指数	16	16	→	16	17	↓1	↓1
产业创新发展指数	6	3	↑3	4	6	↓2	→
社会创新发展指数	18	13	↑5	13	13	→	↑5
环境创新发展指数	11	9	↑2	7	6	↑1	↑5

二、分指数的相对优势研究

（一）创新实力指数

2019年，法国创新投入实力指数值为9.70，高于40个国家的平均值（6.85），低于40个国家的最大值（63.60），排名第6位；相较于2010年，指数值有小幅提升，排名上升了1位，与40个国家的最大值的差距扩大。创新条件实力指数值为8.66，高于40个国家的平均值（6.10），远低于40个国家的最大值（57.61），排名第8位；相较于2010年，指数值略有提升，但排名下降了3位，与40个国家的最大值的差距扩大。创新产出实力指数值为8.67，高于40个国家的平均值（7.17），低于40个国家的最大值（71.41），排名第7位；相较于2010年，指数值略有提升，排名保持不变，但与40个国家的最大值的差距扩大。创新影响实力指数值为10.87，高于40个国家的平均值（6.46），低于40个国家的最大值（73.59），排名第8位；相较于2010年，指数值有小幅提升，但排名下降了3位，与40个国家的最大值的差距扩大，如图8-46和图8-47所示。

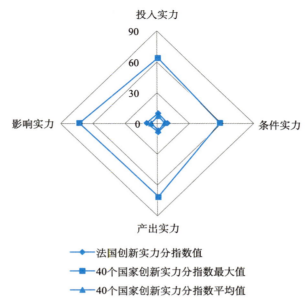

图 8-46 法国创新实力分指数与 40 个国家的最大值、平均值比较（2019 年）

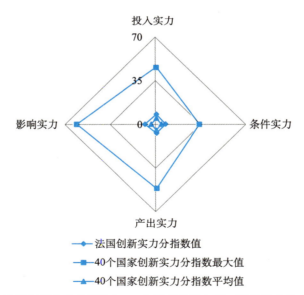

图 8-47 法国创新实力分指数与 40 个国家的最大值、平均值比较（2010 年）

2019 年，在法国创新实力指数三级指标中，除互联网用户数和本国居民专利授权量这两个指得分指标略低于 40 个国家的平均水平外，其他指标得分均高于 40 个国家的平均水平，但均与 40 个国家的最大值之间存在较大差距。2010 年，法国创新实力指数各三级指标仅有本国居民专利授权量这一个指标得分低于 40 个国家的平均值（4.65），其他指标得分均高于同期相应指标 40 个国家的平均水平，但差距相对较小。可以看出在 10 年观测期（2010～2019 年）内，法国互联网用户数和本国居民专利授权量等指标得分的提升速度要慢于 40 个国家的平均水平，如图 8-48 和图 8-49 所示。

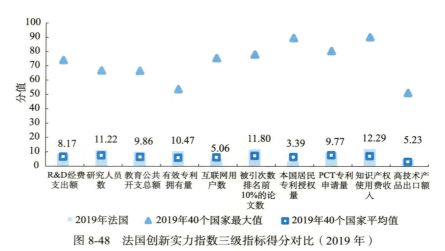

图 8-48　法国创新实力指数三级指标得分对比（2019 年）

注：图中所显示数据为法国创新实力指数三级指标得分

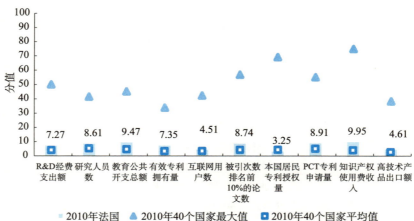

图 8-49　法国创新实力指数三级指标得分对比（2010 年）

注：图中所显示数据为法国创新实力指数三级指标得分

（二）创新效力指数

2019 年，法国创新投入效力指数值为 31.52，高于 40 个国家的平均值（26.97），低于 40 个国家的最大值（54.89），排名第 14 位；相较于 2010 年，指数值无明显变化，排名下降了 1 位，与 40 个国家的最大值的差距扩大。创新条件效力指数值为 47.97，高于 40 个国家的平均值（39.62），低于 40 个国家的最大值（58.88），排名第 8 位；相较于 2010 年，指数值有小幅提升，但排名下降了 3 位，与 40 个国家的最大值的差距扩大。创新产出效力指数值为 13.57，低于 40 个国家的平均值（16.02），低于 40 个国家的最大值（35.47），排名第 24 位；相较于 2010 年，指数值无明显变化，但排名下降了 1 位，与 40 个国家的最大值的差距有所缩小。创新影响效力指数值为 17.00，高于 40 个国家的平均值（13.64），低于 40 个国家的最大值（31.89），排名第 12 位；相较于 2010 年，指数值略有下降，排名下降了 6 位，与 40 个国家的最大值的差距无明显变化，如图 8-50 和图 8-51 所示。

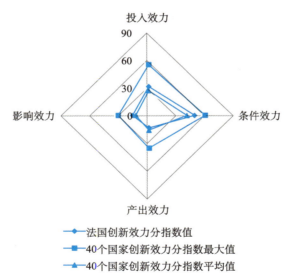

图 8-50 法国创新效力分指数与 40 个国家的最大值、平均值比较（2019 年）

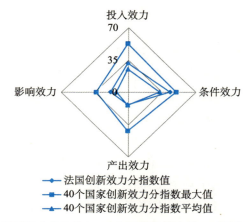

图 8-51　法国创新效力分指数与 40 个国家的最大值、平均值比较（2010 年）

2019 年，法国创新效力指数三级指标得分较不均衡，每百万研究人员被引次数排名前 10% 的论文数和每百万美元 R&D 经费被引次数排名前 10% 的论文数这 2 个指标得分显著低于相应指标 40 个国家的平均水平，但每百万人有效专利拥有量、每百万研究人员 PCT 专利申请量、每百万美元 R&D 经费 PCT 专利申请量、知识产权使用费收支比、高科技产品出口额占制成品出口额的比重这 5 个指标得分均明显高于相应指标 40 个国家的平均水平。2010 年，法国每百万研究人员本国居民专利授权量指标得分略高于同期相应指标 40 个国家的平均水平，10 年观测期（2010 ～ 2019 年）内这一指标得分有所下降，同时与 40 个国家的平均值之间差距持续扩大，如图 8-52 和图 8-53 所示。

图 8-52　法国创新效力指数三级指标得分对比（2019 年）

注：图中所显示数据为法国创新效力指数三级指标得分

图 8-53　法国创新效力指数三级指标得分对比（2010 年）

注：图中所示数据为法国创新效力指数三级指标得分

（三）创新发展指数

2019 年，法国科学技术发展指数值为 24.52，高于 40 个国家的平均值（21.54），低于 40 个国家的最大值（49.53），排名第 17 位；相较于 2010 年，指数值略有提升，但排名下降了 1 位，与 40 个国家的最大值的差距扩大。产业创新发展指数值为 34.19，高于 40 个国家的平均值（25.56），低于 40 个国家的最大值（53.13），排名第 6 位；相较于 2010 年，指数值略有提升，排名保持不变，但与 40 个国家的最大值的差距扩大。社会创新发展指数值为 60.12，高于 40 个国家的平均值（52.65），低于 40 个国家的最大值（66.92），排名第 13 位；相较于 2010 年，指数值有小幅提升，排名上升了 5 位，与 40 个国家的最大值的差距有所缩小。环境创新发展指数值为 47.02，高于 40 个国家的平均值（34.85），低于 40 个国家的最大值（62.13），排名第 6 位；相较于 2010 年，指数值有明显提升，排名上升了 5 位，与 40 个国家的最大值的差距略有缩小，如图 8-54 和图 8-55 所示。

2019 年，法国创新发展指数各三级指标总体上表现较好，除每百万研究人员本国居民专利授权量、知识产权使用费收入占 GDP 的比重和单位能耗对应的 GDP 产出这 3 个指标得分稍低于相应指标 40 个国家的平均值外，其他指标均有较好表现。其中服务业从业人员占就业总数的比重、出生人口预期寿命等指标得分与 40 个国家的最大值的差距很小。2010 ～ 2019 年，绝大部分指标得分均在增加，仅有每百万研究人员本国居民专利授权量、每百万研究人员 PCT 专利申请量、高科技产品出口额占制成品出口额的比重、服务业附加值占 GDP 的比重和医疗卫生总支出占 GDP 的比重这 5 个指标得分略有下降，虽在 2019 年基本上高于 40 个国家的平均水平，但相较于平均值优势有所缩小；此外，法国每百万研究人员本国居民专利授权量指标得分低于 40

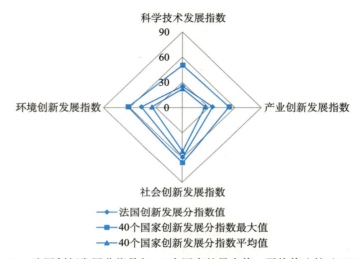

图 8-54　法国创新发展分指数与 40 个国家的最大值、平均值比较（2019 年）

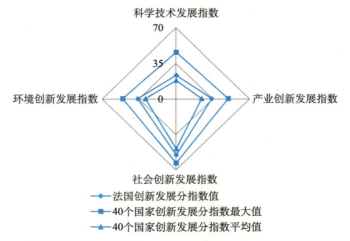

图 8-55　法国创新发展分指数与 40 个国家的最大值、平均值比较（2010 年）

个国家的平均值（5.89），如图 8-56 和图 8-57 所示。

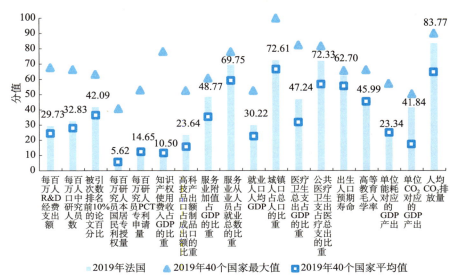

图 8-56 法国创新发展指数三级指标得分对比（2019 年）

注：图中所显示数据为法国创新发展指数三级指标得分

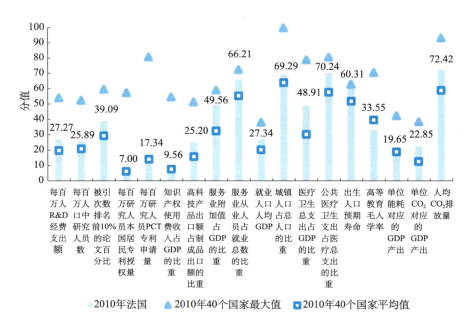

图 8-57 法国创新发展指数三级指标得分对比（2010 年）

注：图中所显示数据为法国创新发展指数三级指标得分

三、面向 2025 年的指数发展趋势

（一）创新实力指数发展趋势

2010～2019 年，法国创新实力指数值呈波动上升趋势，始终显著高于 40 个国家的平均值，增长速度与 40 个国家的平均值的增长速度基本持平。为刻画法国创新实力指数未来发展趋势，本报告基于 2010～2019 年的指数值，在比较各类模型的拟合优度后，最终采用指数模型对法国创新实力指数值进行拟合，拟合曲线如图 8-58 所示。如果保持拟合曲线呈现的趋势，法国创新实力指数值将持续增长，且与 40 个国家的平均值增速基本一致。

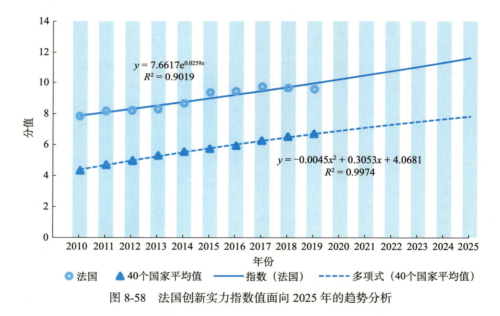

图 8-58　法国创新实力指数值面向 2025 年的趋势分析

（二）创新效力指数发展趋势

2010～2019 年，法国创新效力指数值基本保持稳定，虽高于 40 个国家的平均值，但其增长速度显著低于 40 个国家的平均值的增长速度。为刻画法国创新效力指数未来发展趋势，本报告基于 2010～2019 年的指数值，

在比较各类模型的拟合优度后，最终选取幂律函数模型对法国创新效力指数值进行拟合，拟合曲线如图 8-59 所示。如果保持拟合曲线呈现的趋势，法国创新效力指数值将继续保持稳定，但其相较于 40 个国家的平均值的优势将显著减小。

图 8-59　法国创新效力指数值面向 2025 年的趋势分析

（三）创新发展指数发展趋势

　　2010 ～ 2019 年，法国创新发展指数值呈稳步上升趋势，且显著高于 40 个国家的平均值，增长速度则与 40 个国家的平均值的增长速度基本持平。为刻画法国创新发展指数未来发展趋势，本报告基于 2010 ～ 2019 年的指数值，在比较各类模型的拟合优度后，最终采用一次函数模型对法国创新发展指数值进行拟合，拟合曲线如图 8-60 所示。如果保持拟合曲线呈现的趋势，法国创新发展指数值将持续增长，其相较于 40 个国家的平均值的优势也将有所增加。

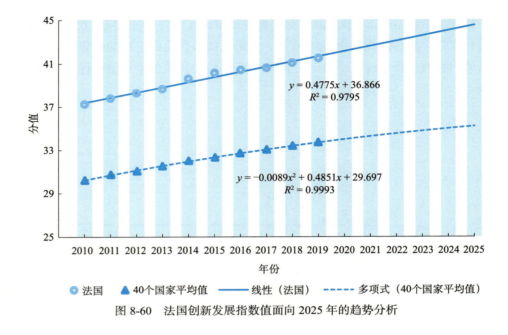

图 8-60　法国创新发展指数值面向 2025 年的趋势分析

第五节　德　　国

一、指数的相对优势比较

德国创新能力指数排名位居前列，2019 年在 40 个国家中位居第 6 位，且在 10 年观测期（2010 ~ 2019 年）内提升了 1 位。2019 年，德国创新实力指数表现相对较好，在 40 个国家中排第 4 位，其创新投入实力指数（第 4 位）、创新条件实力指数（第 5 位）、创新产出实力指数（第 5 位）和创新影响实力指数（第 3 位）表现均较为突出，且 10 年观测期（2010 ~ 2019 年）内波动较小。与创新实力指数相比，德国创新效力指数排名稍差，2019 年排在 40 个国家中的第 8 位，2015 ~ 2019 年的观测期内下降 2 位。从分指数来看，2019 年创新投入效力指数（第 7 位）和创新影响效力指数（第 3 位）均有突出表现，其中创新影响效力指数排名提升了 6 位。2019 年创新条件效力指数排在第 17 位，创新产出效力指数排在第 21 位，较 2010 年分别上升了 2 位和下降了 9 位，拉低了德国创新发展指数的排名次序。2019 年，德国创新发展指数排在 40 个国家中的第 13 位，未能跻身于前 10 位。从分指数来看，环境创新发展指数在 2019 年排在第 22 位，较 2010 年未出现明显波动，是创新发展指数中的一大短板；其他分指数中，社会创新发展指数在 2019 年排在 16 位，较 2010 年上升了 4 位，如表 8-5 所示。

表 8-5 德国 2010～2019 年各指数排名及其变化

指数名称	2010年	2014年	2010～2014年排名变化	2015年	2019年	2015～2019年排名变化	2010～2019年排名变化
创新能力指数	7	4	↑3	4	6	↓2	↑1
创新实力指数	4	4	→	4	4	→	→
创新投入实力指数	4	4	→	4	4	→	→
创新条件实力指数	4	5	↓1	4	5	↓1	↓1
创新产出实力指数	4	5	↓1	5	5	→	↓1
创新影响实力指数	7	4	↑3	4	3	↑1	↑4
创新效力指数	9	9	→	6	8	↓2	↑1
创新投入效力指数	7	7	→	7	7	→	→
创新条件效力指数	19	19	→	18	17	↑1	↑2
创新产出效力指数	12	15	↓3	21	21	→	↓9
创新影响效力指数	9	3	↑6	3	3	→	↑6
创新发展指数	15	13	↑2	13	13	→	↑2
科学技术发展指数	9	12	↓3	11	12	↓1	↓3
产业创新发展指数	17	18	↓1	17	17	→	→
社会创新发展指数	20	18	↑2	17	16	↑1	↑4
环境创新发展指数	22	22	→	22	22	→	→

二、分指数的相对优势研究

（一）创新实力指数

2019 年，德国创新投入实力指数值为 16.06，高于 40 个国家的平均值（6.85），低于 40 个国家的最大值（63.60），排名第 4 位；相较于 2010 年，指数值有明显提升，但排名保持不变，与 40 个国家的最大值的差距扩大。创新条件实力指数值为 10.50，高于 40 个国家的平均值（6.10），低于 40 个国家的最大值（57.61），排名第 5 位；相较于 2010 年，指数值有小幅提升，但排名下降了 1 位，与 40 个国家的最大值的差距扩大。创新产出实力指数值为 15.75，高于 40 个国家的平均值（7.17），低于 40 个国家的最大值（71.41），排名第 5 位；相较于 2010 年，指数值有小幅提升，但排名下降了 1 位，与 40 个国家的最大值的差距扩大。创新影响实力指数值为 25.60，高于 40 个国家的平均值（6.46），低于 40 个国家的最大值（73.59），排名第 3 位；相较于 2010 年，指数值有明显提升，排名上升了 4 位，与 40 个国家的最大值的差距有所缩小，如图 8-61 和图 8-62 所示。

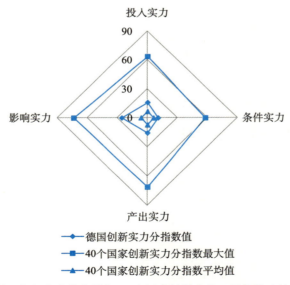

图 8-61　德国创新实力分指数与 40 个国家的最大值、平均值比较（2019 年）

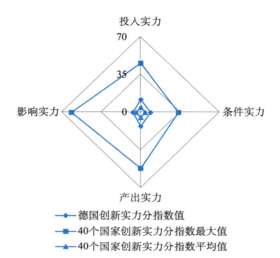

图 8-62　德国创新实力分指数与 40 个国家的最大值、平均值比较（2010 年）

2019 年，德国创新实力指数三级指标得分除了本国居民专利授权量外，其他指标得分均高于 40 个国家的平均值，但仍与 40 个国家的最大值之间存在较大差距。其中，互联网用户数等指标得分仅略高于 40 个国家的平均值（6.06）。对比 2019 年和 2010 年，德国创新实力指数各三级指标表现相对较为均衡。2010 年，德国 PCT 专利申请量得分为 21.65，虽与 40 个国家的最大值之间存在较大差距，但其表现要优于本国居民专利授权量，如图 8-63 和图 8-64 所示。

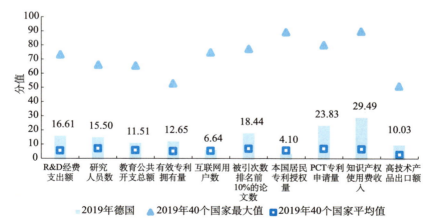

图 8-63　德国创新实力指数三级指标得分对比（2019 年）

注：图中所显示数据为德国创新实力指数三级指标得分

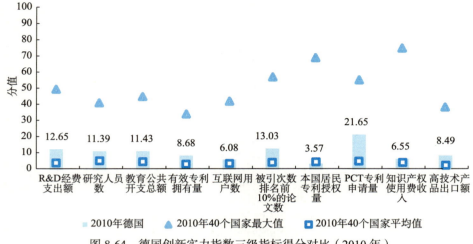

图 8-64 德国创新实力指数三级指标得分对比（2010 年）

注：图中所显示数据为德国创新实力指数三级指标得分

（二）创新效力指数

2019 年，德国创新投入效力指数值为 43.08，高于 40 个国家的平均值（26.97），低于 40 个国家的最大值（54.89），排名第 7 位；相较于 2010 年，指数值略有提升，排名保持不变，与 40 个国家的最大值的差距有所缩小。创新条件效力指数值为 42.50，高于 40 个国家的平均值（39.62），低于 40 个国家的最大值（58.88），排名第 17 位；相较于 2010 年，指数值有明显提升，排名上升了 2 位，与 40 个国家的最大值的差距扩大。创新产出效力指数值为 15.67，低于 40 个国家的平均值（16.02），低于 40 个国家的最大值（35.47），排名第 21 位；相较于 2010 年，指数值有小幅下降，排名下降了 9 位，但与 40 个国家的最大值的差距有所缩小。创新影响效力指数值为 24.74，高于 40 个国家的平均值（13.64），低于 40 个国家的最大值（31.89），排名第 3 位；相较于 2010 年，指数值有明显提升，排名上升了 6 位，与 40 个国家的最大值的差距有所缩小，如图 8-65 和图 8-66 所示。

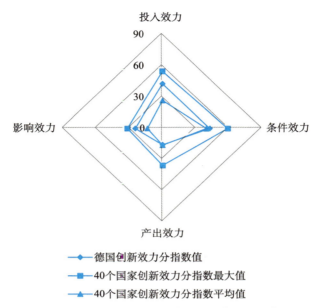

图 8-65　德国创新效力分指数与 40 个国家的最大值、平均值比较（2019 年）

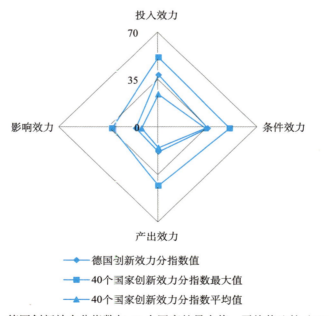

图 8-66　德国创新效力分指数与 40 个国家的最大值、平均值比较（2010 年）

　　2019 年，德国创新效力指数三级指标得分存在较大的两极分化现象，教育公共开支总额占 GDP 的比重、每百万研究人员被引次数排名前 10% 的论文数、每百万美元 R&D 经费被引次数排名前 10% 的论文数、每百万研究人员本国居民专利授权量、每百万美元 R&D 经费本国居民专利授权量和高科技产品出口额占制成品出口额的比重这 6 个指标的得分低于相应指标 40 个国家的平均值，但 R&D 经费投入强度、每百万人口中研究人员数、研究人员人均 R&D 经费等指标得分均高于相应指标 40 个国家的平均值，其中三级指标得分的最高值和最低值相差 25.45 倍，如图 8-67 所示。在单位研发投入的专利成果方面，每百万研究人员本国居民专利授权量得分远低于每百万研究人员 PCT 专利申请量得分。2010 年大部分指标表现均与 2019 年一致，其中每百万研究人员被引次数排名前 10% 的论文数指标得分从 2010 年的 23.96 上升至 2019 年的 25.05，但低于 40 个国家的平均值，而三级指标得分的最高值和最低值相差 16.10 倍，如图 8-67 和图 8-68 所示。

图 8-67　德国创新效力指数三级指标得分对比（2019 年）

注：图中所显示数据为德国创新效力指数三级指标得分

图 8-68　德国创新效力指数三级指标得分对比（2010 年）

注：图中所显示数据为德国创新效力指数三级指标得分

（三）创新发展指数

2019 年，德国科学技术发展指数值为 31.21，高于 40 个国家的平均值（21.54），低于 40 个国家的最大值（49.53），排名第 12 位；相较于 2010 年，指数值略有提升，但排名下降了 3 位，与 40 个国家的最大值的差距无明显变化。产业创新发展指数值为 26.72，高于 40 个国家的平均值（25.56），低于 40 个国家的最大值（53.13），排名第 17 位；相较于 2010 年，指数值略有提升，但排名保持不变，与 40 个国家的最大值的差距扩大。社会创新发展指数值为 58.94，高于 40 个国家的平均值（52.65），低于 40 个国家的最大值（66.92），排名第 16 位；相较于 2010 年，指数值略有提升，排名上升了 4 位，与 40 个国家的最大值的差距略有缩小。环境创新发展指数值为 33.97，低于 40 个国家的平均值（34.85），低于 40 个国家的最大值（62.13），排名第 22 位；相较于 2010 年，指数值有明显提升，排名保持不变，与 40 个国家的最大值的差距略有缩小，如图 8-69 和图 8-70 所示。

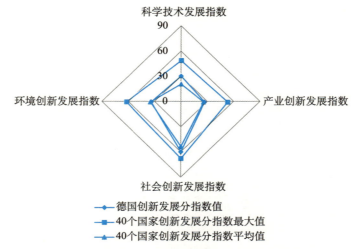

图 8-69　德国创新发展分指数与 40 个国家的最大值、平均值比较（2019 年）

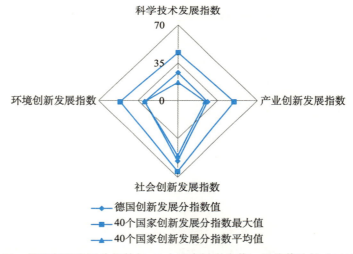

图 8-70　德国创新发展分指数与 40 个国家的最大值、平均值比较（2010 年）

　　2019 年，德国创新发展指数各三级指标表现总体较好。其中，每百万人 R&D 经费支出额、每百万人口中研究人员数、每百万研究人员 PCT 专利申请量、医疗卫生总支出占 GDP 的比重等指标得分显著高于相应指标 40 个国家的平均值，但仍明显低于相应指标 40 个国家的最大值；其中，人均 CO_2 排放量指标得分远低于相应指标 40 个国家的平均值（65.00）。2010 ～ 2019 年，大部分指标表现未见明显差异，但每百万研究人员本国居民专利授权量和每百万研究人员 PCT 专利申请量这 2 个指标得分分别由 5.83 和 31.98 下降至 4.93 和 25.97，降幅明显，如图 8-71 和图 8-72 所示。

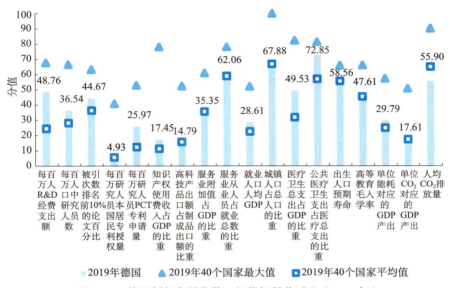

图 8-71　德国创新发展指数三级指标得分对比（2019 年）

注：图中所显示数据为德国创新发展指数三级指标得分

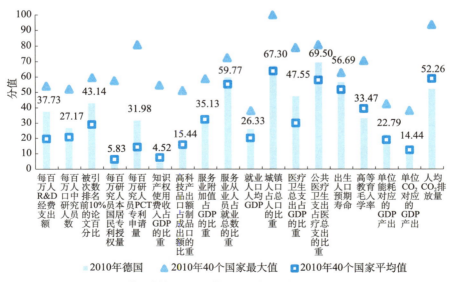

图 8-72　德国创新发展指数三级指标得分对比（2010 年）

注：图中所显示数据为德国创新发展指数三级指标得分

三、面向 2025 年的指数发展趋势

（一）创新实力指数发展趋势

2010～2019 年，德国创新实力指数值呈快速上升趋势，显著高于 40 个国家的平均值，且增长速度显著高于 40 个国家的平均值的增长速度。为刻画德国创新实力指数未来发展趋势，本报告基于 2010～2019 年的指数值，在比较各类模型的拟合优度后，采用一次函数模型对德国创新实力指数进行拟合，拟合曲线如图 8-73 所示。如果保持拟合曲线呈现的趋势，德国创新实力指数将持续以高于 40 个国家的平均值的增长速度快速增长。

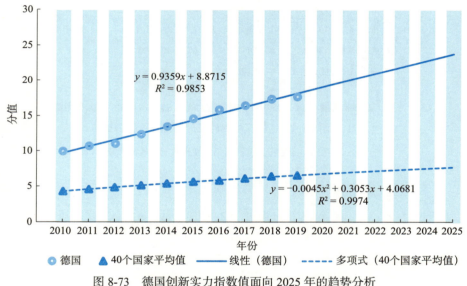

图 8-73　德国创新实力指数值面向 2025 年的趋势分析

（二）创新效力指数发展趋势

2010～2019 年，德国创新效力指数值呈波动上升趋势，显著高于 40 个国家的平均值，增长速度略高于 40 个国家的平均值的增长速度。为刻画德国创新效力指数未来发展趋势，本报告基于 2010～2019 年的指数值，在比较各类模型的拟合优度后，最终采用幂律函数模型对德国创新效力指数值进行拟合，拟合曲线如图 8-74 所示。如果保持拟合曲线呈现的趋势，德国创新效力指数值将持续增长，但增长趋势与 40 个国家的平均值基本保持一致。

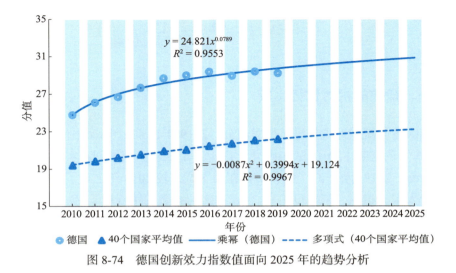

图 8-74 德国创新效力指数值面向 2025 年的趋势分析

（三）创新发展指数发展趋势

2010～2019 年，德国创新发展指数值呈稳步上升趋势，略高于 40 个国家的平均值，增长速度与 40 个国家的平均值的增长速度基本持平。为刻画德国创新发展指数未来发展趋势，本报告基于 2010～2019 年的指数值，在比较各类模型的拟合优度后，最终采用指数模型对德国创新发展指数值进行拟合，拟合曲线如图 8-75 所示。如果保持拟合曲线呈现的趋势，德国创新发展指数将稳步上升并始终高于 40 个国家的平均值。

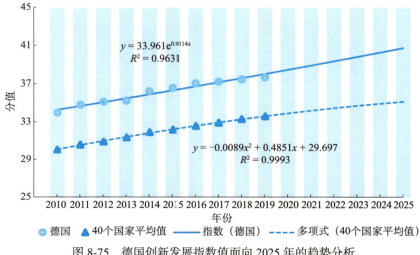

图 8-75 德国创新发展指数值面向 2025 年的趋势分析

第六节　韩　国

一、指数的相对优势比较

韩国的创新能力指数排名位居前列，2019 年在 40 个国家中位居第 4 位，且在 10 年观测期（2010 ～ 2019 年）内上升了 8 位。韩国创新实力指数表现较为均衡，2019 年在 40 个国家中排在第 5 位，较 2010 年上升了 2 位。其中创新投入实力指数（第 5 位）、创新条件实力指数（第 6 位）、创新产出实力指数（第 4 位）和创新影响实力指数（第 9 位）均处于前 10 位的行列。韩国创新效力指数表现较好，2019 年在 40 个国家中居第 4 位，相较于 2010 年上升 11 位。从分指数来看，其 2019 年的创新影响效力指数仅排第 20 位，相较于 2010 年仅上升了 1 位，成为创新效力指数中最大的短板。创新投入效力指数在 10 年观测期（2010 ～ 2019 年）内表现突出，在 40 个国家中排名第 1 位。创新条件效力指数在 10 年观测期（2010 ～ 2019 年）内表现相对较好，尤其是 2010 ～ 2014 年排名增长较为抢眼。创新发展指数表现逊于创新能力指数，2019 年排在 40 个国家中的第 18 位，且在 10 年观测期（2010 ～ 2019 年）内未出现明显波动。分指数中，2019 年科学技术发展指数排名第 6 位，较 2010 年上升了 6 位；但社会创新发展指数和环境创新发展指数分别在 2019 年排在第 17 位和第 36 位，相较于 2010 年分别下降了 6 位和 1 位，拉低了韩国创新发展指数的排名次序，如表 8-6 所示。

表 8-6　韩国 2010 ～ 2019 年各指数排名及其变化

指数名称	2010年	2014年	2010～2014年排名变化	2015年	2019年	2015～2019年排名变化	2010～2019年排名变化
创新能力指数	12	5	↑ 7	5	4	↑ 1	↑ 8
创新实力指数	7	5	↑ 2	5	5	→	↑ 2
创新投入实力指数	6	5	↑ 1	5	5	→	↑ 1
创新条件实力指数	7	6	↑ 1	5	6	↓ 1	↑ 1
创新产出实力指数	5	4	↑ 1	4	4	→	↑ 1
创新影响实力指数	9	9	→	9	9	→	→

续表

指数名称	2010年	2014年	2010～2014年排名变化	2015年	2019年	2015～2019年排名变化	2010～2019年排名变化
创新效力指数	15	6	↑9	7	4	↑3	↑11
创新投入效力指数	9	2	↑7	3	1	↑2	↑8
创新条件效力指数	24	8	↑16	9	6	↑3	↑18
创新产出效力指数	5	4	↑1	4	9	↓5	↓4
创新影响效力指数	21	22	↓1	20	20	→	↑1
创新发展指数	18	18	→	19	18	↑1	→
科学技术发展指数	12	8	↑4	10	6	↑4	↑6
产业创新发展指数	9	11	↓2	11	10	↑1	↓1
社会创新发展指数	11	15	↓4	16	17	↓1	↓6
环境创新发展指数	35	35	→	36	36	→	↓1

二、分指数的相对优势研究

（一）创新实力指数

2019 年，韩国创新投入实力指数值为 14.15，高于 40 个国家的平均值（6.85），低于 40 个国家的最大值（63.60），排名第 5 位；相较于 2010 年，指数值有明显提升，排名上升了 1 位，与 40 个国家的最大值的差距扩大。创新条件实力指数值为 9.96，高于 40 个国家的平均值（6.10），低于 40 个国家的最大值（57.61），排名第 6 位；相较于 2010 年，指数值有明显提升，排名上升了 1 位，与 40 个国家的最大值的差距扩大。创新产出实力指数值为 19.09，高于 40 个国家的平均值（7.17），低于 40 个国家的最大值（71.41），排名第 4 位；相较于 2010 年，指数值有明显提升，排名上升了 1 位，与 40 个国家的最大值的差距扩大。创新影响实力指数值为 7.55，高于 40 个国家的平均值（6.46），低于 40 个国家的最大值（73.59），排名第 9 位；相较于 2010 年，指数值有明显提升，但排名保持不变，与 40 个国家的最大值的差距扩大，如图 8-76 和图 8-77 所示。

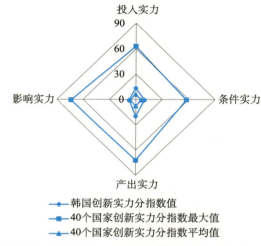

图 8-76　韩国创新实力分指数与 40 个国家的最大值、平均值比较（2019 年）

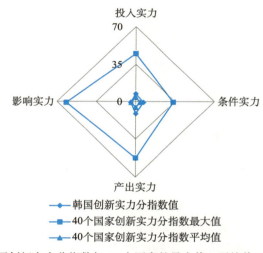

图 8-77　韩国创新实力分指数与 40 个国家的最大值、平均值比较（2010 年）

2019 年，韩国创新实力指数大部分三级指标表现均相对较好，除教育公共开支总额、互联网用户数和被引次数排名前 10% 的论文数这 3 个指标得分低于相应指标 40 个国家的平均值外，其他指标均高于相应指标 40 个国家的平均值；其中，有效专利拥有量、本国居民专利授权量和 PCT 专利申请量 3 个专利指标得分均远高于相应指标 40 个国家的平均值。对比来看，2010 年韩国创新实力指数各三级指标表现较为突出的仍是有效专利拥有量、本国居民专利授权量、PCT 专利申请量这 3 个指标，但其得分与相应指标 40 个国家的最大值之间的差距仍然相对较大。被引次数排名前 10% 的论文数和知识产权使用费收入这 2 个指标虽然在 10 年观测期（2010 ～ 2019 年）内得分上升，但仍与相应指标 40 个国家的平均值有一定差距，如图 8-78 和图 8-79 所示。

图 8-78 韩国创新实力指数三级指标得分对比（2019 年）

注：图中所显示数据为韩国创新实力指数三级指标得分

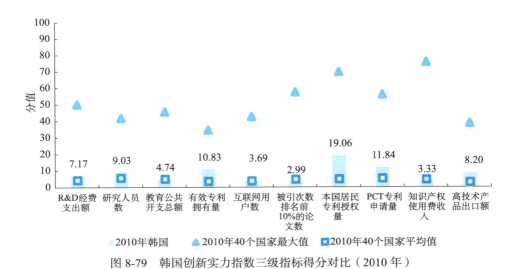

图 8-79 韩国创新实力指数三级指标得分对比（2010 年）

注：图中所显示数据为韩国创新实力指数三级指标得分

（二）创新效力指数

2019 年，韩国创新投入效力指数值为 54.89，高于 40 个国家的平均值（26.97），为 40 个国家中最大值；相较于 2010 年，指数值有明显提升，排名上升了 8 位。创新条件效力指数值为 48.39，高于 40 个国家的平均值（39.62），低于 40 个国家的最大值（58.88），排名第 6 位；相较于 2010 年，指数值有明显提升，排名上升了 18 位，与 40 个国家的最大值的差距有所缩小。创新产出效力指数值为 21.92，高于 40 个国家的平均值（16.02），低于 40 个国家的最大值（35.47），排名第 9 位；相较于 2010 年，指数值略有提升，排名下降了 4 位，与 40 个国家的最大值的差距有所缩小。创新影响效力指数值为 12.56，低于 40 个国家的平均值（13.64），低于 40 个国家的最大值（31.89），排名第 20 位；相较于 2010 年，指数值有明显提升，排名上升了 1 位，与 40 个国家的最大值的差距有所缩小，如图 8-80 和图 8-81 所示。

2019 年，韩国创新效力指数三级指标得分两极分化现象较为严重，R&D 经费投入强度、每百万研究人员本国居民专利授权量已达到 40 个国家的最高水平，但教育公共开支总额占 GDP 的比重、每百万研究人员被引次数排名前 10% 的论文数和每百万美元 R&D 经费被引次数排名前 10% 的论文数、单位能耗对应的 GDP 产出这 4 个指标得分仍远低于相应指标 40 个国家的平均值。2010 年各指标表现与 2019 年大体一致，其中，每百万研究人员被引次数排

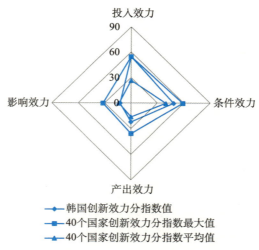

图 8-80　韩国创新效力分指数与 40 个国家的最大值、平均值比较（2019 年）

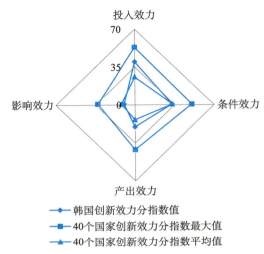

图 8-81　韩国创新效力分指数与 40 个国家的最大值、平均值比较（2010 年）

名前 10% 的论文数和每百万美元 R&D 经费被引次数排名前 10% 的论文数这 2 个指标得分依然相对较低，与 40 个国家的平均值的差距较大，如图 8-82 和图 8-83 所示。

图 8-82　韩国创新效力指数三级指标得分对比（2019 年）

注：图中所显示数据为韩国创新效力指数三级指标得分

图 8-83　韩国创新效力指数三级指标得分对比（2010 年）

注：图中所显示数据为韩国创新效力指数三级指标得分

（三）创新发展指数

2019 年，韩国科学技术发展指数值为 35.26，高于 40 个国家的平均值（21.54），低于 40 个国家的最大值（49.53），排名第 6 位；相较于 2010 年，指数值有明显提升，排名上升了 6 位，与 40 个国家的最大值的差距有所缩小。产业创新发展指数值为 31.53，高于 40 个国家的平均值（25.56），低于 40 个国家的最大值（53.13），排名第 10 位；相较于 2010 年，指数值略有提升，但排名下降了 1 位，与 40 个国家的最大值的差距扩大。社会创新发展指数值为 58.73，高于 40 个国家的平均值（52.65），低于 40 个国家的最大值（66.92），排名第 17 位；相较于 2010 年，指数值略有提升，但排名下降了 6 位，与 40 个国家的最大值的差距扩大。环境创新发展指数值为 18.16，低于 40 个国家的平均值（34.85），低于 40 个国家的最大值（62.13），排名第 36 位；相较于 2010 年，指数值略有下降，排名下降了 1 位，与 40 个国家的最大值的差距进一步拉大，如图 8-84 和图 8-85 所示。

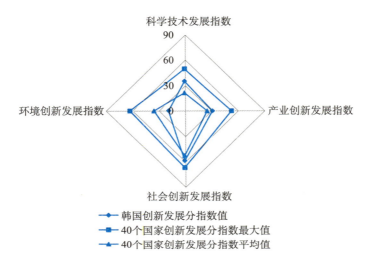

图 8-84 韩国创新发展分指数与 40 个国家的最大值、平均值比较（2019 年）

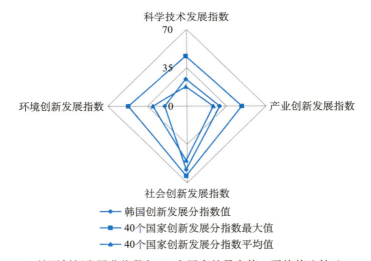

图 8-85 韩国创新发展分指数与 40 个国家的最大值、平均值比较（2010 年）

2019 年，韩国创新发展指数各三级指标表现差距相对较大，其中高等教育毛入学率指标得分接近相应指标 40 个国家的最大值（66.33），但知识产权使用费收入占 GDP 的比重和单位 CO_2 排放量对应的 GDP 产出这 2 个指标得分均未超过 10，且低于相应指标 40 个国家的平均值（11.65 和 17.67）。2010 ～ 2019 年，韩国单位研发投入的专利产出表现相对较好，但每百万研究人员 PCT 专利申请量得分要低于每百万研究人员本国居民专利授权量，且其被引次数排名前 10% 的论文百分比得分在 10 年观测期（2010 ～ 2019 年）

内的涨幅也相对较小，如图 8-86 和图 8-87 所示。

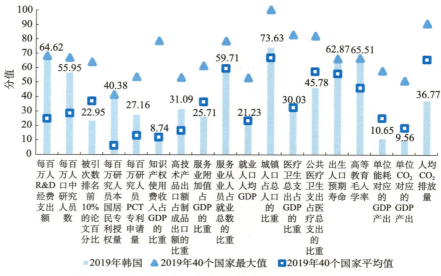

图 8-86　韩国创新发展指数三级指标得分对比（2019 年）

注：图中所显示数据为韩国创新发展指数三级指标得分

图 8-87　韩国创新发展指数三级指标得分对比（2010 年）

注：图中所显示数据为韩国创新发展指数三级指标得分

三、面向 2025 年的指数发展趋势

（一）创新实力指数发展趋势

2010 ～ 2019 年，韩国创新实力指数值呈快速上升趋势，明显高于 40 个国家的平均值，且增长速度显著高于 40 个国家的平均值的增长速度。为刻画韩国创新实力指数未来发展趋势，本报告基于 2010 ～ 2019 年的指数值，在比较各类模型的拟合优度后，最终选取幂律函数模型对韩国创新实力指数值进行拟合，拟合曲线如图 8-88 所示。如果保持拟合曲线呈现的趋势，韩国创新实力指数值领先 40 个国家的平均值的优势将进一步扩大。

图 8-88　韩国创新实力指数值面向 2025 年的趋势分析

（二）创新效力指数发展趋势

在 2010 ～ 2019 年，韩国创新效力指数值呈波动上升趋势，明显高于 40 个国家的平均值，且增长速度显著高于 40 个国家创新效力指数平均值的增长速度。为刻画韩国创新效力指数未来发展趋势，本报告基于 2010 ～ 2019 年的指数值，在比较各类模型的拟合优度后，最终选取幂律函数模型对韩国创新效力指数值进行拟合，拟合曲线如图 8-89 所示。如果保持拟合曲线呈现的趋势，韩国创新效力指数值将持续增长，且领先 40 个国家的平均值的优势将进一步扩大。

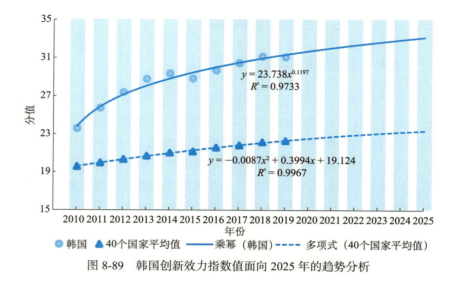

$$y = 23.738x^{0.1197}$$
$$R^2 = 0.9733$$

$$y = -0.0087x^2 + 0.3994x + 19.124$$
$$R^2 = 0.9967$$

图 8-89　韩国创新效力指数值面向 2025 年的趋势分析

（三）创新发展指数发展趋势

2010 ～ 2019 年，韩国创新发展指数值呈波动上升趋势，略高于 40 个国家的平均值，增长速度与 40 个国家的平均值的增长速度基本持平。为刻画韩国创新发展指数未来发展趋势，本报告基于 2010 ～ 2019 年的指数值，在比较各类模型的拟合优度后，最终采用指数模型对韩国创新发展指数值进行拟合，拟合曲线如图 8-90 所示。如果保持拟合曲线呈现的趋势，韩国创新发展指数值将持续增长，增长趋势与 40 个国家的平均值发展基本保持一致。

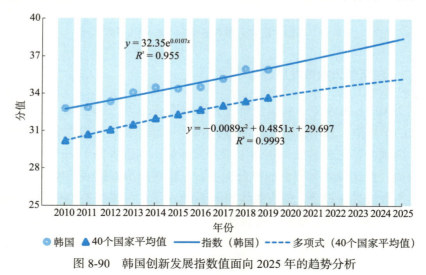

$$y = 32.35e^{0.0107x}$$
$$R^2 = 0.955$$

$$y = -0.0089x^2 + 0.4851x + 29.697$$
$$R^2 = 0.9993$$

图 8-90　韩国创新发展指数值面向 2025 年的趋势分析

附　　录

附录一：十步骤方法

本报告建立了国家创新发展绩效评估过程，依次包括评估问题界定、评估框架构建、指标体系构建、基础数据收集与样本选择、缺失数据处理、指标度量、数据标准化、权重确定、指数集成、结果分析十个步骤，如附图2-1所示。

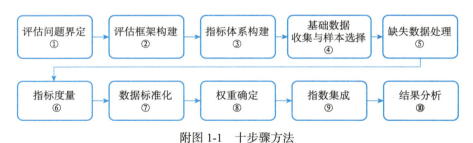

附图 1-1　十步骤方法

1. 评估问题界定

为有效落实作为五大发展理念之首的创新发展，充分发挥创新引领发展的作用，迫切需要对中国与世界主要国家创新发展绩效进行监测与评估，以支撑政策和决策的需要。基于此，在《2009中国创新发展报告》和《2019国家创新发展报告》的基础上，启动《2020国家创新发展报告》。本报告试图通过国际比较把握中国与世界主要国家的创新发展绩效现状，分析比较中国创新发展绩效各方面的优劣势。结合创新驱动发展的内涵，本报告将专注国家创新发展绩效的整体情况监测与评估。如何有效地、科学地和全面地呈现包括中国在内的世界主要国家的创新发展绩效成为本报告的核心研究问题。

2. 评估框架构建

全面监测评估国家创新发展绩效需要研究比较国家创新能力和国家创新发展水平。本报告在《2009 中国创新发展报告》国家部分研究和《2019 国家创新发展报告》研究的基础上，借鉴国内外关于国家创新活动监测与评估方面的理论和方法，率先从国家创新能力指数和国家创新发展指数综合设计国家创新发展指数分析框架，其中国家创新能力指数从实力指数和效力指数两个维度度量。

为了对国家创新发展绩效进行全面监测，从投入、条件、产出和影响四个维度对国家创新能力进行评估，从科学技术发展、产业创新发展、社会创新发展、环境创新发展四个维度对国家创新发展水平进行评估。从实力和效力不同层面设计指标，有利于考虑国家间经济和人口规模的差异性，客观地分析中国的创新发展现状和国际相对水平。从发展层面设计指标，有利于在创新能力评估的基础上评估国家创新活动在改善国家经济社会发展中的成效。

3. 指标体系构建

在评估框架的基础上，根据国家创新能力和国家创新发展各维度的内涵，构建国家创新能力指数和国家创新发展指数的指标体系。在具体指标选择上遵循如下 3 个原则：①相关性原则。选择直接的且关联度高的指标进行计算，从本质上反映各指标的内涵与侧重点；②可比性原则。指标选择上，不仅要考虑能反映各国自身特征的指标，同时要涵盖国际认可度较高、国家间可比性较强的指标，从而符合本报告的分析目的；③操作性原则。所选择的指标易于得到持续性强的可度量数据，便于当期实践操作与后续持续监测；一共选择 43 个可度量的指标（10 个用于测度创新实力指数，15 个用于测度创新效力指数，18 个用于测度创新发展指数）。

4. 基础数据收集与样本选择

本报告数据均来源权威数据库。专利数据来源于世界知识产权组织；被引次数排名前 10% 的论文数和被引次数排名前 10% 的论文百分比来源于科睿唯安 InCites 数据库；高等教育毛入学率来源于联合国教科文组织统计研究所；其他基础数据来源于世界银行。

为了比较各国创新发展绩效并刻画中国在世界创新发展绩效格局中的位置，依据国家经济规模、人口总量、数据可得性等因素筛选出 40 个主要国家。在国家的选取上，参考世界主要经济组织如金砖国家、二十国集团（G20）国家、OECD 国家等，包含了英国、法国、美国、日本等发达国家以及与中国发展阶段相近的发展中国家。去除基础数据不可得的国家后，本报告最终包含阿根廷、澳大利亚、奥地利、比利时、巴西、加拿大、智利、中国、捷克、丹麦、芬兰、法国、德国、希腊、匈牙利、印度、爱尔兰、以色列、意大利、日本、马来西亚、墨西哥、荷兰、新西兰、挪威、波兰、葡萄牙、罗马尼亚、俄罗斯、新加坡、斯洛伐克、南非、韩国、西班牙、瑞典、瑞士、泰国、土耳其、英国、美国等 40 个国家。根据 OECD 数据显示，这 40 个国家的 GDP 总量占世界所有国家 GDP 总量的 87% 以上。

5. 缺失数据处理

对个别国家在某些指标上个别年份数据缺失的情况，采用缺失值两侧相邻年份的平均值代替缺失值。这种方法的优点是可以使相邻年份数值产生承接，使数据不突兀。此外，由于数据统计存在一定的滞后性，并且不同的指标滞后长度和统计结果公布时间不同，导致个别指标数据有从某一年起持续缺失的情况，此时根据前五年的数据用趋势外推的方法对该年份进行预测。2020 ～ 2025 年的基础数据是基于历史数据预测得到的。

6. 指标度量

（1）直接获得的指标：部分指标如有效专利量、PCT 专利量直接用基础数据度量，即可从国家层面的数据库中直接获取，无须进一步计算。

（2）计算获得的指标：部分指标度量的数据无法从数据库中直接获得，通过其他指标计算获得。

7. 数据标准化

获得指标度量值后，为使不同度量单位的指标间可以相互比较和集成，分别对 40 个国家的 43 个基础指标度量值面向 2025 年进行数值标准化处理。采用直线型无量纲标准化方法，标准化值规定的值域是 [0,100]。用 Z_{ijt} 表示第 i 个国家第 j 项指标在 t 年的度量值，计算如下：

（1）正效指标

Z_{ijt} 表示第 i 个国家第 j 项指标在 t 年的度量值，其中：$i=1，2，\cdots，40$；$j=1，2，\cdots，43$；$t \in [2006，2019]$；

$\max Z_{ijt}$（$i=1，2，\cdots，40$；$t \in [2006，2025]$）表示第 j 项指标 2006～2025 年 40 个国家的最大值；

$\min Z_{ijt}$（$i=1，2，\cdots，40$；$t \in [2006，2025]$）表示第 j 项指标 2006～2025 年 40 个国家的最小值。

记 $\bar{Z}_{ijt}$（$i=1，2，\cdots，40$；$j=1，2，\cdots，43$；$t \in [2006，2019]$）表示第 i 个国家第 j 项指标在 t 年的标准化值，即指标得分，它的计算公式：

$$\bar{Z}_{ijt} = \frac{Z_{ijt} - \min Z_{ijt}}{\max Z_{ijt} - \min Z_{ijt}} \times 100$$

正效指标是指该指标越大对一国评价越有利，如国内生产总值（GDP）等。

（2）负效指标

负效指标是指该指标越小对一国评价越有利，如人均 CO_2 排放量等。对这类指标的处理方法如下：

$$\bar{Z}_{ijt} = \frac{\max Z_{ijt} - Z_{ijt}}{\max Z_{ijt} - \min Z_{ijt}} \times 100$$

8. 权重确定

指数和指标权重确定依据的基本原则是各指标在国家创新发展中的重要性。权重确定基于两类信息，即专家判断和项目组的认识。首先邀请多个相关领域的专家组进行判断，给出权重，项目执行人员基于各专家的判断，剔除异常的判断，计算出平均意义的权重值，然后结合项目组讨论，最终确定每个指标权重和每个分指数的权重。

9. 指数集成

（1）创新实力指数由创新投入实力指数、创新条件实力指数、创新产出实力指数和创新影响实力指数加权求和得到。

（2）创新效力指数由创新投入效力指数、创新条件效力指数、创新产出效力指数和创新影响效力指数加权求和得到。

（3）创新发展指数由科学技术发展指数、产业创新发展指数、社会创新发展指数和环境创新发展指数加权求和得到。

（4）创新投入实力指数、创新条件实力指数、创新产出实力指数、创新影响实力指数、创新投入效力指数、创新条件效力指数、创新产出效力指数、创新影响效力指数、科学技术发展指数、产业创新发展指数、社会创新发展指数、环境创新发展指数分别由所属指标的标准化数据加权求和得到。

10. 结果分析

在对中国进行全面分析的基础上，对金砖国家（印度、巴西、俄罗斯和南非）以及主要发达国家（美国、日本、英国、法国、德国和韩国）进行了单独分析，并与 40 个国家的平均水平及最好水平进行了比较，具体包括趋势分析、比较分析、格局分析和相关分析。

（1）趋势分析

根据各国 2006 ～ 2019 年数据对指数进行趋势分析，以及面向 2025 年进行预测分析，旨在刻画创新能力指数和创新发展指数的变化趋势。具体包括中国及各主要发达国家、金砖国家的创新实力指数、创新效力指数和创新发展指数的趋势分析，并与 40 个国家的指数平均值的趋势进行了对比分析。

（2）比较分析

在计算出分指数值的基础上，采用蛛网图等可视化方式以国家为单位，对有代表性国家创新实力、创新效力和创新发展指数进行了比较分析，旨在探究各国自身创新实力指数、创新效力指数以及创新发展指数的短板，使其有针对性地进行提升。

（3）格局分析

在对各国分指数进行分析的基础上，采用二象限图，探究被测国相关分指数组合表现。通过 40 个国家的二象限图分布情况不仅可以反映一国自身分指数的长短板，而且可以在更大范围内探究一国分指数表现的相对优劣势，尤其可为中国在被测国中的格局判断提供依据。格局分析还有助于印证指数之间的相关性，进一步佐证理论框架构建的合理性。

（4）相关分析

利用二象限图关系，讨论国家创新能力指数与国家创新发展指数、创新实力指数与创新效力指数之间的相关关系；并探究国家创新实力指数、国家创新效力指数与主要外部变量（GDP 或人均 GDP）之间的关系，反映指数与外部变量的相关关系。

附录二：指标解释

1. 创新实力指标解释

1.1　投入实力

1.1.1　R&D 经费支出额

指标说明：R&D 即研究与发展，包括基础研究、应用研究和试验开发。R&D 经费支出额是指系统性创新工作的经常支出和资本支出（国家和私人），其目的在于提升知识水平，包括人文、文化、社会知识，并将知识用于新的应用。

指标度量：R&D 经费支出额用 R&D 支出占 GDP 的比重与"GDP（2017年不变价购买力平价美元）"相乘得到。

数据来源：世界银行。

1.1.2　研究人员数

指标说明：研究人员是指参与新知识、新产品、新流程、新方法或新系统的概念成形或创造，以及相关项目管理的专业人员，包括相关博士研究生（ISCED97 第 6 级）。

指标度量：研究人员数等于每百万人口中的研究人员与总人口数的乘积。

数据来源：世界银行。

1.2　条件实力

1.2.1　教育公共开支总额

指标说明：教育公共开支由教育方面的公共经常性支出和资本支出构成，包括政府在教育机构（公立和私立）、教育管理以及私人实体（学生 / 家庭和其它私人实体）补贴方面的支出。

指标度量：教育公共开支总额由"教育公共开支总额，总数（占 GDP 的比例）"与"GDP（2017 年不变价购买力平价美元）"相乘得到。

数据来源：世界银行。

1.2.2　有效专利拥有量

指标说明：有效专利是指专利申请被授权后，仍处于有效状态的专利。

指标度量：有效专利拥有量由世界知识产权组织数据库直接获得。

数据来源：世界知识产权组织。

1.2.3　互联网用户数

指标说明：互联网用户数是指接入国际互联网的人数。

指标度量：互联网用户数等于每百人中的互联网用户数与总人口的乘积。

数据来源：世界银行。

1.3　产出实力

1.3.1　被引次数排名前 10% 的论文数

指标说明：被引次数排名前 10% 的论文是按类别、出版年和文献类型进行引文统计，排名前 10% 的论文。

指标度量：被引次数排名前 10% 的论文数由科睿唯安 InCites 数据库"被引次数排名前 10% 的论文数"指标直接获得。

数据来源：科睿唯安 InCites 数据库。

1.3.2　本国居民专利授权量

指标说明：本国居民专利授权量是指在一个国家内由在本国长期从事生

产和消费的人或法人递交专利申请后，经知识产权管理机构审批通过后授权的专利数量。

指标度量：本国居民专利授权量由世界知识产权组织数据库直接获得。

数据来源：世界知识产权组织。

1.3.3 PCT 专利申请量

指标说明：PCT 专利申请是符合《专利合作条约》的专利申请。

指标度量：PCT 专利申请量由世界知识产权组织数据库直接获得。

数据来源：世界知识产权组织。

1.4 影响实力

1.4.1 知识产权使用费收入

指标说明：知识产权使用费收入是指国家通过知识产权获得的收益。知识产权指"权利人对其所创作的智力劳动成果所享有的财产权利"。

指标度量：知识产权使用费收入等于世界银行"知识产权使用费，接收（国际收支平衡，现价美元）"乘以"GDP（2017 年不变价购买力平价美元）"再除以"GDP（现价美元）"。

数据来源：世界银行。

1.4.2 高技术产品出口额

指标说明：高技术产品是指具有高研发强度的产品，例如航空航天、计算机、医药、科学仪器、电气机械等产品。

指标度量：高技术产品出口额等于世界银行"高技术产品出口（现价美元）"乘以"GDP（2017 年不变价购买力平价美元）"再除以"GDP（现价美元）"。

数据来源：世界银行。

2. 创新效力指标解释

2.1 投入效力

2.1.1 R&D 经费强度

指标说明：R&D 经费强度是 R&D 经费支出额占 GDP 的比重。

指标度量：R&D 经费强度由世界银行"研发支出（占 GDP 的比重）"指标直接获得。

数据来源：世界银行。

2.1.2　每百万人口中研究人员数

指标说明：研究人员是指参与新知识、新产品、新流程、新方法或新系统的概念成形或创造，以及相关项目管理的专业人员，包括相关博士研究生（ISCED97 第 6 级）。

指标度量：每百万人口中研究人员数由世界银行"研究人员（每百万人）"指标直接获得。

数据来源：世界银行。

2.1.3　研究人员人均 R&D 经费

指标说明：研究人员人均 R&D 经费是平均每单位研究人员支出的 R&D 经费。

指标度量：研究人员人均 R&D 经费由 R&D 经费强度与"GDP（2017年不变价购买力平价美元）"相乘，再除以总研究人员数得到。

数据来源：世界银行。

2.2　条件效力

2.2.1　教育公共开支总额占 GDP 的比重

指标说明：教育公共开支由教育方面的公共经常性支出和资本支出构成，包括政府在教育机构（公立和私立）、教育管理以及私人实体（学生 / 家庭和其它私人实体）补贴方面的支出。

指标度量：教育公共开支总额占 GDP 的比重由世界银行"教育公共开支总额，总数（占 GDP 的比例）"指标直接获得。

数据来源：世界银行。

2.2.2　每百万人有效专利拥有量

指标说明：有效专利是指专利申请被授权后，仍处于有效状态的专利。

指标度量：每百万人有效专利拥有量等于一国有效专利拥有量与人口的比值。

数据来源：有效专利数来源于世界知识产权组织；人口数来源于世界银行。

2.2.3　每百人互联网用户数

指标说明：每百人互联网用户数是指每百人中接入国际互联网的用户数量。

指标度量：每百人互联网用户数由世界银行"使用互联网的人（占人口

的百分比）"指标直接获得。

数据来源：世界银行。

2.3 产出效力

2.3.1 每百万研究人员被引次数排名前 10% 的论文数

指标说明：每百万研究人员被引次数排名前 10% 的论文数是指平均每百万研究人员拥有的被引次数排名前 10% 的论文数。被引次数排名前 10% 的论文是按类别、出版年和文献类型进行引文统计，排名前 10% 的论文。

指标度量：每百万研究人员被引次数排名前 10% 的论文数由被引次数排名前 10% 的论文数除以研究人员总数得到。

数据来源：被引次数排名前 10% 的论文数来源于科睿唯安 InCites 数据库；研究人员数来源于世界银行。

2.3.2 每百万美元 R&D 经费被引次数排名前 10% 的论文数

指标说明：每百万美元 R&D 经费被引次数排名前 10% 的论文数是指平均每百万美元 R&D 经费取得被引次数排名前 10% 的论文数量。被引次数排名前 10% 的论文是按类别、出版年和文献类型进行引文统计，排名前 10% 的论文。

指标度量：每百万美元 R&D 经费被引次数排名前 10% 的论文数由被引次数排名前 10% 的论文数除以 R&D 经费总额得到。

数据来源：被引次数排名前 10% 的论文数来源于科睿唯安 InCites 数据库；R&D 经费数来源于世界银行。

2.3.3 每百万研究人员本国居民专利授权量

指标说明：每百万研究人员本国居民专利授权量指平均每百万研究人员取得授权的专利数量。本国居民专利授权量是指在一个国家内由在本国长期从事生产和消费的人或法人递交专利申请后，经知识产权管理机构审批通过后授权的专利数量。

指标度量：每百万研究人员本国居民专利授权量由本国居民专利授权量总数与研究人员总数相比得到。

数据来源：本国居民专利授权量来源于世界知识产权组织；研究人员数来源于世界银行。

2.3.4 每百万美元 R&D 经费本国居民专利授权量

指标说明：每百万美元 R&D 经费本国居民专利授权量指平均每百万美

元 R&D 经费取得授权的专利数量。本国居民专利申请是指在一个国家内由在本国长期从事生产和消费的人或法人所递交的专利申请。

指标度量：每百万美元 R&D 经费本国居民专利授权量由本国居民专利授权量总数与 R&D 经费总额相比得到。

数据来源：本国居民专利授权量来源于世界知识产权组织；R&D 经费总数来源于世界银行。

2.3.5　每百万研究人员 PCT 专利申请量

指标说明：每百万研究人员 PCT 专利申请量是指平均每百万研究人员申请的 PCT 专利数。PCT 专利是符合《专利合作条约》的专利。

指标度量：每百万研究人员 PCT 专利申请量由 PCT 专利申请量总数与研究人员总数相比得到。

数据来源：PCT 专利数来源于世界知识产权组织；研究人员数来源于世界银行。

2.3.6　每百万美元 R&D 经费 PCT 专利申请量

指标说明：每百万美元 R&D 经费 PCT 专利申请量是指平均每百万美元 R&D 经费所对应的 PCT 专利申请量。PCT 专利是符合《专利合作条约》的专利。

指标度量：每百万美元 R&D 经费 PCT 专利申请量由 PCT 专利申请量总数与 R&D 经费总额相比得到。

数据来源：PCT 专利数来源于世界知识产权组织；R&D 经费数来源于世界银行。

2.4　影响效力

2.4.1　知识产权使用费收支比

指标说明：知识产权使用费收支比是指国家通过知识产权获得的收益与支付的钱款的比值。知识产权指"权利人对其所创作的智力劳动成果所享有的财产权利"。

指标度量：知识产权使用费收支比由世界银行"知识产权使用费，接收"指标与世界银行"知识产权使用费，支付"指标相比得到。

数据来源：世界银行。

2.4.2　单位能耗对应的 GDP 产出

指标说明：单位能耗对应的 GDP 产出是指平均每千克石油当量的能源

消耗所产生的 GDP。

指标度量：单位能耗对应的 GDP 产出由世界银行"GDP 单位能源消耗（2017 年不变价购买力平价美元 / 千克石油当量）"指标直接获得。

数据来源：世界银行。

2.4.3　高技术产品出口额占制成品出口额的比重

指标说明：高技术产品是指具有高研发强度的产品，例如航空航天、计算机、医药、科学仪器、电气机械等产品。

指标度量：高技术产品出口额占制成品出口额的比重由世界银行"高技术出口（占制成品出口的百分比）"指标直接获得。

数据来源：世界银行。

3. 创新发展指数指标解释

3.1科学技术发展指数

3.1.1　每百万人 R&D 经费支出额

指标说明：每百万人 R&D 经费支出额是平均每百万人口支出的 R&D 经费。

指标度量：每百万人 R&D 经费支出额由 R&D 经费占 GDP 的比重与 GDP（2017 年不变价购买力平价美元）相乘后除以人口得到。

数据来源：世界银行。

3.1.2　每百万人口中研究人员数

指标说明：研究人员是指参与新知识、新产品、新流程、新方法或新系统的概念成形或创造，以及相关项目管理的专业人员。包括相关博士研究生（ISCED97 第 6 级）。

指标度量：每百万人口中研究人员数由世界银行"研究人员（每百万人）"指标直接获得。

数据来源：世界银行。

3.1.3　被引次数排名前 10% 的论文百分比

指标说明：被引次数排名前 10% 的论文百分比是按类别、出版年和文献类型进行引文统计，排名前 10% 的论文百分比。

指标度量：被引次数排名前 10% 的论文百分比由科睿唯安 InCites 数据库"被引次数排名前 10% 的论文百分比"指标直接获得。

数据来源：科睿唯安 InCites 数据库。

3.1.4　每百万研究人员本国居民专利授权量

指标说明：每百万研究人员本国居民专利授权量是指平均每百万研究人员取得授权的专利数量。本国居民专利授权量是指在一个国家内由在本国长期从事生产和消费的人或法人递交专利申请后，经知识产权管理机构审批通过后授权的专利数量。

指标度量：每百万研究人员本国居民专利授权量由本国居民专利授权量总数与研究人员总数相比得到。

数据来源：本国居民专利授权量来源于世界知识产权组织；研究人员数来源于世界银行。

3.1.5　每百万研究人员 PCT 专利申请量

指标说明：每百万研究人员 PCT 专利申请量是指平均每百万研究人员申请的 PCT 专利数目。PCT 专利是符合《专利合作条约》的专利。

指标度量：每百万研究人员 PCT 专利申请量由 PCT 专利申请量总数与研究人员总数相比得到。

数据来源：PCT 专利数来源于世界知识产权组织；研究人员数来源于世界银行。

3.1.6　知识产权使用费收入占 GDP 的比重

指标说明：知识产权使用费收入占 GDP 的比重是指国家通过知识产权获得的收益占 GDP 的比重。知识产权指"权利人对其所创作的智力劳动成果所享有的财产权利"。

指标度量：知识产权使用费收入占 GDP 的比重由世界银行"知识产权使用费，接收（国际收支平衡，现价美元）"指标除以"GDP（现价美元）"得到。

数据来源：世界银行。

3.2　产业创新发展指数

3.2.1　高技术产品出口额占制成品出口额的比重

指标说明：高技术产品是指具有高研发强度的产品，例如航空航天、计算机、医药、科学仪器、电气机械等产品。

指标度量：高技术产品出口额占制成品出口额的比重由世界银行"高技术出口（占制成品出口的百分比）"指标直接获得。

数据来源：世界银行。

3.2.2 服务业附加值占 GDP 的比重

指标说明：服务业附加值占 GDP 的比重中，服务是与 ISIC（International Standard Industrial Classification）第 50 类到第 99 类相对应的服务，包括产生附加值的批发和零售贸易（包括酒店和饭店），运输、政府、金融、专业和个人服务等。

指标度量：服务业附加值占 GDP 的比重由世界银行"服务等，附加值（占 GDP 的比重）"指标直接获得。

数据来源：世界银行。

3.2.3 服务业从业人员占就业总数的比重

指标说明：就业是指在法定年龄内的有劳动能力和劳动愿望的人们所从事的为获取报酬或经营收入进行的活动；服务是与 ISIC 第 50 类到第 99 类相对应的服务，包括产生附加值的批发和零售贸易（包括酒店和饭店），运输、政府、金融、专业和个人服务等。

指标度量：服务业从业人员占就业总数的比重由世界银行"服务业就业人员（占就业总数的百分比）"指标直接获得。

数据来源：世界银行。

3.2.4 就业人口人均 GDP

指标说明：就业人口人均 GDP 是 GDP 除以经济体中的就业人口总数。

指标度量：就业人口人均 GDP 由世界银行"就业人口的人均 GDP（2017 年不变价购买力平价美元）"指标直接获得。

数据来源：世界银行。

3.3 社会创新发展指数

3.3.1 城镇人口占总人口的比重

指标说明：城镇人口占总人口的比重是指城镇人口占当地总人口的比重。

指标度量：城镇人口占总人口的比重由世界银行"城镇人口（占总人口比重）"指标直接获得。

数据来源：世界银行。

3.3.2 医疗卫生总支出占 GDP 的比重

指标说明：医疗卫生总支出占 GDP 的比重是指国家医疗卫生支出占

GDP 的比重。医疗卫生总支出为公共医疗卫生支出与私营医疗卫生支出之和。涵盖医疗卫生服务（预防和治疗）、计划生育、营养项目、紧急医疗救助，但是不包括饮用水和卫生设施提供。

指标度量：医疗卫生总支出占 GDP 的比重由世界银行"医疗卫生总支出（占 GDP 的百分比）"指标直接获得。

数据来源：世界银行。

3.3.3　公共医疗卫生支出占医疗总支出的比重

指标说明：公共医疗卫生支出由政府（中央和地方）预算中的经常性支出和资本支出、外部借款和赠款（包括国际机构和非政府组织的捐赠）及社会（或强制）医疗保险基金构成。医疗卫生总支出为公共医疗卫生支出与私营医疗卫生支出之和。涵盖医疗卫生服务（预防和治疗）、计划生育、营养项目、紧急医疗救助，但是不包括饮用水和卫生设施提供。

指标度量：公共医疗卫生支出占医疗总支出的比重由世界银行"公共医疗卫生支出（占医疗总支出的百分比）"指标直接获得。

数据来源：世界银行。

3.3.4　出生人口预期寿命

指标说明：出生人口预期寿命是指假定出生时的死亡率模式在一生中保持不变，一名新生儿可能生存的年数。

指标度量：出生人口预期寿命由世界银行"出生时的预期寿命，总体（岁）"指标直接获得。

数据来源：世界银行。

3.3.5　高等教育毛入学率

指标说明：高等教育毛入学率是指高等教育在学人数与适龄人口之比。

指标度量：高等教育毛入学率由联合国教科文组织统计研究所（UIS）"高等教育毛入学率"数据直接获得。

数据来源：联合国教科文组织统计研究所。

3.4　环境创新发展指数

3.4.1　单位能耗对应的 GDP 产出

指标说明：单位能耗对应的 GDP 产出是指平均每千克石油当量的能源消耗所产生的 GDP。

指标度量：单位能耗对应的 GDP 产出由世界银行"GDP 单位能源消耗

（2017 年不变价购买力平价美元 / 千克石油当量）"指标直接获得。

数据来源：世界银行。

3.4.2　单位 CO_2 排放量对应的 GDP 产出

指标说明：单位 CO_2 排放量对应的 GDP 产出是指每排放一单位 CO_2 产出的 GDP。CO_2 排放量是化石燃料燃烧和水泥生产过程中产生的排放。它们包括在消费固态、液态和气态燃料及天然气燃除时产生的 CO_2。

指标度量：单位 CO_2 排放量对应的 GDP 产出由 GDP（2017 年不变价购买力平价美元）与 CO_2 排放量（千吨）的比值得到。

数据来源：世界银行。

3.4.3　人均 CO_2 排放量

指标说明：人均 CO_2 排放量是指平均每个人的 CO_2 排放量。CO_2 排放量是化石燃料燃烧和水泥生产过程中产生的排放。它们包括在消费固态、液态和气态燃料及天然气燃除时产生的 CO_2。

指标度量：人均 CO_2 排放量由世界银行"CO_2 排放量（人均吨数）"指标直接获得。

数据来源：世界银行。